Stephan Bargel · Christian Görtzen · Benjamin Schröder · Marc Stolbrink

Brandschutz in Büro- und Verwaltungsgebäuden

Brandschutz in Büro- und Verwaltungsgebäuden

Planung, Konzeption und Umsetzung

mit 128 Abbildungen und 12 Tabellen

Dipl.-Ing. (FH) Stephan Bargel

Prüfingenieur für Brandschutz, staatlich anerkannter Sachverständiger für die Prüfung des Brandschutzes, Beratender Ingenieur

Dipl.-Ing. Christian Görtzen

Staatlich anerkannter Sachverständiger für die Prüfung des Brandschutzes, Beratender Ingenieur

Dr.-Ing. Benjamin Schröder

Projektleiter, Verantwortlicher für das Fachgebiet Ingenieurmethoden

Dipl.-Ing. Marc Stolbrink

Prüfingenieur für Brandschutz, staatlich anerkannter Sachverständiger für die Prüfung des Brandschutzes, Beratender Ingenieur

FeuerTrutz RM Rudolf Müller

Bibliografische Information der Deutschen Nationalbibliothek
Die Deutsche Nationalbibliothek verzeichnet diese Publikation in der Deutschen Nationalbibliografie; detaillierte bibliografische Daten sind im Internet über https://dnb.de abrufbar.

Maßgebend für das Anwenden von Normen ist deren Fassung mit dem neuesten Ausgabedatum, die bei der Beuth Verlag GmbH, Burggrafenstraße 6, 10787 Berlin, erhältlich ist. Maßgebend für das Anwenden von Regelwerken, Richtlinien, Merkblättern, Hinweisen, Verordnungen usw. ist deren Fassung mit dem neuesten Ausgabedatum, die bei der jeweiligen herausgebenden Institution erhältlich ist. Zitate aus Normen, Merkblättern usw. wurden, unabhängig von ihrem Ausgabedatum, in neuer deutscher Rechtschreibung abgedruckt.

Das vorliegende Werk wurde mit größter Sorgfalt erstellt. Verlag und Autoren können dennoch für die inhaltliche und technische Fehlerfreiheit, Aktualität und Vollständigkeit des Werkes und seiner elektronischen Bestandteile (Internetseiten) keine Haftung übernehmen.

Wir freuen uns, Ihre Meinung über dieses Fachbuch zu erfahren. Bitte teilen Sie uns Ihre Anregungen, Hinweise oder Fragen per E-Mail: lektorat@feuertrutz.de oder
Telefax: 0221 5497-140 mit.

Lektorat: Jan Stüwe, Köln
Umschlaggestaltung: Satz+Layout Werkstatt Kluth GmbH, Erftstadt
Umschlagbild: Photographee.eu – stock.adobe.com
Satz: WMTP Wendt-Media Text-Processing GmbH, Birkenau
Druck und Bindearbeiten: Westermann Druck Zwickau GmbH, Zwickau
Printed in Germany

ISBN 978-3-86235-363-7 (Buch-Ausgabe)
ISBN 978-3-86235-364-4 (E-Book-Ausgabe als PDF)
ISBN 978-3-86235-395-8 (Buch + E-Book)

FSC www.fsc.org
MIX
Papier aus verantwortungsvollen Quellen
FSC® C110508

Vorwort

Die vergangenen Jahrzehnte sind geprägt von einem Wandel der Industriegesellschaft, vor allem in eine Dienstleistungsgesellschaft. Der Übergang zur „Industrie 4.0" geht einher mit einem erhöhten Bedarf an Arbeitsplätzen für Menschen, die Verwaltungsaufgaben und Dienstleistungen aller Art erbringen. Damit steigt der Bedarf an Bürogebäuden. Im gleichen Zuge etablieren sich jedoch auch neue, verwaltungsähnliche Nutzungskonzepte, die eine noch engere Verzahnung von Forschung, Entwicklung und Fertigung erlauben.

Die Autoren beschäftigen sich seit mehr als 2 Jahrzehnten mit der Planung und Prüfung von Brandschutzmaßnahmen für Bürogebäude aller Art. Das Buch dient dazu, das Wissen und die Erfahrung im Zusammenhang mit der Planung von Bürogebäuden zusammenfassend darzustellen.

Um den Zugang zum Thema „Brandschutz in Büro- und Verwaltungsgebäuden" zu erleichtern, umfasst der erste Teil des Buches (Kapitel 1 und 2) eine kurze allgemeine Einführung in die Grundlagen des vorbeugenden und abwehrenden Brandschutzes. Der zweite Teil (Kapitel 3) erläutert alle für die Brandschutzplanung von Bürogebäuden relevanten Teilaspekte. Die Zusammenstellung entspricht dabei einer Mustergliederung von Brandschutznachweisen. Im letzten Teil (Kapitel 4) werden Brandschutzmaßnahmen für unterschiedliche Bürogebäude anhand einer Vielzahl verschiedener Beispiele praxisorientiert dargestellt. Die Beispiele entstammen der täglichen Arbeit der Autoren und decken verschiedene Typen von Bürogebäuden ab. So werden individuelle Brandschutznachweise für eine Spanne vom kleinen Bürogebäude bis hin zum komplexen Hochhaus aufgezeigt.

Das Werk soll Architekten und Fachplanern einen Beispielkatalog von Lösungen zur Hand geben. Ebenso kann es Prüfern aus Bauaufsichtsbehörden, Brandschutzdienststellen und den Kollegen Prüfingenieuren aufzeigen, auf welche Art und Weise in der Praxis die Genehmigungsfähigkeit von Bürogebäuden – in Bezug auf den Brandschutz – nachgewiesen wurde.

Die Autoren möchten sich bei dem gesamten Team des Ingenieurbüros Görtzen Stolbrink & Partner für zahlreiche Hilfestellungen und für die Unterstützung bei der Erarbeitung der Manuskripte bedanken.

An die Leserschaft werden folgende Vorbemerkungen gerichtet:

- Sofern nicht anders vermerkt, beziehen sich die baurechtlichen Verweise des vorliegenden Buches auf die Mustervorschriften der Bauministerkonferenz.
- Der im Buch verwendete Begriff „Brandschutznachweis" ist als Synonym zum Begriff „Brandschutzkonzept" zu verstehen.
- In dem Buch werden ausgewählte Einzelfragestellungen anhand von Praxisbeispielen erläutert. Eine ganzheitliche brandschutztechnische Beurteilung erfolgt dabei nicht. Ebenso werden zur Wahrung der Übersichtlichkeit bei den verwendeten Brandschutzskizzen nicht alle Brandschutzmaßnahmen dargestellt.

Kalkar, im August 2020 Die Autoren

Inhalt

1 Bürogebäude im Wandel der Zeit

1.1 Rückblick

In Deutschland geht die Errichtung der ersten Bürogebäude nach unserem heutigen Verständnis zurück auf das späte Mittelalter und die daran anschließende frühe Neuzeit. Bis zu diesem Zeitpunkt wurden sowohl öffentliche als auch private Verwaltungstätigkeiten in Rathäusern, Kaufmannshäusern oder sogar Wohnhäusern vollzogen (vgl. Seeger, 1924).

Bedingt durch die historischen Umbrüche und Entwicklungen wie den Kolonialismus und die hieraus entstehenden Handelstätigkeiten, die Aufklärung, den Buchdruck oder das sich etablierende Staats- und Gerichtswesen ergab sich ein steigender Bedarf an Verwaltungstätigkeiten. In der Architektur führte dies zu neuen Gebäudekonzepten (siehe beispielhaft Abb. 1.1), die sich im Laufe der Zeit stetig weiterentwickelten.

Bürogebäude prägen somit seit mehreren Jahrhunderten das Bild der Metropolen genauso wie jenes der Mittel- und Kleinstädte. Dabei sind die Anforderungen der Nutzer vielseitig und unterliegen einem ständigen Wandel. Während kleine Bürogebäude häufig eine funktionale Einheit darstellen, setzen sich mittlere und große Bürogebäude üblicherweise aus mehreren baulich separierten Einheiten zusammen. Im letzten Drittel des 20. Jahrhunderts haben weiter gehende Konzepte wie z. B. das Großraumbüro Einzug gehalten. Mit diesen Bauformen erfüllen Bürogebäude seit Jahrzehnten die funktionalen und gestalterischen Anforderungen der Nutzer – vom mittelständischen Unternehmen bis hin zum Weltkonzern.

Auch wenn die Großraumbüros heute oftmals als Auslaufmodell angesehen werden, sind zunehmend wieder Bürowelten gefragt, die von großer Offenheit und Multifunktionalität geprägt sind. Statt der reinen *„Addition sich wiederholender Arbeitsplätze"* (Eisele/Staniek, 2005) soll das Büroumfeld der Zukunft dazu beitragen, Innovationen entstehen zu lassen und Mitarbeiter zu agilem Arbeiten zu ermutigen. Vernetzung, bereichsübergreifendes Arbeiten oder Wissenstransfer sind nur einige Stichworte, die bei der Planung von modernen Bürogebäuden eine Rolle spielen. Ebenso liegt ein verstärkter Fokus auf Regenerations- und Erlebnisbereichen. Für Vertraulichkeit und Privatsphäre stehen Rückzugsorte wie z. B. sog. Think-Tanks oder Quiet-Booths zur Verfügung.

Es ist davon auszugehen, dass die Veränderungen in der Arbeitswelt auch deutliche Auswirkungen auf die Architektur haben werden. Weltweit werden deshalb neue Raumkonzepte entwickelt und umgesetzt, die ein produktives Arbeiten auch fernab des klassischen Schreibtischplatzes ermöglichen sollen (siehe z. B. Abb. 1.2).

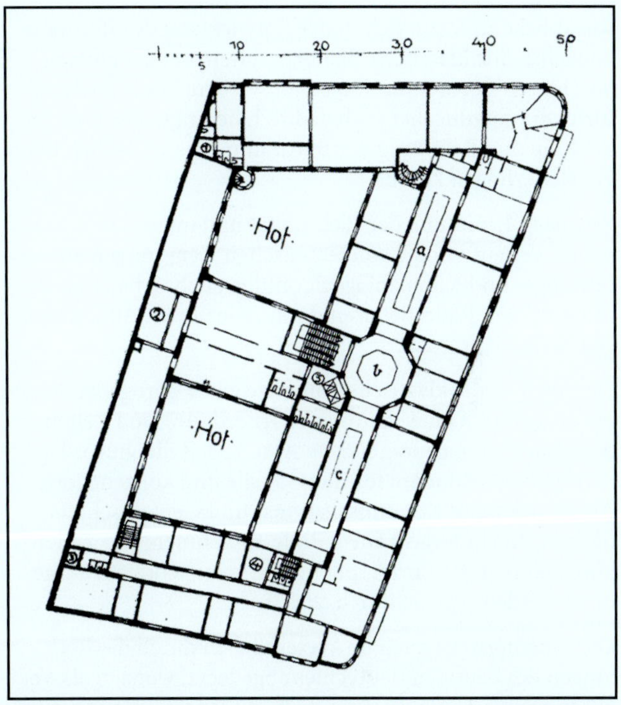

Abb. 1.1: Grundriss eines modernen Bürogebäudes am Ende des 19. Jahrhunderts (Quelle: Seeger, 1924)

Abb. 1.2: Bürogebäude in Form einer einzigen geschossübergreifenden Nutzungseinheit (Quelle: R & S Immobilienmanagement GmbH, München)

Ein Blick auf internationale Projekte zeigt, welchen Herausforderungen sich der Brandschutz im Bereich der Büro- und Verwaltungsbauten – auch in Deutschland – zukünftig stellen muss.

Dabei ist gleichzeitig festzuhalten, dass diese Entwicklungen nicht in allen Fällen im Widerspruch zum Baurecht stehen müssen. Insbesondere für kleine Bürogebäude und innerhalb von Nutzungseinheiten gestattet der klassische Bürobau bereits heute die notwendigen Freiheiten, um ansprechende Arbeitsumfelder zu realisieren.

1.2 Klassischer Bürobau

Rückblickend setzte sich in der Entwicklung des Bürobaus zunächst eine klassische Bauform durch, bei der entlang von Fluren Büroräume aufgereiht werden. Diese Architekturform war zunächst auch dadurch bedingt, dass eine Belichtung und Belüftung der Büroräume ausschließlich über Fenster erfolgen konnte.

Erst nach Erfindung der Elektrizität und im weiteren zeitlichen Verlauf infolge von technischen Neuerungen wie Lüftungs- und Klimaanlagen konnten auch Arbeitsräume mit größeren Raumtiefen und mit reduzierten Außenbezügen realisiert werden.

Dennoch ist die klassische Bauweise eines Bürogebäudes bis heute durch eine eher lineare Anordnung von Zellenbüros an Fluren geprägt (siehe Abb. 1.3). Zellenbüros eignen sich insbesondere für individuelle und konzentrierte Arbeit, während Kommunikations- und Gemeinschaftsflächen eine untergeordnete Rolle einnehmen. Die Zellenbüros können als Einzel- oder Mehrpersonenbüros ausgeführt werden (vgl. Schittich, 2013).

Diese Bauform ist auch im Wesentlichen durch die Regelungen des heutigen Baurechtes abgedeckt, wonach als Verbindung eines Aufenthaltsraumes mit einem Treppenraum oder einem Ausgang ins Freie sog. notwendige Flure erforderlich sind. Dieser Grundgedanke ist seit Jahrzehnten nahezu unverändert im Baurecht verankert und entstammt ursprünglich noch der preußischen Einheitsbauordnung. Der notwendige Flur ist ein wesentlicher Teil innerhalb der Rettungswegsystematik von Bürogebäuden. Daher stellt der Gesetzgeber erhöhte Anforderungen an die bauliche Ausbildung, um ihn als Rettungsweg innerhalb des Geschosses zu sichern. Es besteht die Zielsetzung, dass der notwendige Flur bei einem Brand in einem angrenzenden Raum über einen möglichst langen Zeitraum benutzbar bleibt. Aus dieser Logik heraus ergibt sich auch, dass notwendige Flure nicht gleichzeitig einer Nutzung zugeführt werden können.

Über die klassische Zellenbauweise hinaus haben sich in der zweiten Hälfte des 20. Jahrhunderts neue Büroformen wie z. B. das Großraumbüro, das Kombibüro und das Gruppenbüro etabliert. Die im Folgenden beschriebenen Merkmale der einzelnen Büroformen sind entnommen aus der Technischen Regel für Arbeitsstätten ASR A1.2 „Raumabmessungen und Bewegungsflächen" (2013) sowie aus Schittich, 2013.

Der Ursprung der Großraumbüros ist in den USA zu finden. Das zentrale Charakteristikum ist ein einziger, frei bespielbarer Raum. Die Treppen- und Sanitärkerne stellen die einzigen Einbauten dar (siehe Abb. 1.4). Aufgrund von künstlicher Beleuchtung und Klimatisierung nehmen Außenbezüge bei dieser Büroform eine untergeordnete Rolle ein.

Abb. 1.3: Zellenbüro (Quelle: Industrieverband Büro und Arbeitswelt e. V. [IBA], Wiesbaden)

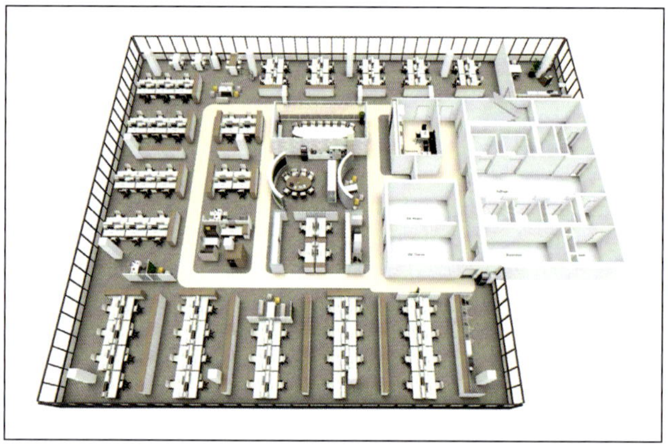

Abb. 1.4: Großraumbüro (Quelle: Industrieverband Büro und Arbeitswelt e. V. [IBA], Wiesbaden)

Die offensichtlichen Nachteile der Großraumbüros (Schallschutz, Privatsphäre, Außenbezüge usw.) führten zu den Konzepten der Kombi- und Gruppenbüros.

Das Kombibüro (siehe Abb. 1.5) hat seine Ursprünge in den 1970er-Jahren und soll die Vorzüge der Zellenbauweise und der Großraumbüros vereinen. Der Fokus liegt also auf einer Kombination aus Konzentration und Kommunikation. Die Anordnung der Arbeitsplätze erfolgt entlang der Fassaden, während in der Innenzone Kommunikationsflächen vorgesehen werden. Zwischen den Einzelarbeitsplätzen und der Innenzone werden häufig Sichtverbindungen hergestellt, um einen Dialog der Mitarbeiter, aber auch eine Belichtung der Innenzone zu begünstigen.

Das Gruppenbüro (siehe Abb. 1.6) basiert im Wesentlichen auf den Merkmalen eines Großraumbüros. Allerdings ist die räumliche Ausdehnung deutlich begrenzt, sodass ein Großteil der Arbeitsplätze natürlich belichtet werden kann. Die Erschließung der Gruppenbereiche kann sowohl über

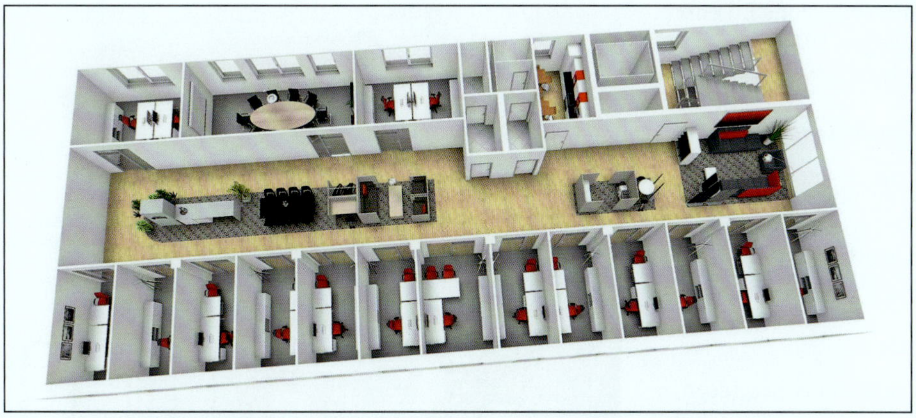

Abb. 1.5: Kombibüro (Quelle: Industrieverband Büro und Arbeitswelt e. V. [IBA], Wiesbaden)

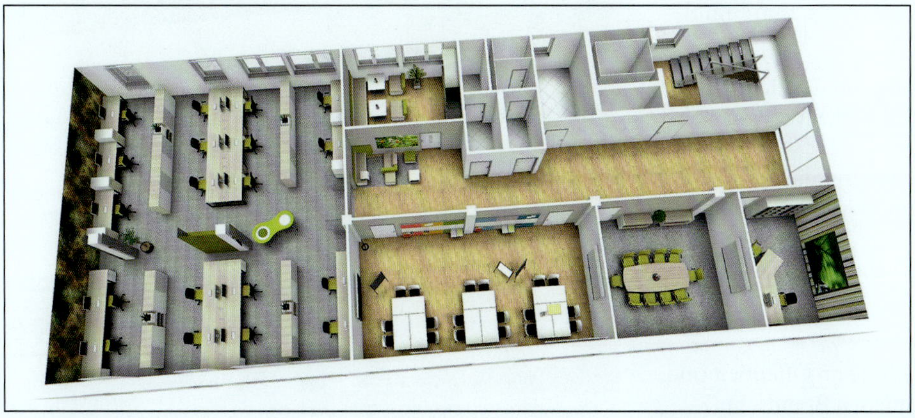

Abb. 1.6: Gruppenbüro (Quelle: Industrieverband Büro und Arbeitswelt e. V. [IBA], Wiesbaden)

Flur- als auch über Bewegungszonen erfolgen. Als raumbildende Elemente kommen dabei häufig auch Möbel oder sonstige Raumteiler zum Einsatz. Gruppenbüros eignen sich insbesondere für Arbeitsformen im Team mit einem erhöhten Bedarf an Kommunikation und Informationsaustausch. In Abgrenzung zu Großraumbüros wird als geeignete Größe eine Belegung der Gruppenbereiche mit bis zu 25 Personen angesehen.

Insbesondere im Hinblick auf die Kombi- und Gruppenbüros hat der Gesetzgeber erst in den 1990er-Jahren mit einer Anpassung der Regelungen für notwendige Flure in Nutzungseinheiten mit einer Büro- und Verwaltungsnutzung reagiert. Seitdem wurde es ermöglicht, auf die Anordnung von notwendigen Fluren innerhalb von Büro- und Verwaltungseinheiten mit bis zu 400 m^2 Grundfläche zu verzichten.

Auch mit Blick auf Großraumbüros gestattet das (Regel-) Baurecht prinzipiell sehr große Räume, die Büro- und Veraltungsnutzungen aufnehmen. Über solche Räume dürfen jedoch keine weiteren Aufenthaltsräume erschlossen werden und deren Größe muss den baurechtlichen Regelanforderungen entsprechen.

1.3 Moderne Arbeitswelten

Die in Kapitel 1.2 beschriebenen baurechtlichen Randbedingungen für Bürogebäude werden in bestimmten Einzelfällen jedoch nicht mit den Anforderungen an moderne Arbeitswelten vereinbar sein. Bei einer weltweiten Analyse von Bürogebäuden hinsichtlich der Anforderungen an die

Abb. 1.7: Moderne Bürowelt mit Flächen zur Regeneration und zum informellen Austausch (Quelle: iStock.com/alvarez)

Abb. 1.8: Kommunikationstreppe in einem Bürogebäude

zukünftigen Arbeitswelten ergeben sich folgende Erkenntnisse (vgl. Kommunikative Arbeitswelten, 2018):

Das Büro der Zukunft

- ist komplexer und vielfältiger in seinen räumlichen Angeboten (siehe Abb. 1.7),
- schafft Angebote für Mitarbeiter, die über die Arbeit hinausgehen,
- hat direkte Bezüge zur äußeren Umgebung,
- muss genügend Raum für echte Community-Aktivitäten bieten (siehe Abb. 1.8),
- funktioniert als „smartes“ Gebäude.

Diese Anforderungen führen zu architektonischen Ideen, die in einer direkten Wechselwirkung mit der Brandschutzkonzeption stehen. Schwerpunkte mit Bezug zum Brandschutz sind:

- Auflösung der vertikalen Trennung von Geschossen durch verbindende Lufträume und Verkehrswege (siehe Abb. 1.9),
- Ausbildung von sehr großen Nutzungseinheiten,
- Flexibilität für verschiedene, interdisziplinäre Nutzerausbauten (siehe Abb. 1.10),
- multifunktionale Nutzungen für Veranstaltungen, Meetings und Freizeitaktivitäten,
- Erhöhung der Personendichte.

Um die vorgenannten hohen Ansprüche an Offenheit und Kommunikation zu ermöglichen, müssen Brandschutznachweise für moderne Bürogebäude auf nachfolgende Anforderungen eingehen können:

- vertikale Verbindung mehrerer Geschosse ohne sichtbare Maßnahmen des baulichen Brandschutzes,
- Ausbildung von Nutzungseinheiten ohne feuerwiderstandsfähige Trennwände mit Flächen von mehreren Tausend Quadratmetern,
- Verzicht auf notwendige Flure,
- Verdichtung der Personenzahlen und Ermöglichung von Veranstaltungen,
- Verzicht auf bauliche Unterteilung zwischen Flächen für Veranstaltungen und Flächen mit Arbeitsplätzen,
- direkte Anbindung an verwaltungsfremde Nutzungen wie z. B. Labore, Entwicklung und Fertigung.

Diese Ansätze sind – zumindest auf den ersten Blick – mit den Grundanforderungen der Musterbauordnung (MBO) nicht vereinbar. Die brandschutztechnische Trennung der Geschosse durch feuerwiderstandsfähige Decken, die restriktive Begrenzung der Größe von Nutzungseinheiten bzw. die Forderung nach der Errichtung von notwendigen Fluren sowie die Regelungen für die Dimensionierung von Rettungswegen lassen solche modernen Bürowelten zunächst als nicht genehmigungsfähig erscheinen. Bei genauerer Betrachtung zeigt sich jedoch, dass die oben genannten Charakteristika moderner Bürogebäude zum Teil aus anderen Sonderbauten seit Jahrzehnten bekannt sind.

Die Muster-Verkaufsstättenverordnung (MVKVO) kennt schon seit mehr als 20 Jahren die Zulässigkeit von Geschossverbindungen für Verkaufsstätten mit und auch ohne Sprinkleranlagen (vgl. § 7 Abs. 3 MVKVO). Zur Aufnahme von nicht notwendigen Treppen sind außerdem Öffnungen in Geschossdecken auch in Verkaufsstätten ohne Sprinkleranlagen zulässig. Ebenso ist es in Verkaufsstätten möglich, große Nutzungseinheiten mit Flächen von bis zu 5.000 m^2 pro Geschoss auszubilden, wenn diese u. a. mit einer Sprinkleranlage ausgestattet werden. Insbesondere in den früher üblichen klassischen Kaufhäusern wird hierbei auf eine brandschutztechnische Unterteilung innerhalb der Geschossflächen verzichtet.

Abb. 1.9: Mehrgeschossiges Atrium mit Aufnahme aller Rettungswege aus angrenzenden Aufenthaltsräumen (Quelle: RKW Architektur +, Düsseldorf)

Abb. 1.10: Modulare Bürolandschaft in einem ehemaligen Industriegebäude (Quelle: iStock.com/monkeybusinessimages)

Im gleichen Sinne erlaubt die Muster-Versammlungsstättenverordnung (MVStättVO) die Ausbildung multifunktionaler Nutzungen mit hohen Personendichten, die Führung von Rettungswegen durch Foyers und Hallen oder aber die Erhöhung der zulässigen Rettungsweglängen in Abhängigkeit von der Raumhöhe.

Während die beiden vorgenannten Sonderbauvorschriften im Wesentlichen auf ortsunkundige Kunden bzw. Besucher abstellen, steht mit der Muster-Industriebau-Richtlinie (MIndBauRL) ein weiteres Regelwerk zur Verfügung, das primär auf Arbeitsumfelder ausgerichtet ist. Hierin werden Fragestellungen behandelt wie z. B. die zulässige Größe von

Brandabschnitten, Tragwerke ohne Feuerwidertand, eingestellte Räume und Einbauten sowie die Verlängerung von Rettungswegen unter Würdigung der Raumhöhen und der Maßnahmen des anlagentechnischen Brandschutzes.

Die „Brandschutzkonzepte" der vorgenannten Sonderbauvorschriften haben eins gemein: Sie können nicht ohne Weiteres bzw. gänzlich auf Bürogebäude aufgeprägt werden. Allerdings können sie gleichwohl als Erkenntnisquellen dienen. Nur eine individuelle, schutzzielorientierte Herangehensweise - erforderlichenfalls in Verbindung mit modernen Nachweismethoden - ermöglicht die Realisierung solcher Projekte, auf die das deutsche Baurecht zumindest mit seinem überwiegend präskriptiven Charakter noch nicht eingestellt ist.

Die Inanspruchnahme von umfangreichen Abweichungen und Erleichterungen bei der Planung von komplexen Bürogebäuden ist dem Baurecht dabei keineswegs fremd. Die Brandschutzanforderungen der Landesbauordnungen setzen in den materiellen Anforderungen Maßstäbe für alle Gebäude, sind aber im Wesentlichen auf Standard(wohn) gebäude ausgerichtet. Daher sind Abweichungen und Erleichterungen immer dann zugelassen, wenn der Nachweis eines gleichwertigen Sicherheitsniveaus für das geplante Bauvorhaben dennoch geführt wird. Ebenso können aus den schutzzielorientierten Konzepten zusätzliche Anforderungen resultieren, um das erforderliche Sicherheitsniveau zu erreichen.

2 Grundlagen Brandschutz

2.1 Brandlehre und Gefahren durch Brände

2.1.1 Brandlehre

Um verstehen zu können, worauf die Schutzziele und die materiellen Anforderungen des Baurechts im Hinblick auf den Brandschutz aufbauen, ist es sinnvoll, sich zur Einführung in das Thema mit den Aspekten der Brandentstehung und der Brandausbreitung zu beschäftigen.

Bei einem Brand handelt es sich naturwissenschaftlich betrachtet um einen Verbrennungsprozess, also eine chemische Reaktion zwischen einem Brennstoff und einem Oxidationsmittel (Oxidations- oder besser Redoxreaktion). Diese Reaktion verläuft unter Abgabe von Wärme (exotherm) selbstständig, wobei eine Lichtemission (als Glut oder Flamme) sichtbar wird (vgl. Löbbert, 2007).

Nach Emmons/Atreya, 1982, müssen die folgenden materiellen bzw. energetischen Voraussetzungen für eine Primärzündung als Grundlage eines jeden Verbrennungsprozesses vorliegen (vgl. Pohl, 1997):

- Brennstoff,
- Oxidationsmittel (in der Regel Luftsauerstoff),
- Zündenergie.

Diese 3 Komponenten müssen in räumlicher und zeitlicher Koinzidenz zusammentreffen, damit es zu einer Zündung kommt.

Zusätzlich müssen alle der folgenden Voraussetzungen erfüllt werden: Brennstoff und Oxidationsmittel müssen

- innerhalb der Zündgrenzen miteinander vermischt sein,
- in ausreichender Menge vorhanden sein und
- mit einer effektiv wirksamen Zündquelle in Verbindung kommen.

Diese Voraussetzungen für den Eintritt einer Zündung können gemäß Abb. 2.1 in Form eines Tetraeders dargestellt werden (vgl. Löbbert, 2007).

Es wird deutlich, dass eine Primärzündung nur unter sehr eingegrenzten Bedingungen erfolgen kann. Der weitere Ablauf der Verbrennungsreaktion nach erfolgter Zündung hängt im Wesentlichen davon ab, welcher Brennstoff und welches Oxidationsmittel vorliegen, aber auch davon, in welcher Menge die Reaktionspartner vorhanden sind. Ein weiterer wichtiger Aspekt ist, ob durch die Primärzündung so viel Energie freigesetzt wird, dass diese für eine weitere Aufbereitung von Brennstoff und Oxidationsmittel sowie für eine Fortführung der Verbrennungsreaktion (Rückzündung) ausreicht.

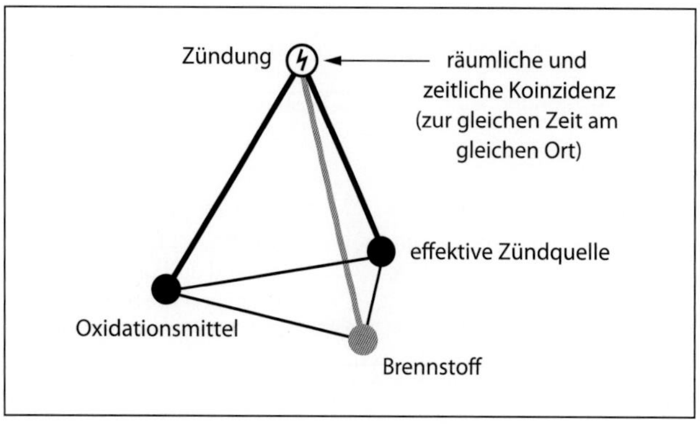

Abb. 2.1: Emmons Tetraeder mit den Voraussetzungen, die für die Zündung eines Brandes erforderlich sind (nach Löbbert, 2007, Abb. A/2-2)

Bei Betrachtung des zeitlichen Verlaufs eines Feststoffbrandes innerhalb eines Raumes können dem Verlauf verschiedene Phasen zugeordnet werden, wodurch sich die folgende Einteilung mit Konsequenzen für die Brandschutzplanung ergibt (siehe auch Abb. 2.2):

- Phase 1 ist der Bereich der Entzündung, der bei Erfüllung der Bedingungen für eine Primärzündung einsetzt.
- In Phase 2 entwickelt sich infolge der Primärzündung der Entstehungsbrand – der Feststoff schwelt oder glimmt, wobei es sich hier zumeist um eine ventilationsgesteuerte Verbrennung handelt. Dies bedeutet, dass die Wärmefreisetzung durch die Luftzufuhr begrenzt wird. In dieser Brandphase – die Phasen 1 und 2 werden auch als Pre-Flashover-Phase bezeichnet – entstehen verhältnismäßig große Mengen an Rauch- bzw. Pyrolysegasen. Letztere sind flüchtige Bestandteile, die bei der thermischen Aufbereitung der brennbaren Oberflächen entstehen.
- Der Übergang aller thermisch aufbereiteten Oberflächen zum Vollbrand charakterisiert die sog. Flashover-Phase (Phase 3), die mit einem rasanten Temperaturanstieg und einer massiv steigenden Rauchgasentwicklung einhergeht.
- Nach dem Flashover läuft die Oxidationsreaktion nun nicht mehr in unmittelbarer Nähe des Feststoffes, sondern im gesamten Raum ab. Neben dem Temperaturanstieg ist zumeist auch eine erhebliche Steigerung der Reaktionsgeschwindigkeit festzustellen. Der Brand befindet sich nun in der Phase des Vollbrandes (Phase 4). Bei typischen Raumbränden ist diese Brandphase in der Regel ebenfalls ventilationsgesteuert.
- Mit beginnender Aufzehrung der Brandlast setzt Phase 5 ein, die den abklingenden Brand beschreibt. Die Phasen 4 und 5 werden auch als Post-Flashover-Phase bezeichnet; diese Phase ist infolge verzehrter Brandlast brandlastgesteuert.

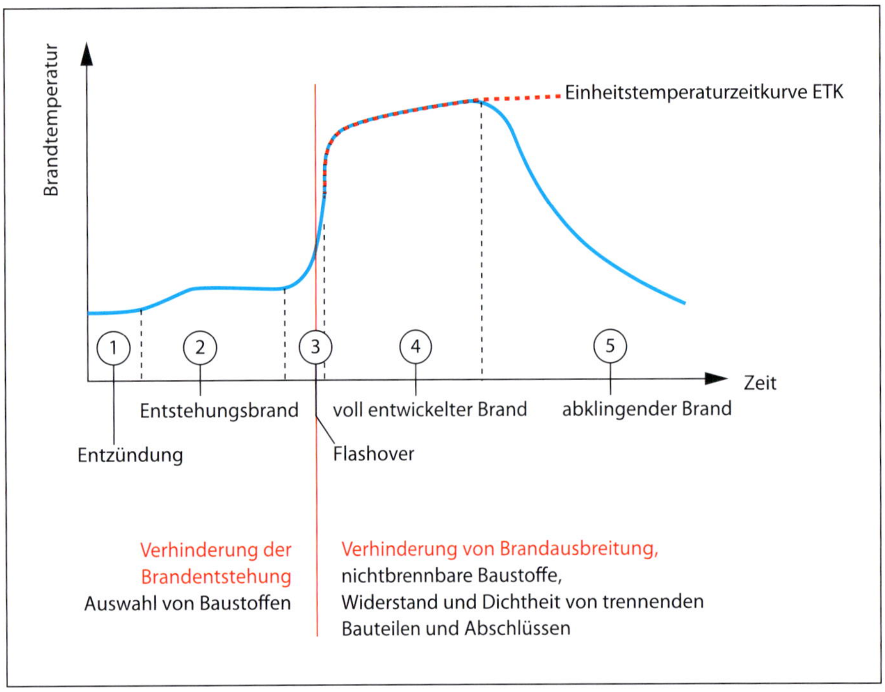

Abb. 2.2: Typischer Raumbrandverlauf mit Ableitung der Einheitstemperaturkurve (nach Löbbert, 2007, Abb. A/2-11)

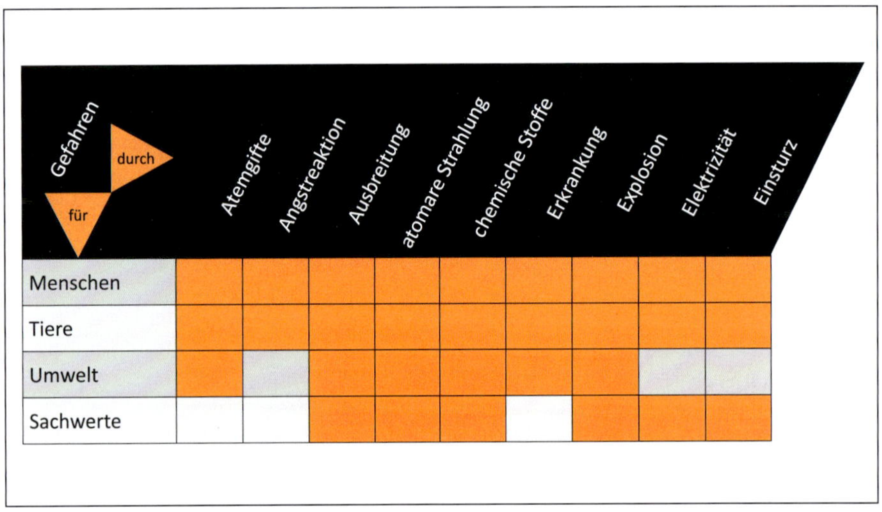

Abb. 2.3: Gefahrenmatrix Feuerwehr

Die schematische Darstellung des Brandverlaufs in Abb. 2.2 zeigt, welche Anforderungen aus dem natürlichen Verhalten des Brandes abzuleiten sind: Die Auswahl von Baustoffen mit bestimmten Brandverhalten ist entscheidend, um Einfluss auf die Wahrscheinlichkeit einer Brandentstehung und einer Fortentwicklung des Brandes in Bürogebäuden zu nehmen.

Kommt es trotz entsprechender Baustoffauswahl dennoch zu einer größeren Brandausbreitung, sind Anforderungen zu stellen:

- an Bauteile, die die Brandausbreitung begrenzen (z. B. Decken oder Brand- bzw. Trennwände), oder
- an Bauteile, die Flucht- und Rettungswege schützen (z. B. Flur- und Treppenraumwände).

Aus den geschilderten Brandphänomenen resultieren unterschiedliche Gefahren. Darauf aufbauend werden in den folgenden Kapiteln die baurechtlichen Schutzziele und die daraus abzuleitenden Anforderungen des abwehrenden und vorbeugenden Brandschutzes erläutert.

2.1.2 Gefahren durch Brände

Ein Brand ist ein Ereignis, dessen Wirkungen in besonderem Maß das Leben und die Gesundheit von Menschen und Tieren gefährden, aber auch zu erheblichen Umwelt- und Sachschäden führen können. Die Feuerwehren haben zum Thema „Gefahren der Einsatzstelle“ eine Gefahrenmatrix entwickelt, aus der sich auch für Brandfolgen eine gute Übersicht ergibt (siehe Abb. 2.3).

Die für Brände relevanten Gefahrenmerkmale können auf Menschen, Tiere, Umwelt und Sachwerte wirken. Im Hinblick auf die Gefahren durch Brände sind folgende Aspekte bedeutsam:

- Werden Brände in Gebäuden nicht durch bauliche oder anlagentechnischen Maßnahmen eingegrenzt, so breiten sie sich ungehindert aus. Sie können damit unmittelbar alle zu schützenden Werte bedrohen.

- Brandrauch als Atemgift wirkt auf Menschen und Tiere, er kann Verletzungen der Atemwege bis hin zum Tod verursachen. Die Wirkung von Brandrauch auf Sachwerte und die Umwelt ist eher unter dem Aspekt „Ausbreitung“ zu fassen.
- Angstreaktionen infolge von Bränden können Menschen und Tiere betreffen: Anstatt ein brennendes Gebäude zu verlassen, begeben sich Menschen z. B. an vertraute Orte und Tiere flüchten in den vermeintlich sicheren Stall.
- Durch thermische Brandeinwirkungen können Verbrennungen entstehen.
- Das Brandgeschehen kann dazu führen, dass Bauteile ihre Standsicherheit verlieren.
- Infolge von Bränden kann es zu Explosionen kommen.

Alle diese Gefahren finden auch im Baurecht Berücksichtigung – die Erfahrungen mit Bränden und Brandfolgen resultieren in Schutzzielen und daraus abgeleiteten materiellen Anforderungen, um bereits vorbeugend so gut wie möglich vor Bränden in Gebäuden zu schützen.

2.2 Vorbeugender Brandschutz

2.2.1 Schutzziele des Baurechts

Die Abwehr von Gefahren für die öffentliche Sicherheit und Ordnung durch Brände erfolgt über die Bauordnungen der Länder. Hierzu werden in den verschiedenen Abschnitten der Bauordnungen detaillierte materielle Anforderungen formuliert, aber auch formelle Verfahrensvorschriften aufgestellt. Neben Vorschriften zur Abwehr von Gefahren finden sich auch solche zu Sozial- und Wohlfahrtsaufgaben sowie zur Baugestaltung. Die Bauordnungen betrachten dabei alle Lebensphasen eines Gebäudes.

Durch die Bauministerkonferenz (ARGEBAU), in der alle Bundesländer vertreten sind, wird in regelmäßigen Abständen die sog. Musterbauordnung (MBO) fortgeschrieben. Diese dient der Zielsetzung, die dem Landesrecht unterliegenden Landesbauordnungen zu vereinheitlichen.

Dass der Schutz- und Ordnungscharakter der MBO im Vordergrund des gesamten Gesetzeswerkes steht, wird bereits in den allgemeinen Anforderungen deutlich:

„*Anlagen sind so anzuordnen, zu errichten, zu ändern und instand zu halten, dass die öffentliche Sicherheit und Ordnung, insbesondere Leben, Gesundheit und die natürlichen Lebensgrundlagen, nicht gefährdet werden […].*“ (§ 3 Satz 1 MBO)

Diese allgemeinen Anforderungen, die den Schutzcharakter des Gesetzes zum Ausdruck bringen, werden im zweiten Abschnitt des dritten Teils der MBO konkretisiert. Hier finden sich detaillierte Schutzzieldefinitionen zur Einrichtung und zum Betrieb von Baustellen, zur Standsicherheit, zum Schutz gegen schädliche Einflüsse und zur Verkehrssicherheit, zum Wärme-, Schall-, und Erschütterungsschutz sowie zum Brandschutz (vgl. §§ 11 bis 16 MBO).

Die grundlegenden Schutzziele des Brandschutzes sind in § 14 MBO niedergelegt:

Abb. 2.4: Verhinderung der Brandausbreitung an einer über die Dachhaut ragenden Brandwand als Gebäudeabschlusswand (Quelle: Berufsfeuerwehr München)

Abb. 2.5: Verhinderung der Brandausbreitung durch innere Brandwände (Quelle: Gottfried Evers, Kleve)

„*Bauliche Anlagen sind so anzuordnen, zu errichten, zu ändern und instand zu halten, dass der Entstehung eines Brandes und der Ausbreitung von Feuer und Rauch (Brandausbreitung) vorgebeugt wird und bei einem Brand die Rettung von Menschen und Tieren sowie wirksame Löscharbeiten möglich sind.*“

Die Aufzählung aus § 14 MBO verdeutlicht, inwiefern der Gesetzgeber das natürliche Wesen eines Brandes bereits berücksichtigt hat: Zunächst geht der Gesetzgeber davon aus, dass es am wirkungsvollsten ist, eine Brandentstehung zu verhindern bzw. zu vermeiden. Da dies – wie die allgemeine Lebenserfahrung lehrt – nicht mit abschließender Sicherheit möglich ist, werden, sofern dennoch ein Brand entsteht, Maßnahmen abgeleitet, die der ungehinderten Ausbreitung von Feuer und Rauch entgegengesetzt werden. Beispielhaft sei hier die Unterteilung von Gebäuden in Brandabschnitte oder die Errichtung von Brandwänden zwischen direkt aneinandergrenzenden Gebäuden zu nennen, was bewirkt, dass nur Teile eines Gebäudes vom Brandereignis betroffen sind bzw. dass der Nachbarschaftsschutz aufrechterhalten wird (siehe Abb. 2.4 und 2.5).

Weiterhin werden Anforderungen an die Rettung von Menschen und Tieren gestellt. Dafür entwirft die MBO in ihrem „Brandschutzkonzept“ ein System von mindestens 2 Rettungswegen und stellt im Weiteren bestimmte materielle Anforderungen an die Ausgestaltung dieser Rettungswege.

Schließlich werden auch noch die Voraussetzungen geregelt, um im Fall eines Brandes wirksame Rettungs- und Löschmaßnahmen durchzuführen. Beispielsweise werden Anforderungen an die Zugänglichkeit, die Erschließung und die Löschwasserversorgung für bauliche Anlagen festgeschrieben.

Die konkreten materiellen Anforderungen zum Brandschutz werden in den Abschnitten 4 bis 6 im dritten Teil der MBO festgelegt. Die Anforderungen erfahren eine Abstufung, mit der der Gesetzgeber berücksichtigt, dass in Abhängigkeit von der Höhe, der Größe und der Nutzung der Gebäude unterschiedliche Anforderungen gestellt werden können, um zum einen wirtschaftlichen Aspekten Rechnung zu tragen und zum anderen das individuelle Schutzbedürfnis für das betroffene Gebäude festzulegen.

2.2.2 Baurechtliche Einordnung

Die MBO unterscheidet 5 Gebäudeklassen mit einem abgestuften System für die materiellen Anforderungen (vgl. auch Tabelle 2.1).

- Gebäudeklasse 1:
  - a: freistehende Gebäude mit einer Höhe bis zu 7 m und nicht mehr als 2 Nutzungseinheiten von insgesamt nicht mehr als 400 m²
  - b: freistehende land- und forstwirtschaftlich genutzte Gebäude
- Gebäudeklasse 2: Gebäude mit einer Höhe bis zu 7 m und nicht mehr als 2 Nutzungseinheiten von insgesamt nicht mehr als 400 m²
- Gebäudeklasse 3: sonstige Gebäude mit einer Höhe bis zu 7 m; Anzahl und Größe der Nutzungseinheiten irrelevant für die baurechtliche Einstufung
- Gebäudeklasse 4: Gebäude mit einer Höhe bis zu 13 m und Nutzungseinheiten mit jeweils nicht mehr als 400 m²
- Gebäudeklasse 5: sonstige Gebäude einschließlich unterirdischer Gebäude; Anzahl und Größe der Nutzungseinheiten irrelevant für die baurechtliche Einstufung

Die Höhe im baurechtlichen Sinn gemäß der Systematik der Gebäudeklassen bezieht sich auf die Fußbodenoberkante des höchstgelegenen Geschosses, in dem Aufenthaltsräume möglich sind. Die Frage, ob Aufenthaltsräume möglich sind, ist u. a. abhängig von der Raumgröße, Raumhöhe, Belichtung oder Zugänglichkeit. Die Höhe bezieht sich auf die Geländeoberfläche im Mittel.

Der Begriff der Nutzungseinheit wird in der MBO nicht weiter erläutert, allerdings gibt § 33 Abs. 1 MBO einen Überblick, was unter einer Nutzungseinheit zu verstehen ist: Hier werden Wohnungen, Praxen und selbstständige Betriebsstätten genannt. Daraus kann abgeleitet werden, dass eine Nutzungseinheit eine zusammengehörende Anzahl von Aufenthaltsräumen (und weiteren Räumen) ist, die einen gewissen funktionalen Zusammenhang aufweisen, als Einheit betrachtet werden können und in erster

Tabelle 2.1: Übersicht Gebäudeklassen (GK) gemäß MBO nach Battran; Mayr, 2020, Kapitel 5.1, S. 5

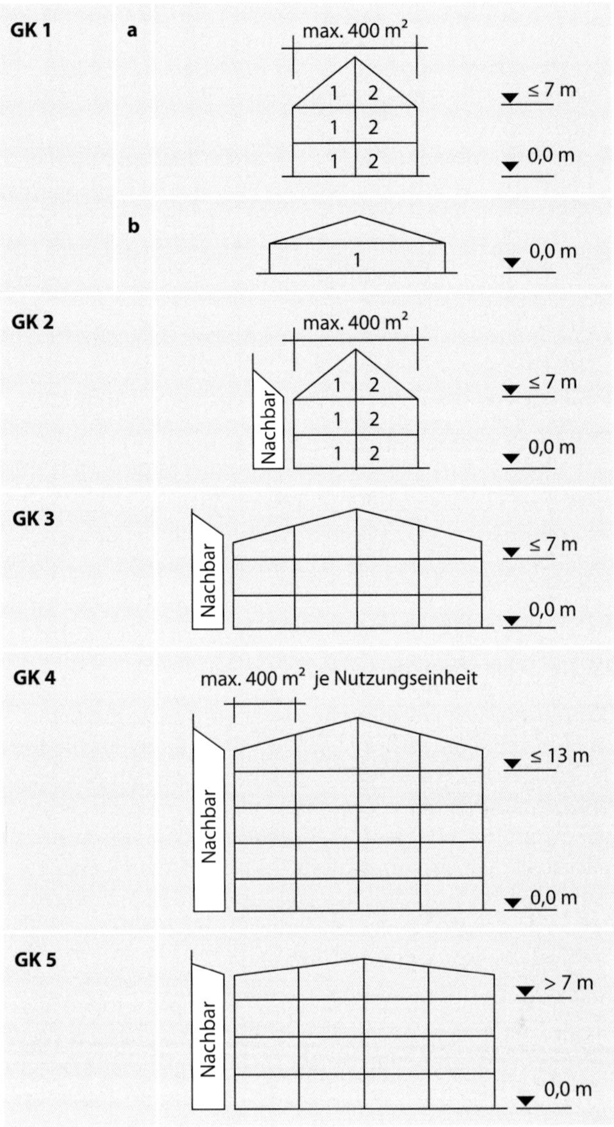

Linie über das Charakteristikum gemeinsamer Rettungswege definiert werden.

Die MBO stellt zunächst grundsätzlich auf Standardbauten ab. Darüber hinaus beinhaltet die MBO zusätzlich einen Katalog von sog. Sonderbauten; gemeint sind damit Räume oder Gebäude besonderer Art und Nutzung, die andere Betrachtungsweisen erfordern oder erlauben als Standardbauten.

Aus der Zusammenstellung in § 2 Abs. 4 MBO sind Bürogebäude regelmäßig u. a. aufgrund folgender Kriterien als Sonderbauten zu betrachten:

- Hochhäuser (Gebäude mit einer Höhe von mehr als 22 m),
- Gebäude mit mehr als 1.600 m² Grundfläche des Geschosses mit der größten Ausdehnung,

- Gebäude mit Räumen, die einer Büro- oder Verwaltungsnutzung dienen und einzeln eine Grundfläche von mehr als 400 m^2 haben,
- Gebäude mit Räumen, die einzeln für die Nutzung durch mehr als 100 Personen bestimmt sind,
- Versammlungsstätten mit Versammlungsräumen, die insgesamt mehr als 200 Besucher fassen, wenn diese Versammlungsräume gemeinsame Rettungswege haben.

Dieser Systematik haben sich die meisten Landesbauordnungen mit geringer Variationsbreite angeschlossen. Im Gegensatz hierzu gelten beispielsweise in Nordrhein-Westfalen alle Gebäude, die nicht als Wohngebäude genutzt werden, als (kleine) Sonderbauten und ab bestimmten Schwellenwerten als sog. große Sonderbauten.

An Sonderbauten können – aufbauend auf die Brandschutzanforderungen für Standardbauten entsprechend den Gebäudeklassen – zusätzliche Anforderungen gestellt werden. Gleichfalls können Erleichterungen gestattet werden, wenn wegen der Nutzung bestimmte Anforderungen nicht erforderlich sind (vgl. § 51 MBO).

Aufbauend auf die in § 14 MBO aufgeführten allgemeinen Schutzziele hinsichtlich des Brandschutzes (vgl. Kapitel 2.2.1) leiten sich die materiellen Anforderungen an die einzelnen Bauteile aus den Abschnitten 4 bis 6 des dritten Teils der MBO ab. Dabei wird jedem Bauteil, an das Anforderungen gestellt werden, ein übergeordnetes Schutzziel vorangestellt. Dies ist ein wesentliches Kennzeichen der MBO, da der Gesetzgeber davon ausgeht, dass die einzelnen Anforderungen nicht in allen Einzelheiten eingehalten werden können oder – insbesondere in Sonderbauten – nicht eingehalten werden müssen. Für diesen Fall sieht das Bauordnungsrecht die Instrumente der Abweichung und der Erleichterung vor (vgl. Kapitel 2.2.7).

Besondere Gebäude- bzw. Nutzungsarten

Ein immer wiederkehrender Sonderbautatbestand für Bürogebäude ist der zuvor bereits genannte Typus **Hochhaus.** Hochhäuser stellen insbesondere den abwehrenden Brandschutz vor besondere Herausforderungen. Vor dem Hintergrund der zu überwindenden Höhenunterschiede und der beschränkten Höhe der Rettungsgeräte der Feuerwehr als Zugangsmöglichkeit in ein Gebäude steigt mit jedem Geschoss der Aufwand, ausreichende Kräfte und Mittel zur Brandbekämpfung in einem vertretbaren Zeitraum zur Verfügung zu stellen.

Die Feuerwehr agiert aus diesen Gründen mit einer grundlegend anderen Einsatztaktik für diesen Gebäudetyp. Insofern sind die besonderen Anforderungen für Hochhäuser, die sich insbesondere aus der Muster-Hochhaus-Richtlinie (MHHR) ableiten, nicht nur für Geschosse oberhalb von 22 m, sondern für das gesamte Gebäude anzuwenden. Die Anforderungen verschärfen sich weiter bei maßgeblichen Fußbodenhöhen von mehr als 60 m.

Das notwendige Sicherheitsniveau in Hochhäusern ist in der Regel nicht allein mit baulichen Maßnahmen realisierbar, sodass anlagentechnische und auch organisatorische Maßnahmen erforderlich sind. Folgende Grundprinzipien sind dabei zu beachten (vgl. MHHR Erläuterungen, 2008):

Abb. 2.6: Nutzung eines Atriums als Versammlungsraum für bis zu 1.500 Personen (Quelle: Bargel, Stephan: Brandschutz im Bürokomplex. In: FeuerTRUTZ Magazin, Nr. 02.2012, S. 5)

- Früherkennung eines Brandes,
- automatische Alarmierung,
- automatische Weiterleitung der Brandmeldung an die Feuerwehr,
- schnelle Selbstrettung aus dem Gebäude,
- ausreichend lange Begrenzung der Brandausbreitung,
- zügiger Angriff der Feuerwehr in das Brandgeschoss.

Neben besonderen baulichen Maßnahmen zum Schutz der vertikalen Rettungswege (Sicherheitskaskade) sind in Hochhäusern Brandmelde- und Alarmierungsanlagen, Aufzüge zum sicheren Transport der Feuerwehreinsatzkräfte (Feuerwehraufzüge), bauliche oder anlagentechnische Maßnahmen zur Behinderung eines Brandüberschlags von Geschoss zu Geschoss sowie in der Regel automatische Feuerlöschanlagen vorzusehen.

Insbesondere die sehr begrenzte Kapazität in den vertikalen Rettungswegen erschwert auch die Ausbildung von Sondernutzungen wie Konferenz- oder Bewirtungszonen im Hochhaus. Eine geschossübergreifende Betrachtung der Rettungswege und auch die weiter gehenden Anforderungen der dann relevanten Sonderbauvorschriften sind hier zwingend zu beachten.

Neben Büroarbeitsplätzen im eigentlichen Sinn müssen moderne Bürogebäude eine vielfältige Bandbreite von Flächen für Besprechungen, Konferenzen oder auch Schulungen bereitstellen (siehe Abb. 2.6). Das Baurecht kennt in Abgrenzung zur klassischen Büro- und Verwaltungsnutzung bei gleichzeitiger Anwesenheit vieler Personen hierzu den Gebäudetypus der **Versammlungsstätte.**

Versammlungsstätten sind klassische Veranstaltungsgebäude wie Theater oder Sportstätten, aber auch Ausstellungsflächen und Gebäude zur Schulung und Besprechung, die regelmäßig auch in Büro- und Verwaltungsnutzungen anzutreffen sind. Der Anwendungsbereich der Muster-Versammlungsstättenverordnung (MVStättVO) beschränkt sich dabei auf Räume für Veranstaltungen, die einzeln mehr als 200 Besucher aufnehmen, aber auch auf kleinere Räume, die gemeinsame Rettungswege für mehr als 200 Besucher aufweisen. Der Begriff des Besuchers ist dabei nicht auf externe Besucher einschränkt, sondern entspricht im

Abb. 2.7: Büroarbeitsplätze in unmittelbarer Nachbarschaft zu Fertigungsplätzen (Quelle: Stöbich Brandschutz GmbH, Goslar)

Wesentlichen dem allgemeinen Begriff „Zuschauer" oder „Zuhörer" (vgl. MVStättV Begründung und Erläuterung, 2005/2010). Interne Schulungsmaßnahmen, in denen Mitarbeiter zu einer Veranstaltung eingeladen werden, sind somit ebenfalls als Veranstaltungen zu verstehen. Dies erscheint auch risikogerecht, da eine große Anzahl von Personen auf einer begrenzten Fläche anzutreffen ist.

Die Frage, ob die MVStättVO anzuwenden ist, kann in Bezug auf die Anzahl der Besucher auf 2 verschiedenen Wegen beantwortet werden. Zum einen kann die Besucherzahl entsprechend § 1 Abs. 1 und 2 MVStättVO grundsätzlich anhand der Fläche der Versammlungsräume und deren Nutzung ermittelt werden. Für eine Reihenbestuhlung ist hier z. B. eine Belegung von 2 Personen je m^2 Raumfläche anzunehmen. Alternativ kann die Bestimmung der Personenzahlen auch individuell über die Festlegungen in den Bauvorlagen erfolgen. Diese Festlegungen sind dann jedoch für den Betrieb der Räume bindend. Spätere Änderungen erfordern ein genehmigungsrechtliches Verfahren. Daher ist es zu empfehlen, sich frühzeitig mit den späteren Nutzern abzustimmen (z. B. über Bestuhlungspläne und Veranstaltungskonzepte) und die Nutzer insbesondere hinsichtlich der resultierenden Nutzungseinschränkungen zu beraten.

In einigen Bundesländern ist eine Ermittlung der maximalen Personenzahlen über die Bauvorlagen ausgeschlossen, sodass ausschließlich das pauschale Bemessungsverfahren zur Anwendung gebracht werden darf. Soll aber ein Versammlungsraum tatsächlich von deutlich weniger Personen benutzt werden, bedarf es dann im Zweifel der Begründung von entsprechenden Abweichungen und einer Begrenzung der Nutzerzahlen.

Zu beachten sind außerdem je nach Bundesland zulässige Ausnahmen im Anwendungsbereich der Regelungen für Versammlungsstätten (z. B. für Mitarbeiterkantinen oder Seminarräume).

Das Baurecht geht zunächst davon aus, dass unterschiedliche Nutzungen brandschutztechnisch voneinander getrennt werden. Insbesondere in modernen Bürowelten ist jedoch eine scharfe Abtrennung von Büro- und Versammlungsbereichen vielmals nicht gewünscht. Dies begründet sich zum einen in den Nutzungskonzepten, aber auch im weitgehenden Verzicht auf eine bauliche bzw. brandschutztechnische Trennung. Räumlich betrachtet erschwert dies vielmals auch eine klare Differenzierung der Anwendung der MVStättVO in Abgrenzung zur MBO, sodass es hierzu einer individuellen Abstimmung mit den Genehmigungsbehörden bedarf.

Die Ausbildung ausgedehnter Industrie- und Laborflächen mit einer Vielzahl von Arbeitsplätzen kennt das Baurecht aus dem Gebäudetypus der **Industriebauten.** Die baurechtliche Grundlage hierfür stellt die Muster-Industriebau-Richtlinie (MIndBauRL) dar. Zu Industriebauten gehören auch Räume wie Labore und Prüfstände, Entwicklungsflächen sowie Räume für Büro- und Verwaltungszwecke (vgl. MIndBauRL Erläuterungen, 2014). Neben den klassischen Produktions- und Lagerbereichen sind in den Anwendungsbereich auch nicht serielle Fertigungen und Flächen für Forschung und Entwicklung einzuordnen.

Gerade die letztgenannten Nutzungsarten sind gekennzeichnet durch vielfältige Arbeitsformen: am Schreibtisch, im Virtual-Reality-Raum, am Modell, am Prüfstand oder in der Vorserienproduktion. Dabei wechseln sich klassische Büroarbeitsplätze mit Besprechungs- und Rückzugsmöglichkeiten sowie Bereiche zum handwerklichen Arbeiten ab. Der Übergang zwischen diesen Arbeitsformen soll fließend sein (siehe Abb. 2.7).

Die MIndBauRL basiert auf einer völlig freien Nutzung von Entwicklungs- und Produktionsflächen. Dabei sind im Regelungsumfang der Richtlinie u. a. auch Meisterbüros und Einbauten enthalten. Eine Grenze zwischen diesen untergeordneten Nutzungen und der klassischen Büro- und Verwaltungsnutzung, die in der MBO geregelt wird, ist nicht klar definiert.

Es steht Bauherren und Planern frei, Räume, die nicht unmittelbar den Anwendungsbereich der Industriebaurichtlinie tangieren, aber für den Betrieb eines Industriebaus dienen und mit diesem in einem funktionalen Zusammenhang stehen, in die Gesamtbetrachtung des Industriebaus einzubeziehen (vgl. Mayr/Wiese, 2016). Demnach können Nutzungen wie Betriebs- oder Konstruktionsbüros, Messräume, Umkleidekabinen oder Pausenräume in einem untergeordneten Umfang als sog. mitgezogene Nutzungen inkludiert werden.

Im Einzelfall bedürfen diese Mischnutzungen immer eines ganzheitlichen Brandschutznachweises, um die Einhaltung der baurechtlichen Schutzziele nachzuweisen.

2.2.3 Baulicher Brandschutz

Baustoffe und ihre Baustoffklassen

Baustoffe sind dazu bestimmt, dauerhaft in bauliche Anlagen eingebaut zu werden. Baustoffe stellen dabei eine Unterart des Begriffes Bauprodukt dar (§ 2 Abs. 10 MBO in Verbindung mit §§ 16b bis 25 MBO). Bauprodukte dürfen in baulichen Anlagen nur dann eingebaut werden, wenn sie nach bestimmten Anforderungen hergestellt und in Verkehr gebracht wurden.

Hinsichtlich ihres Brandverhaltens werden unterschieden:

- nichtbrennbare Baustoffe,
- schwerentflammbare Baustoffe,
- normalentflammbare Baustoffe.

Die Einordnung in diese Baustoffklassen erfolgt bisher nach der nationalen Normenreihe DIN 4102 „Brandverhalten von Baustoffen und Bauteilen", parallel dazu erfolgt die Einordnung aufgrund der europäischen Normenreihe DIN EN 13501 „Klassifizierung von Bauprodukten und Bauarten zu ihrem Brandverhalten" (siehe Tabelle 2.2).

Eine Gegenüberstellung zur Anwendbarkeit der beiden Normenreihen ist in Anhang 4 der Muster-Verwaltungsvorschrift Technische Baubestimmungen (MVV TB) enthalten, die vom Deutschen Institut für Bautechnik bekannt gemacht wird. Zum Redaktionsschluss des vorliegenden Buches war die MVV TB in allen Ländern bereits in Landesrecht überführt (siehe Tabelle 2.3).

Für leichtentflammbare Baustoffe gilt, dass diese nicht verwendet werden dürfen, wenn sie nicht in Verbindung mit anderen Baustoffen ein günstigeres Brandverhalten aufweisen und unter diesen Voraussetzungen mindestens normalentflammbar sind. Damit wird ausgeschlossen, dass Baustoffe verwendet werden, die im Sinne des europäischen Grundlagendokumentes Brandschutz „keine Leistung" im Hinblick auf das Brandverhalten aufweisen (vgl. Grundlagendokument Nr. 2, 1994).

Der Test auf Normalentflammbarkeit stellt die Beanspruchung durch eine kleine, definierte Flamme dar (z. B. eine Streichholzflamme entsprechend Abb. 2.8). Unter dieser Beanspruchung müssen die Entzündbarkeit der Baustoffe und die Flammenausbreitung auf den Baustoffen innerhalb einer bestimmten Zeit begrenzt werden. Wird diese Leistung nicht erbracht, wird der Baustoff als leichtentflammbar eingestuft. Kann der Baustoff diese Anforderung erfüllen, wird ein Nachweis hinsichtlich der Normalentflammbarkeit ausgestellt (vgl. DIN 4102-1 „Brandverhalten von Baustoffen und Bauteilen – Teil 1: Baustoffe; Begriffe, Anforderungen und Prüfungen" [1998]).

Schwerentflammbare Baustoffe müssen höhere Anforderungen erfüllen. Sie sollen auch unter der Einwirkung eines fortentwickelten Brandes nicht wesentlich zum Brandgeschehen beitragen. Die Prüfung auf Schwerentflammbarkeit erfolgt entweder im Brandschacht oder über den sog. SBI-Test (SBI: Single Burning Item). Die zugrunde liegende Brandbeanspruchung ist mit einem brennenden Papierkorb in einer Raumecke entsprechend Abb. 2.9 vergleichbar. Hierbei darf sich die Brandausbreitung auf dem Baustoff nicht wesentlich außerhalb des Primärbereiches erstrecken, die Wärmeabgabe muss begrenzt sein und es darf kein „rasanter Abbrand" stattfinden (vgl. DIN 4102-1).

Abb. 2.8: Brennkastenprüfung einer Baustoffprobe (Quelle: Bundesanstalt für Materialforschung und -prüfung [BAM], Berlin)

Abb. 2.9: SBI-Test einer Baustoffprobe (Quelle: MFPA Leipzig GmbH, Leipzig)

Bei Dachkonstruktionen oder Bekleidungen wird ergänzend auch das brennende Abtropfen oder Abfallen bewertet, um eine Brandweiterleitung durch die Baustoffe und eine Gefährdung von Personen durch diese Brandprodukte ergänzend auszuschließen.

Diese Baustoffanforderungen zielen auf das Schutzziel „Begrenzung der Brandentstehung" ab. Was das Schutzziel „Verhinderung der Brandausbreitung" angeht, so werden diese Anforderungen von nichtbrennbaren Baustoffen erfüllt.

Nichtbrennbare Baustoffe werden modelhaft der Situation eines fortentwickelten, teilweise vollentwickelten Brandes unterzogen. Unter dieser Beanspruchung muss die Wärmeabgabe der Baustoffe unbedenklich sein und es dürfen keine entzündbaren Gase frei werden (für den Fall, dass die nichtbrennbaren Baustoffe auch brennbare Anteile enthalten). Die nichtbrennbaren Baustoffe eignen sich wegen dieser Eigenschaften insbesondere auch zur Herstellung von

Bauteilen, die Anforderungen an den Feuerwiderstand aufweisen müssen.

Neben den grundlegenden Anforderungen wird mit den Baustoffprüfungen für bestimmte Baustoffe weiterhin untersucht, welche Rauchentwicklung die Baustoffe unter Brandeinwirkung aufweisen und ob brennendes Abtropfen vorliegt.

Eine Zusammenstellung der unterschiedlichen Baustoffklassen nach nationaler und europäischer Prüfnorm kann den Tabellen 2.2 und 2.3 entnommen werden.

Tabelle 2.2: Baustoffklassifizierungen gemäß nationaler Norm nach MVV TB, Anhang 4, Tabelle 1.1

bauaufsichtliche Anforderung	mindestens erforderliche Baustoffklassen nach DIN 4102-1	zusätzliche Merkmale für die Verwendung
nichtbrennbar[1)]	A2	–
schwerentflammbar	B1	Baustoffe mit Ausnahme Bodenbeläge: begrenzte Rauchentwicklung
schwerentflammbar und nicht brennend abfallend oder abtropfend	B1	kein brennendes Abfallen oder Abtropfen begrenzte Rauchentwicklung
schwerentflammbar und geringe Rauchentwicklung	B1	geringe Rauchentwicklung
schwerentflammbar und nicht brennend abfallend oder abtropfend sowie geringe Rauchentwicklung	B1	kein brennendes Abfallen oder Abtropfen geringe Rauchentwicklung
normalentflammbar nicht brennend abfallend oder abtropfend	B2	kein brennendes Abfallen oder Abtropfen
normalentflammbar	B2	–
1) soweit erforderlich zusätzlich Schmelzpunkt > 1.000 °C		Angabe: Schmelzpunkt von mindestens 1.000 °C nach DIN 4102-17

Tabelle 2.3: Baustoffklassifizierungen gemäß europäischer Norm nach MVV TB, Anhang 4, Tabelle 1.2

bauaufsichtliche Anforderungen	mindestens erforderliche Leistungen nach DIN EN 13501-1		
	Bauprodukte, ausgenommen lineare Rohrdämmstoffe und Bodenbeläge	**lineare Rohrdämmstoffe**	**Bodenbeläge**
nichtbrennbar[1)]	A2 – s1,d0[2)]	$A2_L$ – s1,d0[2)]	$A2_{fl}$ – s1
schwerentflammbar und nicht brennend abfallend oder abtropfend, sowie geringe Rauchentwicklung	C – s1,d0[2)]	C_L – s1,d0[2)]	–
schwerentflammbar und nicht brennend abfallend oder abtropfend	C – s2,d0[2)]	C_L – s2,d0[2)]	–
schwerentflammbar und geringe Rauchentwicklung	C – s1,d2[2)]	C_L – s1,d2[2)]	C_{fl} – s1
schwerentflammbar	C – s2,d2[2)]	C_L – s2,d2[2)]	C_{fl} – s1
normalentflammbar und nicht brennend abfallend oder abtropfend	E	E_L	–
normalentflammbar	E – d2	E_L – d2	E_{fl}
1) soweit erforderlich zusätzlich Schmelzpunkt > 1.000 °C	Angabe: Schmelzpunkt von mindestens 1.000 °C	Angabe: Schmelzpunkt von mindestens 1.000 °C	–
2) soweit erforderlich Glimmverhalten	vgl. MVV TB, Anhang 4, Abschnitt 1.3	vgl. MVV TB, Anhang 4, Abschnitt 1.3	–

Bauteile und ihre Feuerwiderstandsklassen

Bauteile werden aus Baustoffen bzw. Bauprodukten hergestellt. Sie haben in Bezug auf den Brandschutz die Aufgabe, die Standsicherheit des Gebäudes zu gewährleisten oder als raumabschließende Bauteile die Ausbreitung von Feuer und Rauch zu verhindern. Daraus ergeben sich für Bauteile verschiedene Anforderungen hinsichtlich des Brandschutzes. Nach § 26 Abs. 2 MBO werden unterschieden:

- feuerbeständige Bauteile (90 Minuten Feuerwiderstandsdauer),
- hochfeuerhemmende Bauteile (60 Minuten Feuerwiderstandsdauer),
- feuerhemmende Bauteile (30 Minuten Feuerwiderstandsdauer).

Dabei bezieht sich die Feuerwiderstandsklasse bei tragenden und aussteifenden Bauteilen auf die Standsicherheit während des Brandfalls und bei raumabschließenden Bauteilen auf den Widerstand gegen die Brandausbreitung (Raumabschluss, Isolationswirkung). Die Klassifizierung des Feuerwiderstands erfolgt durch Bauteilprüfungen entsprechend den zutreffenden Prüfnormen und der erforderlichen Prüfdauer (siehe Abb. 2.10).

Entsprechend MVV TB sind für die Feuerwiderstandsklassen der Bauteile die in Tabelle 2.4 dargestellten Kombinationen bezüglich des Brandverhaltens der Baustoffe möglich.

Abb. 2.10: Feuerwiderstandsprüfung verschiedener Bauteile

Erleichterungen werden vereinzelt gestattet, um z. B. die Verwendung nachwachsender Rohstoffe zu ermöglichen.

Der wesentliche Unterschied zwischen der „alten“ Klassifizierung der Bauteile nach der Normenreihe DIN 4102 gemäß Tabelle 2.5 und der „neuen“ Klassifizierung nach der Normenreihe DIN EN 13501 gemäß Tabelle 2.6 ist, dass in der neuen Normenreihe dezidiert auf den Einsatzzweck und das Schutzziel der einzelnen Bauteile abgehoben wird. Während in den bisherigen Einteilungen durch das Kurz-

Tabelle 2.4: Feuerwiderstandsklassen und die zulässigen Brandverhalten der Baustoffe

Bauteilanforderung (Feuerwiderstand)			Baustoffanforderung (Brandverhalten)
feuerbeständig	**hochfeuerhemmend**	**feuerhemmend**	
×	×	×	Bauteile aus nichtbrennbaren Baustoffen
×	×	×	Bauteile, deren tragende und aussteifende Teile aus nichtbrennbaren Baustoffen bestehen und die bei raumabschließenden Bauteilen zusätzlich eine in Bauteilebene durchgehende Schicht aus nichtbrennbaren Baustoffen haben
–	×	×	Bauteile, deren tragende und aussteifende Teile aus brennbaren Baustoffen bestehen und die allseitig eine brandschutztechnisch wirksame Bekleidung aus nichtbrennbaren Baustoffen (Brandschutzbekleidung) und Dämmstoffe aus nichtbrennbaren Baustoffen haben
–	–	×	Bauteile aus brennbaren Baustoffen

zeichen „F“ sowohl tragende als auch raumabschließende Bauteile und außerdem bestimmte Verglasungen benannt wurden, wird in der zukünftigen Bezeichnung jedes einzelne Kriterium benannt (z. B. Standsicherheit, Raumabschluss, Isolationswirkung, Rauchdichtigkeit). Daraus ergibt sich eine umfängliche Zusammenstellung von Leistungskriterien, die detaillierter als bisher die einzelnen Anforderungen an Bauteile darstellen.

Dies ermöglicht z. B. auch, die nach der Normenreihe DIN 4102 bekannte Erleichterung für sog. G-Verglasungen auch auf andere Bauprodukte (z. B. textile Abschlüsse) anzuwenden. G-Verglasungen (G 30, G 90) sind Verglasungen, die zwar einen Raumabschluss über die benannten Zeitdauern (30 oder 90 Minuten) sicherstellen, aber keine Abminderung der Wärmestrahlung des Brandes gewährleisten.

Tabelle 2.5: Bauteilklassifizierungen gemäß nationaler Norm nach MVV TB, Anhang 4, Tabelle 4.2.4

bauaufsichtliche Anforderung	mindestens erforderliche Klassen nach DIN 4102-2	Kurzbezeichnung nach DIN 4102-2
feuerhemmend	Feuerwiderstandsklasse F 30	F 30-B[1)]
feuerhemmend und aus nichtbrennbaren[8)] Baustoffen	Feuerwiderstandsklasse F 30 und aus nichtbrennbaren Baustoffen	F 30-A[1)]
hochfeuerhemmend und in den wesentlichen Teilen aus nichtbrennbaren Baustoffen[9)]	Feuerwiderstandsklasse F 60 und in den wesentlichen Teilen aus nichtbrennbaren Baustoffen	F 60-AB[2),3)]
hochfeuerhemmend (tragende Teile brennbar, Dämmstoffe nichtbrennbar[8)] mit brandschutztechnisch wirksamer Bekleidung)[6)]	–	–
hochfeuerhemmend und aus nichtbrennbaren[8)] Baustoffen	Feuerwiderstandsklasse F 60 und aus nichtbrennbaren Baustoffen	F 60-A[2),3)]
feuerbeständig (tragende und aussteifende Teile nichtbrennbar[8)])	Feuerwiderstandsklasse F 90 und in den wesentlichen Teilen aus nichtbrennbaren Baustoffen	F 90-AB[4),5)]
feuerbeständig und aus nichtbrennbaren[8)] Baustoffen	Feuerwiderstandsklasse F 90 und aus nichtbrennbaren Baustoffen	F 90-A[4),5)]
Brandwand (feuerbeständig und aus nichtbrennbaren[8)] Baustoffen)	Brandwand	–
Wand anstelle einer Brandwand (hochfeuerhemmend und aus nichtbrennbaren[8)] Baustoffen auch unter zusätzlicher mechanischer Beanspruchung standsicher)	hochfeuerhemmende Wand anstelle einer Brandwand und aus nichtbrennbaren Baustoffen auch unter zusätzlicher mechanischer Beanspruchung standsicher (Wand anstelle einer Brandwand)	–
Wand anstelle einer Brandwand (hochfeuerhemmend [tragende Teile brennbar, Dämmstoffe nichtbrennbar[8)] mit brandschutztechnisch wirksamer Bekleidung])[7)]	–	–
Gebäudeabschlusswände, die jeweils von innen nach außen die Feuerwiderstandsfähigkeit der tragenden und aussteifenden Teile des Gebäudes, mindestens jedoch feuerhemmende Bauteile, und von außen nach innen die Feuerwiderstandsfähigkeit feuerbeständiger Bauteile haben	Gebäudeabschlusswände, die jeweils von innen nach außen die Feuerwiderstandsfähigkeit der tragenden und aussteifenden Teile des Gebäudes, mindestens jedoch feuerhemmende Bauteile, und von außen nach innen die Feuerwiderstandsfähigkeit feuerbeständiger Bauteile haben	F 30-B (von innen) und F 90-B (von außen)
Feuerwiderstandsfähigkeit 120 Minuten und aus nichtbrennbaren Baustoffen	Feuerwiderstandsklasse F 120 und aus nichtbrennbaren Baustoffen	F 120-A

1) bei nichttragenden Außenwänden auch W 30 zulässig
2) Nachweis und Zuordnung nach MVV TB, Anhang 4, Tabelle 4.3.1 (entspricht Tabelle 2.6 in diesem Buch)
3) bei nichttragenden Außenwänden auch W 60 zulässig
4) bei nichttragenden Außenwänden auch W 90 zulässig
5) Tragende Bauteile müssen nach DIN 4102-2, Abschnitt 6.2.2.6, unter entsprechender Last geprüft sein.
6) Für diese Bauteile nach der unter der laufenden Nummer A 2.2.1.4 MVV TB genannten technischen Regel genügt ein allgemeines bauaufsichtliches Prüfzeugnis gemäß laufender Nummer C 3.21 MVV TB mit der mindestens erforderlichen Angabe: R 60-$K_2$60 bzw. REI 60-$K_2$60.
7) Für diese Bauteile nach der unter der laufenden Nummer A 2.2.1.4 MVV TB genannten technischen Regel genügt ein allgemeines bauaufsichtliches Prüfzeugnis gemäß laufender Nummer C 3.21 MVV TB unter Stoßbelastung mit der mindestens erforderlichen Angabe: REI 60-M-$K_2$60.
8) Hinsichtlich der Anforderungen gilt MVV TB, Anhang 4, Tabelle 1.1 (entspricht Tabelle 2.2 in diesem Buch).
9) in Bauteilebene durchgehende Schicht aus nichtbrennbaren Baustoffen

Tabelle 2.6: Bauteilklassifizierungen gemäß europäischer Norm nach MVV TB, Anhang 4, Tabelle 4.3.1

bauaufsichtliche Anforderung	mindestens erforderliche Leistungen		
	Feuerwiderstandsfähigkeit nach DIN EN 13501-2		Brandverhalten nach DIN EN 13501-1
	ohne Raumabschluss[1)]	mit Raumabschluss	
feuerhemmend	R 30	REI 30	E - d2
feuerhemmend und aus nichtbrennbaren[3)] Baustoffen	R 30	REI 30	A2 - s1,d0[4)]
hochfeuerhemmend (tragende Teile brennbar, Dämmstoffe nichtbrennbar[3)] mit brandschutztechnisch wirksamer Bekleidung)	R 60 $K_2$60	REI 60 $K_2$60	Dämmstoff und brandschutztechnisch wirksame Bekleidung: A2 - s1,d0[4)]; im Übrigen: E - d2
hochfeuerhemmend und in den wesentlichen Teilen aus nichtbrennbaren[3)] Baustoffen	R 60	REI 60[2)]	A2 - s1,d0[4)]
Wand anstelle einer Brandwand (hochfeuerhemmend und aus nichtbrennbaren[3)] Baustoffen, auch unter zusätzlicher mechanischer Beanspruchung standsicher)	–	REI 60-M	A2 - s1,d0[4)]
Wand anstelle einer Brandwand (hochfeuerhemmend [tragende Teile brennbar, Dämmstoffe nichtbrennbar[3)] mit brandschutztechnisch wirksamer Bekleidung], auch unter zusätzlicher mechanische Beanspruchung standsicher)	–	REI 60-M $K_2$60	tragende und aussteifende Teile E, im Übrigen A2 - s1,d0[4)]
feuerbeständig (tragende und aussteifende Teile nichtbrennbar[3)])	R 90	REI 90[2)]	A2 - s1,d0[4)]; im Übrigen E - d2
feuerbeständig und aus nichtbrennbaren[3)] Baustoffen	R 90	REI 90	A2 - s1,d0[4)]
Feuerwiderstandsfähigkeit 120 Minuten und aus nichtbrennbaren[3)] Baustoffen	R 120	REI 120	A2 - s1,d0[4)]
Brandwand[5)]	–	REI 90-M	A2 - s1,d0[4)]

1) Für die mit reaktiven Brandschutzsystemen beschichteten Stahlbauteile ist die Angabe IncSlow gemäß DIN EN 13501-2 in der Leistungserklärung zusätzlich zu nennen.
2) eine in Bauteilebene durchgehende, nichtbrennbare Schicht: A2 - s1,d0[4)]
3) Hinsichtlich der Anforderungen gilt MVV TB, Anhang 4, Tabelle 1.1 (entspricht Tabelle 2.2 in diesem Buch).
4) Soweit erforderlich gilt MVV TB, Anhang 4, Abschnitt 1.3.
5) Die Brandwand muss aus nichtbrennbaren Baustoffen bestehen.

2.2.4 Anlagentechnischer Brandschutz

Einen wesentlichen Anteil an Brandschutzvorkehrungen für Sonderbauten nehmen anlagentechnische Brandschutzmaßnahmen ein. Diese ergänzen nicht nur die baulichen Maßnahmen, häufig sollen sie im Rahmen von Brandschutznachweisen auch bauliche Defizite kompensieren oder die Zulässigkeit von Abweichungen begründen.

Anlagentechnische Brandschutzmaßnahmen umfassen u. a.:

- Anlagen zur Brandfrüherkennung,
- Anlagen zur Alarmierung und Warnung,
- Anlagen zur Brandbekämpfung,
- Anlagen für die Rauch- und Wärmeableitung,
- Anlagen für die Sicherheitsbeleuchtung,
- Anlagen für die Sicherheitsstromversorgung,
- Anlagen für den Blitzschutz.

Die Erforderlichkeit für die Planung von anlagentechnischen Brandschutzmaßnahmen ergibt sich für geregelte Sonderbauten wie z. B. Versammlungsstätten oder Verkaufsstätten aus den Anforderungen der anzuwendenden Sonderbauverordnungen und -richtlinien. Für ungeregelte Sonderbauten ergeben sich diese aus dem individuellen Brandschutznachweis.

Die technischen Anforderungen an die Planung und Ausführung von anlagentechnischen Brandschutzmaßnahmen lassen sich üblicherweise technischen Regelwerken entnehmen; beispielhaft seien hier die folgenden genannt:

- die Normenreihen DIN VDE 0833, DIN 14675 und DIN EN 54 für Brandmeldeanlagen,
- die Normenreihe DIN VDE 0833 für Alarmierungsanlagen,
- die DIN EN 12845 für Wasserlöschanlagen/Sprinkleranlagen sowie die Regelungen der Sachversicherer (CEA 4001/FM Global),
- die DIN EN 50172 bzw. VDE 0108-100 für Sicherheitsbeleuchtungsanlagen,
- die DIN VDE 0100-718 und DIN VDE 0108-100 für Sicherheitsstromversorgungen,
- die Normenreihe DIN EN 62305 bzw. VDE 0185-305 für Blitzschutzanlagen.

Die im Januar 2020 veröffentlichte Ausgabe 2019/1 der MVV TB enthält einen zusätzlichen Anhang 14 „Technische Regel Technische Gebäudeausrüstung – TR TGA“, in dem die bauaufsichtlichen (Mindest-)Anforderungen an anlagentechnische Brandschutzmaßnahmen, aber auch an Lüftungs- und Feuerungsanlagen konkretisiert werden.

2.2.5 Betrieblicher und organisatorischer Brandschutz

Die baulichen und anlagentechnischen Brandschutzmaßnahmen in Bürogebäuden können nur dann dauerhaft wirksam sein, wenn sie nach der Errichtung auch ordnungsgemäß instand gehalten und betrieben werden. Auch das Verhalten der Gebäudenutzer im Brandfall ist entscheidend für die Sicherheit.

Die Landesbauordnungen regeln alle Phasen der Lebensdauer eines Gebäudes, so auch die Benutzung und Instandhaltung. Die Pflichten zur regelmäßigen Instandhaltung und Prüfung sowie der ordnungsgemäßen Nutzung obliegen neben dem Eigentümer auch dem Betreiber und dem Nutzer. Diese Pflichten lassen sich den betrieblichen oder organisatorischen Brandschutzmaßnahmen zurechnen. Für die Einhaltung der Maßnahmen ist von den 3 genannten Parteien jeweils auch immer der „tatsächlich Verfügungsberechtigte“ verantwortlich, häufig werden hier (miet)vertragliche Regelungen getroffen, die bestimmen, wo die Zuständigkeiten liegen.

Neben diesen Maßnahmen sind aber auch Vorkehrungen zu treffen, die sich an die Nutzer des Gebäudes richten. Für den Brandfall – vor allem in Sonderbauten – sind bestimmte Verhaltensregeln wichtig. Diese zielen auf die Gefahrenvorbeugung und das Verhalten im Brandfall ab. Die Mitarbeiter müssen außerdem geeignet und wiederkehrend unterwiesen werden, damit ihnen die korrekten Verhaltensweisen und Maßnahmen präsent sind. Brandschutzordnungen und Betriebsvorschriften geben hier Verhaltensanweisungen, Brandschutzschulungen und Brandschutzübungen vermitteln und vertiefen die Anwendung und die Einhaltung der Regelungen.

Neben den Regelungen aus der MBO sowie den Sonderbauverordnungen und -richtlinien stammen Vorgaben an die betrieblichen und organisatorischen Brandschutzmaßnahmen häufig auch aus dem Arbeitsschutzrecht oder den Versicherungsbedingungen.

2.2.6 Baunebenrecht, Arbeitsschutzrecht, Versicherungsbedingungen

Nicht nur das Bauordnungsrecht stellt Anforderungen an den Brandschutz für Bürogebäude. Weiter gehende Anforderungen können auch aus dem Arbeitsschutzrecht oder den Regelungen der Sach- und Feuerversicherer resultieren.

Diese Rechtsbereiche stellen eine Vielzahl von Regelwerken mit Bezug zum Brandschutz auf. Sie beziehen sich sowohl auf bauliche und anlagentechnische als auch auf betriebliche und organisatorische Brandschutzmaßnahmen. In vielen Fällen werden die Regelwerke als (allgemein) anerkannte Regel der Technik gelten, sodass ihre Berücksichtigung in einer umfassenden Brandschutzplanung geboten ist, soweit das nicht einzelvertraglich bereits festgelegt ist.

Häufig kommt es aber im Planungsprozess dazu, dass auch von denjenigen Regelungen abgewichen werden soll oder muss, die nicht dem Baurecht entspringen. Den Arbeitgebern bzw. Unternehmern obliegt es, Arbeitsplätze und Arbeitsabläufe sicher zu gestalten. Hierzu ist eine Beurteilung der Arbeitsbedingungen erforderlich, die sog. Gefährdungsbeurteilung. Rechtliche Grundlage für diese Maßnahmen ist das Arbeitsschutzgesetz (ArbSchG).

Der Maßstab für die konkreten Anforderungen findet sich in der Arbeitsstättenverordnung (ArbStättV) und in verschiedenen Technischen Regeln für Arbeitsstätten (ASR). Werden die Bestimmungen dieser Regelwerke eingehalten, so kann ohne Weiteres davon ausgegangen werden, dass das erforderliche Sicherheitsniveau eingehalten wird. Wird von den Regelungen abgewichen, muss festgestellt werden, ob die erforderliche Sicherheit dennoch gewährleistet ist.

Problematisch dabei ist, dass das Baurecht in vielen Bereichen ein anderes Anforderungsniveau stellt als das Arbeitsstättenrecht. Die Planer sind von den Bauherren und Investoren sowohl zu einer wirtschaftlich optimierten Planung als auch zu einer Einhaltung der anerkannten Regeln der Technik verpflichtet. Während der Bauplanung stehen jedoch die späteren Nutzer häufig noch gar nicht fest – was schwierig im Hinblick auf die erforderliche Gefährdungsbeurteilung ist, weil diese dem Unternehmer/Arbeitgeber obliegt.

Auch das Verfahren zur eventuellen Genehmigung einer Abweichung von Regelwerken außerhalb des Baurechts ist nicht einheitlich geregelt und vielfach umstritten: Die Bandbreite erstreckt sich hier von der Einordnung als eigenständige Maßnahme des Unternehmers bis hin zu einer Sichtweise, dass ein förmliches Anzeigen bei der zuständigen staatlichen Arbeitsschutzverwaltung erforderlich ist. Die Einhaltung der Vorschriften für Arbeitsstätten wird im Rahmen des bauordnungsrechtlichen Genehmigungsverfahrens in der Regel jedoch nicht (mehr) überprüft, sodass hier kein dem baurechtlichen Verfahren innewohnender Mechanismus greift.

Ähnlich wie bei den Regelungen zum Arbeitsstättenrecht kommt den Vorgaben der Unfallverhütungsvorschriften und der nachgeordneten Regelwerke eine hohe Bedeutung zu. Sie sind zum einen sog. autonomes Satzungsrecht der Unfallversicherungsträger, zum anderen stellen Sie regelmäßig den Stand der Technik in ihrem Geltungsbereich dar. Bedingt durch die Tatsache, dass teilweise für einzelne Nutzungen (z. B. Bildschirmarbeitsplätze) oder Gebäudearten (etwa Kindergärten und Schulen) bestimmte Anforderungen an die Gestaltung formuliert werden, sind erhebliche Konsequenzen für die Planung und die bauliche Realisierung zu erwarten.

Die Planer stehen hier in einem Konflikt, der nicht einfach aufzulösen ist. Da bei der Planung von Gebäuden oft unklar ist, welchen konkreten Anforderungen der Unternehmer als Betreiber der Arbeitsstätte durch eine eigene Gefährdungsbeurteilung oder durch seinen Unfallversicherungsträger unterliegt, wird dringend geraten, diese im Zuge des Planungsprozesses vorab zu erfragen und abzustimmen. Eine Beteiligung der vom Unternehmer eingesetzten Fachkräfte für Arbeitssicherheit scheint hier geboten. Bei der Planung von Bürogebäuden betreffen die wesentlichen Abstimmungen erfahrungsgemäß die Ausbildung der Rettungswege (tatsächliche Länge, Breite von Gängen und Türen, Aufschlagrichtungen von Türen) und die Erforderlichkeit von Brandmelde- und Alarmierungsanlagen sowie von Maßnahmen zur Sicherheitsbeleuchtung.

Neben den genannten Vorschriften können auch aus den Versicherungsbedingungen der Sach- und Feuerversicherer zusätzliche Anforderungen an den Brandschutz resultieren. In diesem Rechtsbereich werden ebenfalls bauliche, anlagentechnische und auch organisatorische Maßnahmen gefordert. Häufig stellen die Regelwerke der Versicherer eine allgemein anerkannte Regel der Technik dar und sind sogar in den technischen Baubestimmungen oder in den Erläuterungen zu den Sonderbauverordnungen und -richtlinien genannt (in der MVV TB z. B. die Sprinklerrichtlinien VdS CEA 4001 oder die FM Global Data Sheets).

Bei der Planung von Bürogebäuden sind besondere Anforderungen aus den Versicherungsbedingungen für den Planungsprozess nicht regelhaft. Besonderes Augenmerk ist auf zusätzliche Anforderungen bei Gebäuden mit hohen Werten und hohem Ausfallrisiko wie z. B. Lager- und Logistikgebäude oder Produktionsanlagen zu legen. Hier sollten die zuständigen Stellen frühzeitig in den Planungsprozess eingebunden werden.

2.2.7 Abweichungen und Erleichterungen

Bauliche Anlagen aller Gebäudeklassen weichen regelmäßig von baurechtlichen Bestimmungen ab.

Die häufigsten Gründe für solche Abweichungen sind die folgenden:

- Die allgemeinen Vorgaben des Baurechts lassen sich auf das geplante Gebäude nicht anwenden.
- Beabsichtigte Nutzungskonzepte sind nicht realisierbar.
- Es sollen wirtschaftlichere Lösungen gegenüber den Standardvorgaben des Baurechts gesucht werden.

Der Gesetzgeber hat erkannt, dass er mit seinen Vorgaben nur grundsätzliche Anforderungen und typische Fälle regeln kann. Die Bauvorschriften sehen daher für alle baulichen Anlagen die Instrumente der Abweichung und Erleichterung vor, um auch andere Lösungen zuzulassen. Diese Abweichungen betreffen regelmäßig auch brandschutztechnische Aspekte.

Bauordnungsrechtlich betrachtet ist die Inanspruchnahme von Abweichungen und Erleichterungen immer dann zulässig, wenn bezogen auf den Einzelfall ein gleichwertiges Sicherheitsniveau erreicht wird, wie es die Bauvorschriften vorgeben. Dazu formuliert § 67 MBO, dass die Abweichung *„mit den öffentlichen Belangen"* vereinbar sein muss, wobei das erforderliche Sicherheitsniveau durch die in § 3 MBO angegebenen allgemeinen Schutzziele definiert wird. Bezogen auf den Brandschutz werden diese in § 14 MBO näher beschrieben.

Der Verordnungsgeber hat also ausdrücklich berücksichtigt, dass im Einzelfall das relativ starre Gerüst der Bauvorschriften verlassen werden kann. Die Inanspruchnahme von Abweichungen und Erleichterungen setzt allerdings voraus, dass die öffentlich-rechtlichen Schutzziele – beispielsweise hinsichtlich des Brandschutzes – dem nicht entgegenstehen. Hierzu ist ein geeigneter Nachweis im Rahmen einer zielgerichteten und schutzzielorientierten Bewertung zu führen. Dieser Nachweis sollte – in Abhängigkeit von Umfang und Tragweite der Abweichung – einen entsprechenden Raum in den Brandschutznachweisen umfassen.

Eine einheitliche Systematik zur Behandlung von Abweichungen und Erleichterungen in Brandschutznachweisen ist nicht vorgegeben. Dies führt zu einer recht unterschiedlichen Vorgehensweise in der Beurteilung der relevanten Sachverhalte. Analog zu bekannten und praxiserprobten Verfahren hat sich der „Dreiklang" Abweichung–Begründung–Kompensation bewährt, mit dem jede Abweichung von baurechtlichen Vorschriften geeignet analysiert und

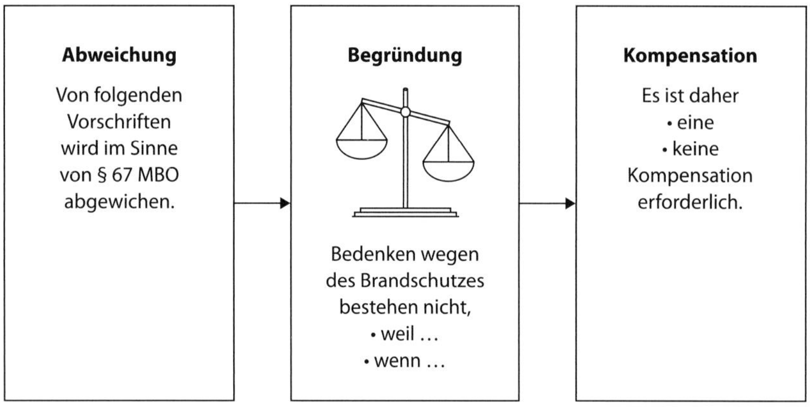

Abb. 2.11: Dreiklang zur Begründung einer Abweichung

schutzzielorientiert bewertet werden kann (siehe auch Abb. 2.11). Als Ergebnis kann nachvollziehbar festgestellt werden, ob die Abweichung zulässig ist, ob zusätzliche Kompensationsmaßnahmen notwendig sind oder das erforderliche Schutzniveau ohne Weiteres erreicht wird.

Ob Abweichungen nur zulässig sind, wenn bei dem Bauvorhaben eine gewisse „Atypik" vorliegt, ist in der Verwaltungsrechtsprechung und der Kommentierung der Landesbauordnungen nicht durchgängig belegt; aus der Formulierung in den Landesbauordnungen und der Zielrichtung des Gesetzgebers lässt sich dies in keinem Fall ableiten, weshalb diese Sichtweise infrage zu stellen ist. Auch die Haltung, bei Genehmigungsverfahren von Neubauten keine Abweichungen zulassen zu wollen, widerspricht eindeutig dem Willen des Gesetzgebers zur flexiblen und schutzzielorientierten Anwendung von Bauvorschriften, was sich den Begründungen der Landesbauordnungen im Einzelfall entnehmen lässt.

2.2.8 Bestandsschutz

Bei der Beurteilung bzw. Änderung von bestehenden Bürogebäuden ist eine konsequente Differenzierung zwischen antragsgegenständlichen Änderungen und nicht berührtem Bestand unabdingbar. In diesem Zusammenhang nimmt der Bestandsschutz im Baurecht eine zentrale Rolle ein. Der Bestandsschutz leitet sich aus Artikel 14 des Grundgesetzes (GG) ab. Mit diesem Instrument soll verhindert werden, dass eine rechtmäßig errichtete bauliche Anlage rechtswidrig wird, wenn sich die Anforderungen des öffentlichen Rechts zu einem späteren Zeitpunkt geändert haben und die bestehende Anlage damit dem geänderten Recht widerspricht.

Nach diesem Grundsatz können Anforderungen an rechtmäßig bestehende Gebäude nur unter Anwendung entsprechender Rechtsvorschriften gestellt werden. Dies ist regelmäßig nur dann der Fall, wenn

- eine konkrete Gefahr für Leben oder Gesundheit abzuleiten ist,
- wesentliche Änderungen vorgesehen sind oder
- die genehmigte Nutzung geändert wird.

In allen anderen Fällen ist regelmäßig kein Anpassungsverlangen abzuleiten. Der Gesetzgeber akzeptiert somit variierende Sicherheitsniveaus von baulichen Anlagen unterschiedlichen Alters – ähnlich wie dies z. B. auch aus der Zulassung von Fahrzeugen im Straßenverkehr bekannt ist (vgl. dazu auch das Praxisbeispiel in Kapitel 4.9).

Es ist zu beachten, dass die Berücksichtigung weiterer Rechtsbereiche diesbezüglich zu anderen Erkenntnissen führen kann. Aus dem Arbeitsschutzrecht kann ein Bestandsschutz z. B. nicht ohne Weiteres abgeleitet werden. Die jeweils aktuellen Fassungen der konkretisierenden technischen Regeln (z. B. Technische Regeln für Arbeitsstätten [ASR]) sind maßgebend. Es gilt der Grundsatz, dass die sog. Gefährdungsbeurteilung kontinuierlich durchzuführen ist, woraus ein Anpassungsverlagen entstehen kann (vgl. Anwander, 2016).

2.3 Abwehrender Brandschutz

Die MBO berücksichtigt neben den Anforderungen an den baulichen Brandschutz bereits, dass auch geeignete Voraussetzungen für die Durchführung von Rettungsmaßnahmen und Löscharbeiten geschaffen werden müssen. Die Aufgaben der Feuerwehren sind in den Brandschutzgesetzen der Länder niedergelegt. Danach obliegt es den Gemeinden, eine den örtlichen Verhältnissen angemessene, leistungsfähige Feuerwehr für die Brandbekämpfung und für die Hilfeleistung bei Unglücksfällen zu unterhalten.

Außerdem sorgen die Gemeinden für den Grundschutz in der Löschwasserversorgung und treffen Maßnahmen zur Verhütung von Bränden sowie zur Brandschutzaufklärung.

Bei der Planung und Realisierung von Bürogebäuden müssen Voraussetzungen geschaffen werden, die den Einsatz der Feuerwehr ermöglichen. Ist die Erreichbarkeit eines Bürogebäudes aus dem öffentlichen Straßenraum nicht ausreichend, so sind auf dem Grundstück für die Feuerwehr geeignete Zugänge und Zufahrten, Aufstellflächen für Rettungsgeräte sowie Bewegungsflächen für Lösch- und Rettungsfahrzeuge zu schaffen. Übersteigen die Anforderungen an eine Löschwasserversorgung für ein Bürogebäude den von der Gemeinde vorzuhaltenden Grundschutz, so hat der Eigentümer weitere Maßnahmen zu treffen und einen besonderen Objektschutz vorzusehen.

Auch Maßnahmen im Inneren von Bürogebäuden können erforderlich werden. So benötigen ausgedehnte oder hohe Bürogebäude häufig Wandhydranten oder Steigleitungen für die Feuerwehr. Der Löschangriff kann auch durch Vorrichtungen zur Rauch- und Wärmeableitung wirksam unterstützt werden. Zwar können Wandhydranten auch zur

Entstehungsbrandbekämpfung durch Laien herangezogen werden und auch Maßnahmen zur Rauch- und Wärmeableitung können Rettungswege sicherer gestalten oder Sachwerte schützen: In allererster Linie dienen diese Einrichtungen aber der Unterstützung der Feuerwehr bei der Durchführung der Menschenrettung und des Löschangriffes.

Zur Sicherstellung von wirksamen Maßnahmen für die Rettung und die Brandbekämpfung sehen die landesrechtlichen Regelungen die Beteiligung der für den Brandschutz zuständigen Behörden vor. Diese sog. Brandschutzdienststellen sind entweder Feuerwehren, die über geeignetes Personal verfügen, oder Brandschutzingenieure – oder auch Brandschutzprüfer, die den kleineren kreisangehörigen Gemeinden von den Landkreisen zur Verfügung gestellt werden. Die Brandschutzdienststellen prüfen die Bauvorlagen hinsichtlich der Fragestellung, ob wirksame Lösch- und Rettungsmaßnahmen möglich sind. In einigen Ländern werden diese Aufgaben auch von ehrenamtlichen Feuerwehrangehörigen wahrgenommen (z. B. von den örtlichen Kommandanten oder von Funktionsträgern auf Kreisebene).

Der Beurteilungsumfang erstreckt sich üblicherweise auf folgende Aspekte (vgl. exemplarisch Abschnitt 54.33 der ehemaligen Verwaltungsvorschrift zur Landesbauordnung NRW VV BauO NRW vom 12. Oktober 2000):

- die Löschwasserversorgung und die Einrichtung zur Löschwasserversorgung,
- die Zugänglichkeit der Grundstücke und der baulichen Anlagen für die Feuerwehr sowie an Zufahrten, Durchfahrten, Aufstell- und Bewegungsflächen,
- Lage und Anordnung der zum Anleitern bestimmten Stellen,
- Lage und Anordnung von Löschwasser-Rückhalteanlagen,
- Anlagen, Einrichtungen und Geräte für die Brandbekämpfung (wie Wandhydranten, Schlauchanschlussleitungen, Feuerlöschgeräte, Feuerlöschanlagen) und für den Rauch- und Wärmeabzug bei Bränden,
- Anlagen und Einrichtungen für die Brandmeldung (wie Brandmeldeanlagen) und für die Alarmierung im Brandfall (Alarmierungseinrichtungen),
- betriebliche Maßnahmen zur Brandverhütung und Brandbekämpfung sowie zur Rettung von Menschen und Tieren (wie Hausfeuerwehr, Brandschutzordnung, Feuerschutzübungen).

Im Weiteren sind viele Abweichungen von Regelungen zum Brandschutz nur zulässig, wenn hinsichtlich des (abwehrenden) Brandschutzes keine Einwände bestehen.

Die Bauaufsichtsbehörde entscheidet in der Regel über die Berücksichtigung der Stellungnahme der Brandschutzdienststellen und über die Durchsetzung von vorgeschlagenen Bedingungen, Auflagen oder Hinweisen für die Baugenehmigung.

Die Feuerwehren führen auf Grundlage der Brandschutzgesetze der Länder außerdem in solchen Gebäuden, Betrieben und Einrichtungen, die in erhöhtem Maße brand- oder explosionsgefährdet sind oder in denen bei Ausbruch eines Brandes oder bei einer Explosion eine große Anzahl von Personen oder bedeutende Sachwerte gefährdet werden können, eine regelmäßige Überprüfung im Hinblick auf die Belange des Brandschutzes im laufenden Betrieb durch.

Diese sog. Brandverhütungsschau dient der Feststellung brandschutztechnischer Mängel und Gefahrenquellen sowie der Veranlassung von Maßnahmen, die der Entstehung eines Brandes und der Ausbreitung von Feuer und Rauch vorbeugen und bei einem Brand oder Unglücksfall die Rettung von Menschen und Tieren, den Schutz von Sachwerten sowie wirksame Löscharbeiten ermöglichen. Die Brandverhütungsschau ist beginnend mit der Nutzung oder Inbetriebnahme je nach Gefährdungsgrad in regelmäßigen Zeitabständen nach Landesrecht durchzuführen. Je nach Landesrecht entsprechen die Begriffe Feuerbeschau, Brandschau oder Gefahrenverhütungsschau diesem Begriff.

Sofern für Sonderbauten sog. wiederkehrende Prüfungen durch die Bauaufsichtsbehörden vorgeschrieben sind, werden die Feuerwehren in aller Regel an diesen Prüfungen ebenfalls teilnehmen, fallweise werden die Termine mit den o. g. Brandverhütungsschauen kombiniert.

Durch das Zusammenspiel von Regelungen zum vorbeugenden Brandschutz in den Bauordnungen und von Regelungen zum abwehrenden Brandschutz in den Brandschutzgesetzen der Länder wird gewährleistet, dass der Entstehung von Bränden so weit wie möglich vorgebeugt wird und gleichzeitig die erforderlichen Voraussetzungen zur Einleitung von Lösch- und Rettungsmaßnahmen gegeben sind.

3 Brandschutz in Büro- und Verwaltungsgebäuden

3.1 Flächen für die Feuerwehr

Die Durchführung von Rettungs- und Löscharbeiten setzt voraus, dass Gebäude für die Feuerwehr zugänglich und mit dem notwendigen Gerät erreichbar sind. Um den zügigen Einsatz der Feuerwehr zu gewährleisten, sind an ausgedehnten Gebäudekomplexen auch außerhalb der öffentlichen Verkehrsflächen ausreichende Flächen für die Feuerwehr auf dem Grundstück vorzusehen (vgl. § 5 MBO).

Diese Anforderung trifft auf Bürogebäude gleichermaßen wie auf andere Gebäude zu. Grundsätzlich sind Flächen für die Feuerwehr unter den folgenden Randbedingungen erforderlich:

- Die Abstände der Gebäudezugänge und damit die Angriffswege der Feuerwehr befinden sich in mehr als 50 m Entfernung zu öffentlichen Verkehrsflächen.
- Der zweite Rettungsweg wird über Leitern der Feuerwehr sichergestellt, deren Aufstellflächen auf dem Grundstück liegen.
- Aufgrund der Art oder Ausdehnung des Gebäudes liegen besondere Einsatzbedingungen für die Feuerwehr vor, die zusätzliche Flächen für die Entwicklung des Einsatzes erfordern (z. B. bei Hochhäusern).

Ausgehend von der vorangegangenen Aufzählung kann im Allgemeinen zwischen den folgenden Flächen für die Feuerwehr unterschieden werden:

- Zugänge und Zufahrten,
- Aufstellflächen,
- Bewegungsflächen.

Abb. 3.1: Kennzeichnung Feuerwehrzufahrt

Bürogebäude in innerstädtischer Lage verfügen häufig über geringe oder gar keine umgebenden Grundstücksflächen, sondern grenzen unmittelbar an öffentliche Verkehrsflächen an. Gesonderte Zugänge sind somit nicht erforderlich; Aufstellflächen für Hubrettungsfahrzeuge können dann im öffentlichen Verkehrsraum angeordnet werden.

Dahingegen ergeben sich bei der Planung großer Bürokomplexe in Campusform oder auf ausgedehnten Grundstücken mit entsprechender Gestaltung der Außenanlagen weiter gehende Anforderungen an die Zugänglichkeit der baulichen Anlagen für die Feuerwehr. Hier wird dann die Anordnung der Flächen auf dem Grundstück erforderlich. Die Anforderungen an die einzelnen Flächen sowie deren Unterschiede werden nachfolgend erläutert.

Zufahrten, Aufstellflächen und Bewegungsflächen müssen so hergerichtet, instand gehalten und gekennzeichnet sein, dass sie jederzeit als Angriffswege für die Feuerwehr benutzt werden können. Wie auch Rettungswege müssen die Flächen für die Feuerwehr daher ständig freigehalten werden. Hierauf wird in der Regel dauerhaft und leicht erkennbar durch entsprechende Ver- und Gebotsschilder hingewiesen. Bei Bedarf werden ausgewiesene Flächen auf dem Boden zusätzlich dauerhaft markiert.

Die Feuerwehrzufahrten und die Feuerwehraufstellflächen werden hierzu mit Hinweisschildern entsprechend DIN 4066 „Hinweisschilder für die Feuerwehr“ (1997) gekennzeichnet. Darüber hinaus sind regelmäßig weiter gehende ortsspezifische Festlegungen der Landkreise und Kommunen zu beachten (siehe Abb. 3.1).

3.1.1 Zugänge und Zufahrten

Zu- und Durchfahrten dienen der Feuerwehr als Verkehrsweg und stellen die Zugänglichkeit zum Gebäude für Einsatzfahrzeuge und -geräte sicher.

Zu- und Durchgänge werden von den Einsatzkräften genutzt, um zu Fuß zu straßenabgewandten Gebäudeteilen zu gelangen und Ausrüstung dorthin vorzubringen. Sie dienen der Feuerwehr insbesondere dazu, Leitern zur Rettung von Personen aus den Obergeschossen vorzunehmen. Dies ist regelmäßig dann erforderlich, wenn Nutzungseinheiten gebildet werden, die nur über die Gebäuderückseite mit einer tragbaren Leiter erreicht werden können. Zusätzlich dienen Zu- und Durchgänge aber auch als Angriffsweg bei der Brandbekämpfung: Hierüber werden also beispielsweise Schläuche verlegt oder weitere tragbare Einsatzmittel wie z. B. Lüftungsgeräte vorgenommen. Ein Durchgang wird außerdem benötigt, wenn auf einem Grundstück rückwärtige Gebäude angeordnet werden.

Für einen reibungslosen Einsatzablauf werden in der Musterbauordnung (MBO) und den Muster-Richtlinien über Flächen für die Feuerwehr (MRFlFw) besondere Anforderungen an die bauliche Ausbildung von Zu- und Durchgängen gestellt. Sie müssen geradlinig sein und eine Breite von mindestens 1,25 m im Lichten aufweisen, damit der o. g. Transport der tragbaren Leitern möglich ist. An Türöffnungen und anderen geringfügigen Einengungen darf die lichte Breite auf 1 m verringert werden.

Durchgänge können auf der Straßenseite mit abschließbaren Türen ausgestattet werden. Die Zugänglichkeit für die Feuerwehr muss aber weiterhin gegeben sein. In Abstimmung mit der örtlich zuständigen Brandschutzdienststelle ist dazu beispielsweise eine Doppelschließung geeignet oder ein Schlüssel, der im Feuerwehr-Schlüsseldepot der Brandmeldeanlage hinterlegt ist. Die MBO sowie die konkretisierenden technischen Baubestimmungen geben keine Anforderung an das Brandverhalten oder den Feuerwiderstand der Umfassungsbauteile von Durchgängen vor.

Grundsätzlich ist eine vollumfängliche Zugänglichkeit aller Gebäudeaußenseiten für die Feuerwehr bei Bürogebäuden nicht baurechtlich gefordert. Diese Anforderung existiert nur für Industriebauten. Unter bestimmten Voraussetzungen ist jedoch eine Zufahrt bzw. Durchfahrt für die Feuerwehr erforderlich, sodass abgelegene Grundstücks- oder Gebäudeteile auch mit Einsatzfahrzeugen erreicht werden können.

Sofern Aufstell- oder Bewegungsflächen erforderlich sind (vgl. Kapitel 3.1.2 und 3.1.3), müssen Zufahrten vorhanden sein. Weiter geht aus § 5 Abs. 1 Satz 4 MBO hervor, dass in bestimmten Fällen Teile von (Büro-)Gebäuden, die mehr als 50 m von öffentlichen Verkehrsflächen entfernt liegen, durch Feuerwehrfahrzeuge erreichbar sein und damit ebenfalls Zu- bzw. Durchfahrten vorgesehen werden müssen. Eine solche Situation liegt in der Regel dann vor, wenn die Ausgänge aus notwendigen Treppenräumen oder Ausgänge ins Freie, über die Rettungswege geführt werden, mehr als 50 m von öffentlichen Verkehrsflächen entfernt liegen. Die Rettungswege dienen der Feuerwehr auch als Angriffswege und müssen daher in einer begrenzten Entfernung erreichbar sein. Somit sind Zufahrten so anzuordnen, dass von diesen die am weitesten entfernt gelegenen Gebäudezugänge nach maximal 50 m Fußweg von den Einsatzkräften erreicht werden können.

Für Zu- und Durchfahrten werden in den MRFlFw die folgenden Abmessungen und Tragfähigkeiten festgelegt:

- Befahrbarkeit mit einer Achslast von bis zu 10 t,
- Befahrbarkeit mit einem zulässigen Gesamtgewicht von bis zu 16 t,
- Anforderungen zur Tragfähigkeit von Decken, die von Feuerwehrfahrzeugen befahren werden müssen, gemäß der inzwischen zurückgezogenen Norm DIN 1055-3 „Einwirkungen auf Tragwerke – Teil 3: Eigen- und Nutzlasten für Hochbauten“ bzw. – nach aktueller Normung – gemäß DIN EN 1991-1-1 „Eurocode 1: Einwirkungen auf Tragwerke – Teil 1-1: Allgemeine Einwirkungen auf Tragwerke – Wichten, Eigengewicht und Nutzlasten im Hochbau“ (2010) in Verbindung mit DIN EN 1991-1-1/NA „Nationaler Anhang – National festgelegte Parameter“ (2010),
- lichte Breite: mindestens 3 m,
- lichte Breite bei einer beidseitigen Begrenzung durch Bauteile: 3,50 m,
- lichte Höhe: mindestens 3,50 m (senkrecht zur Fahrbahn gemessen),
- Kurvenradien entsprechend festgelegten Anforderungen.

In den MRFlFw werden weitere Anforderungen an die Ausbildung von Fahrspuren, Neigungen in Zu- und Durchfahrten sowie an Stufen und Schwellen formuliert. Wände und Decken von Durchfahrten für die Feuerwehr müssen feuerbeständig sein.

In Zufahrten dürfen Sperrvorrichtungen oder auch Tore angebracht werden, wenn diese von der Feuerwehr geöffnet werden können (siehe beispielhaft Abb. 3.2). Die Sperrvorrichtungen müssen dazu der technischen Regel DIN 14925 „Feuerwehrwesen; Verschlußeinrichtung“ (1983) entsprechen. Alternativ kann auch die jeweilige Objektschließung oder die örtliche Feuerwehrschließung zur Ausführung kommen.

Bei langen Zufahrten oder solchen, die nicht geradlinig verlaufen, ist im Einzelfall zu entscheiden, ob für deren Verlassen eine Wendemöglichkeit für die Einsatzfahrzeuge vorgesehen werden muss. Diese kann entweder durch einen Wendekreis oder Rangierflächen entsprechend den Kurvenradien der MRFlFw umgesetzt werden (siehe auch Abb. 3.3).

Die beschriebenen Anforderungen sind grundsätzlich auf alle Bürogebäude zutreffend, unabhängig von deren Ausdehnung und Bauart. Die Dimensionierungsvorgaben bauen auf bundesweit gültigen Normen auf, die die Abmessungen und das Gewicht von Feuerwehrfahrzeugen regeln. So bewegen sich die üblicherweise eingesetzten Löschfahrzeuge und Drehleitern der deutschen Feuerwehren diesbezüglich innerhalb eines normativ geregelten Spielraumes. Die Art der Feuerwehr – hauptberuflich oder ehrenamtlich – sowie die Größe des Gebäudes nehmen bei der Auswahl der eingesetzten Fahrzeuge eine untergeordnete Rolle ein. Es kann also davon ausgegangen werden, dass bei Einhaltung der Dimensionierungsvorgaben aus den für das jeweilige Bundesland gültigen Richtlinien über die Flächen für die Feuerwehr eine ausreichende Zugänglichkeit für die Feuerwehr bei Einsätzen in Bürogebäuden sichergestellt wird.

Abb. 3.2: Für die Feuerwehr bedienbare Sperrvorrichtungen (Quelle: Merkblatt Flächen für die Feuerwehr auf Grundstücken, 2019, S. 4)

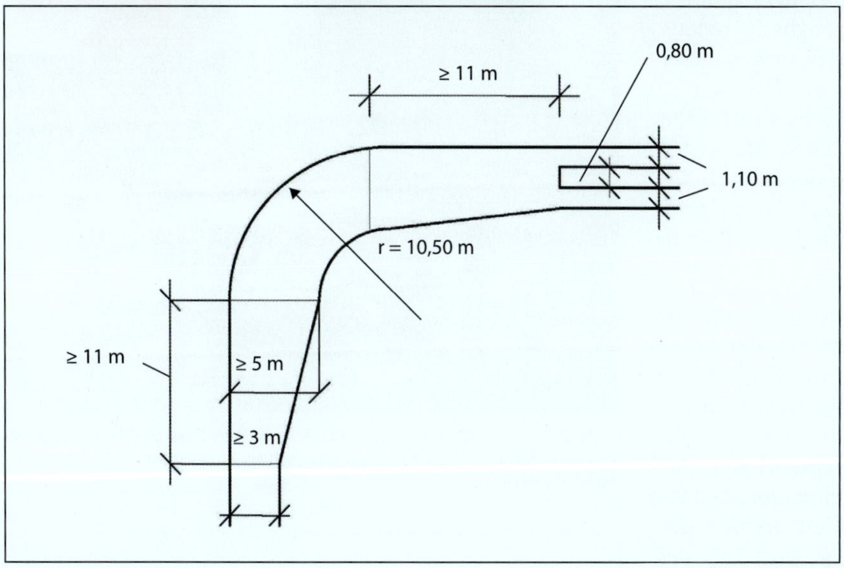

Abb. 3.3: Kurvenradien an einer Feuerwehrzufahrt (Quelle: MRFlFw, Bild 1)

3.1.2 Aufstellflächen

Unter Aufstellflächen sind grundsätzlich solche Flächen zu verstehen, auf denen primär Hubrettungsgeräte (z. B. Drehleiter) in Stellung gebracht werden. Sie sind dann erforderlich, wenn der zweite Rettungsweg aus den Büronutzungseinheiten über Hubrettungsfahrzeuge sichergestellt wird, also um Personen aus Obergeschossen zu retten, in denen die Brüstung von zum Anleitern bestimmten Stellen mehr als 8 m oberhalb der Geländeoberfläche liegt. Bei niedrigeren Brüstungshöhen kann eine Personenrettung über tragbare Leitern durchgeführt werden (vgl. § 5 Abs. 1 MBO).

Die Flächen zum Aufstellen von tragbaren Leitern sind in den baurechtlichen Regelwerken nicht näher spezifiziert. Sie müssen lediglich über einen Zu- oder Durchgang für die Feuerwehr (mit entsprechenden Abmessungen) erreichbar sein. Ungeachtet dessen stellen einige Brandschutzdienststellen konkrete Anforderungen an die Ausführung von Flächen zum Aufstellen von tragbaren Leitern (vgl. etwa Merkblatt Flächen für die Feuerwehr auf Grundstücken, 2019). Dies ist im Einzelfall zu klären.

Aufstellflächen für Hubrettungsfahrzeuge werden in den MRFlFw beschrieben. Die Tragfähigkeit von Aufstellflächen muss der von Zufahrten für die Feuerwehr entsprechen (vgl. Kapitel 3.1.1).

Aufstellflächen müssen über eine Mindestbreite von 3,50 m verfügen, die sich aus der Breite des Hubrettungsfahrzeugs zuzüglich der Breite der erforderlichen Abstützeinrichtungen ergibt. Im Weiteren unterscheiden die MRFlFw zwischen Aufstellflächen entlang von Außenwänden und solchen, die rechtwinklig zu Außenwänden angeordnet werden. In beiden Fällen darf die Aufstellfläche um maximal 5 % geneigt sein und muss in Ausrichtung der anzuleiternden Stelle frei von Hindernissen sein, die den Einsatz erschweren. „Zulässige Hindernisse“ sind nicht näher definiert und hängen in der Praxis auch von der konkreten Bauart der vorhandenen Drehleiter ab. Die Zulässigkeit von Parkplätzen, Bepflanzungen, Fahrradständern o. Ä. zwischen Aufstellflächen und Außenwänden liegt somit im Ermessensspielraum der am Genehmigungsprozess beteiligten Brandschutzdienststelle.

Bei einer Aufstellfläche parallel zu Außenwänden muss der Abstand zwischen Aufstellfläche und anzuleiternder Stelle mindestens 3 m betragen. Dieser Minimalabstand erlaubt regelmäßig nur das Anleitern oberhalb des zweiten Obergeschosses, sodass für darunterliegende Geschosse ebenfalls eine Anleiterung über tragbare Leitern sichergestellt werden muss (siehe Abb. 3.4). Der maximal zulässige Abstand hängt von der Brüstungshöhe ab: Bis 18 m Brüstungshöhe beträgt dieser 9 m, bei mehr als 18 m sind maximal 6 m zulässig.

Die Aufstellfläche muss so angeordnet werden, dass sie mindestens 8 m über die letzte anzuleiternde Stelle des Gebäudes hinausreicht. Abb. 3.5 fasst die Kennwerte zur Dimensionierung von Aufstellflächen rechtwinklig zu Außenwänden zusammen.

Auf der gebäudeabgewandten Seite der Aufstellfläche ist ein sog. hindernisfreier Geländestreifen von mindestens 2 m Breite anzuordnen. Wie genau dieser Geländestreifen zu gestalten ist, wird in den baurechtlichen Regelwerken nicht näher definiert. Das Erfordernis des hindernisfreien Streifens ergibt sich daraus, dass der Drehkranz einer bauüblichen Drehleiter im Betrieb über die Fahrzeugbreite hinaus ausschert (siehe Abb. 3.6). In diesem Bereich steigen außerdem Feuerwehrleute auf den Leiterpark oder es werden Schlauchleitungen für den Löscheinsatz hochgeführt. Eine Abstützung auf der Seite des hindernisfreien Streifens ist für die normativ geforderten Arbeitsfelder der Hubrettungsfahrzeuge nicht erforderlich. Aus diesem Grund sind den MRFlFw auch keine Anforderungen an dessen Befestigung zu entnehmen.

Aufstellflächen, die rechtwinklig zu Außenwänden angeordnet werden, benötigen zu beiden Seiten einen hindernisfreien Geländestreifen von 1,25 m. Die geringere Breite ergibt sich daraus, dass bei einer Anleiterposition, die sich annähernd in Fahrtrichtung des Hubrettungsfahrzeuges befindet, ein geringeres Ausscheren des Drehkranzes stattfindet. Die Aufstellfläche muss in diesem Fall bis auf einen Abstand von maximal 1 m an die Außenwand herangeführt werden, damit der Drehkranz nicht zu weit entfernt ist. Die Länge der Aufstellfläche beträgt mindestens 11 m, um die Drehleiter aufstellen zu können. In Abb. 3.7 ist die Anordnung einer Aufstellfläche rechtwinklig zur Außenwand dargestellt.

Bei einer Positionierung des Hubrettungsfahrzeuges im rechten Winkel zur Außenwand (siehe Abb. 3.8) lassen die MRFlFw eine Entfernung zwischen Aufstellfläche und seitlich versetzten anzuleiternden Stellen von bis zu 9 m bei Brüstungshöhen bis 18 m bzw. 6 m bei Brüstungshöhen über 18 m zu. Anders als beim Anleitern parallel zur Außenwand kann in dieser Konstellation regelmäßig auch das erste Obergeschoss angeleitert werden.

Die MRFlFw, aus denen sich die hier dargestellten Ausführungsvorgaben ergeben, sind für Flächen auf Grundstücken anzuwenden. Dasselbe gilt für die inhaltlich mit den MRFlFw weitgehend deckungsgleiche technische Regel DIN 14090 „Flächen für die Feuerwehr auf Grundstücken“ (2003).

Bei Bürogebäuden entlang von Straßen ist jedoch häufig eine Anordnung von Aufstellflächen für Hubrettungsfahrzeuge außerhalb von Grundstücken erforderlich, also im öffentlichen Verkehrsraum. Jede einzelne Büronutzungseinheit, für die der zweite Rettungsweg über Hubrettungsfahrzeuge sichergestellt werden soll, muss durch die Drehleiter erreichbar sein. Dadurch können auch Situationen entstehen, in denen sowohl auf dem Grundstück als auch im öffentlichen Raum Aufstellflächen angeordnet werden müssen.

Abb. 3.4: Anleiterung oberhalb des zweiten Obergeschosses parallel zur Außenwand. Der Abstand zwischen Aufstellfläche und Außenwand beträgt 3 m.

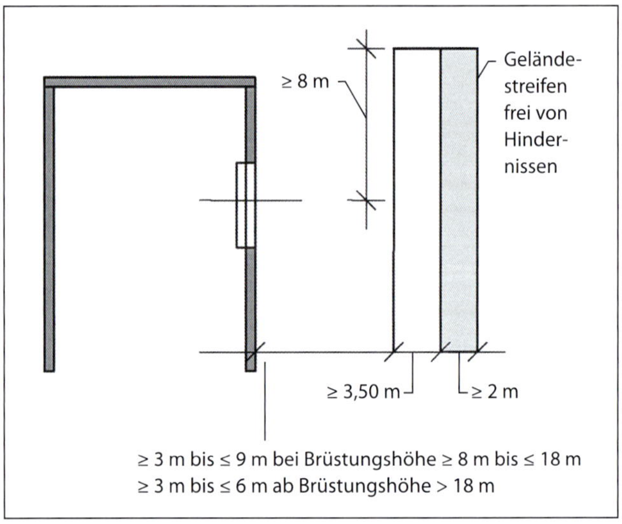

Abb. 3.5: Aufstellfläche parallel zu Außenwänden (Quelle: MRFlFw, Bild 2)

Die Anordnung von Flächen für die Aufstellung von Hubrettungsgeräten auf öffentlichen Verkehrsflächen ist grundsätzlich möglich, deren Dimensionierung ist jedoch nicht baurechtlich geregelt. Eine Orientierung kann in Anlehnung an die in den Richtlinien beschriebenen Dimensionierungsvorgaben erfolgen; deren exakte Umsetzung ist im öffentlichen Straßenraum jedoch oft nicht darstellbar. Der Grund dafür sind beispielsweise

Abb. 3.6: Ausladung Drehkranz Drehleiter in den hindernisfreien Streifen mit einer Breite von 2 m

Abb. 3.8: Anleiterung des zweiten Obergeschosses rechtwinklig zur Außenwand. Der Abstand zwischen Aufstellfläche und Außenwand beträgt 1 m.

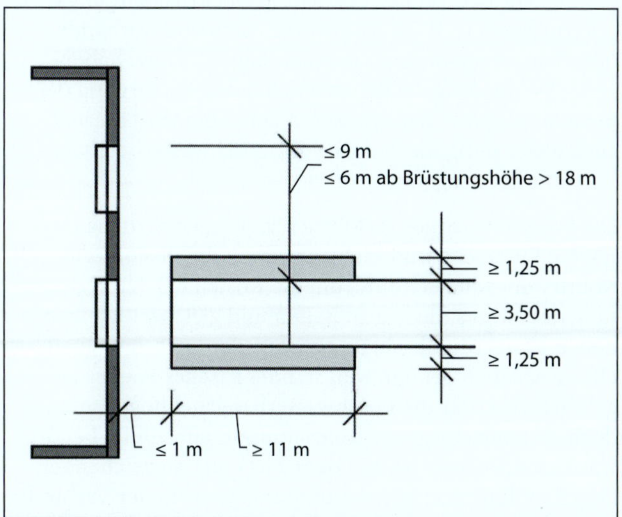

Abb. 3.7: Aufstellfläche rechtwinklig zu Außenwänden (Quelle: MRFIFw, Bild 3)

schmale Straßen im innerstädtischen Bereich, parallel zur Straße verlaufende Parkstreifen, straßenbegleitende Bäume oder Oberleitungen. Daher muss die Anordnung von Aufstellflächen auf öffentlichen Verkehrsflächen für das konkrete Bauvorhaben mit der jeweiligen Brandschutzdienststelle – ggf. unter Beteiligung weiterer Behörden und Stellen – abgestimmt werden, damit eine sichere Rettung möglich ist.

3.1.3 Bewegungsflächen

Bewegungsflächen dienen dem Zweck, der Feuerwehr ausreichenden Raum zu bieten für das Abstellen von Löschfahrzeugen sowie die Vorbereitung und Durchführung von Einsatzmaßnahmen (z. B. Aufbau eines Löschangriffs). Wann Bewegungsflächen anzuordnen sind, hängt wiederum vom individuellen Bauvorhaben ab und ist nicht durch konkrete Vorgaben definiert, anders als z. B. beim Erfordernis von Aufstellflächen. Mögliche Bürogebäude, an denen Bewegungsflächen aus einsatztaktischer Sicht für die Feuerwehr erforderlich werden, sind beispielsweise ausgedehnte Komplexe oder Hochhäuser, die für die Feuerwehr bei einem Brandereignis einen hohen Fahrzeug- und Materialaufwand mit sich bringen.

Bei kleinen und mittleren Bürogebäuden, mit denen keine erschwerten Einsatzbedingungen für die Feuerwehr einhergehen, sind Bewegungsflächen regelmäßig nicht erforderlich. Die Fahrzeuge der Feuerwehr können dann auf öffentlichen Verkehrsflächen oder im Verlauf der Feuerwehrzufahrten aufgestellt werden, um den Einsatz zu entwickeln.

Wenn Bewegungsflächen bei einem Bürogebäude erforderlich werden, dürfen diese nicht die Zufahrten überlagern. Die Zufahrten stellen reine Verkehrswege für die Feuerwehr dar, die auch dann noch befahrbar sein müssen, wenn die Bewegungsfläche bereits voll genutzt wird. Bewegungsflächen können jedoch sowohl auf Grundstücken als auch im öffentlichen Verkehrsraum vorgesehen werden.

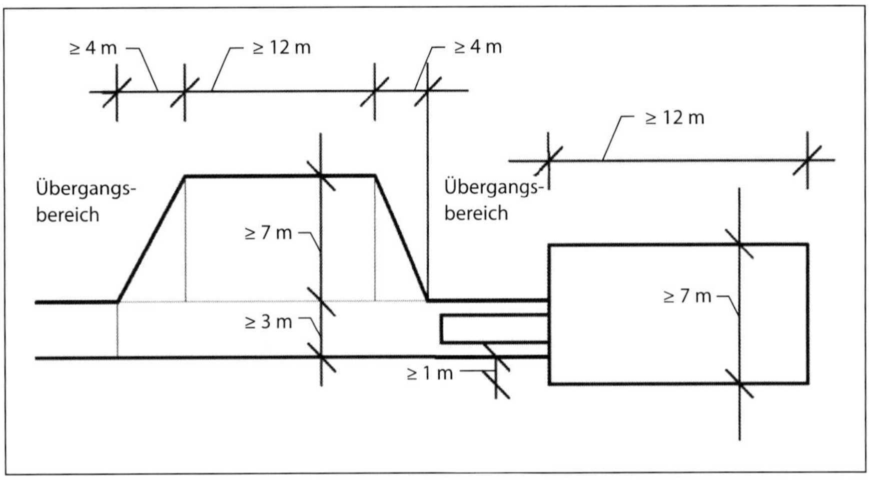

Abb. 3.9: Maße und Anordnung von Bewegungsflächen (Quelle: MRFlFw, Bild 4)

Bewegungsflächen müssen gemäß den MRFlFw über eine Größe von mindestens 7 m × 12 m verfügen. Zusätzlich dazu sind 4 m lange Übergangsbereiche erforderlich, wenn die Zufahrt zu den Bewegungsflächen parallel zu diesen verläuft. Alternativ kann eine Bewegungsfläche auch am Ende einer Feuerwehrzufahrt angeordnet werden (siehe Abb. 3.9).

3.2 Löschwasser

3.2.1 Löschwasserversorgung

Bezüglich der Dimensionierung der Löschwasserversorgung für die Brandbekämpfung seitens der Feuerwehr sind in der MBO und in den relevanten Sonderbauverordnungen und -richtlinien nur qualitative Anforderungen festgeschrieben. Lediglich in § 51 MBO (Nr. 7 und 13) wird bestimmt, dass in Sonderbauten besondere Anforderungen an Brandschutzvorkehrungen und an die Wasserversorgung gestellt werden können. In einigen Landesbauordnungen ist außerdem der allgemeine Hinweis zu finden, dass eine Bebauung von Grundstücken nur zulässig ist, wenn die erforderlichen Anlagen zur Versorgung mit Löschwasser vorhanden sind (vgl. z. B. § 4 Abs. 1 BauO NRW 2018). Diese Anforderungen gelten für Bürogebäude gleichermaßen wie für andere Gebäude.

Auch in den Sonderbauverordnungen finden sich keine detaillierten Regelungen. Lediglich für Industriebauten wird – in Abhängigkeit von deren Größe und deren Ausstattung mit automatischen Löschanlagen – eine Bemessungsvorschrift zum erforderlichen Volumenstrom vorgegeben. Für die Bereitstellung von Löschwasser durch die öffentliche Trinkwasserversorgung ist vom Deutschen Verein des Gas- und Wasserfaches e. V. (DVGW) ein Arbeitsblatt herausgegeben worden, das Bemessungsregeln zum Grundschutz vorgibt: Das DVGW Arbeitsblatt W 405 „Bereitstellung von Löschwasser durch die öffentliche Trinkwasserversorgung“ (2008) hat die Aufgabe, die Dimensionierung von Trinkwasserleitungen unter Berücksichtigung des Löschwasserbedarfs zu ermitteln, insbesondere wenn neue Baugebiete erschlossen werden. Gemäß der darin enthaltenden Bemessungsvorschrift ist für Bürogebäude in aller Regel ein Löschwasservolumenstrom von 96 m^3/h über eine Dauer von 2 Stunden ausreichend.

Über die Brandschutzgesetze der Länder wird zunächst den Gemeinden die Pflicht zur Sicherstellung einer ausreichenden Löschwasserversorgung übertragen. Die Gemeinden haben für einen ausreichenden Grundschutz mit Löschwasser zu sorgen, der der vorhandenen bzw. geplanten Art der Bebauung entspricht. Wenn durch die Eigenart einer baulichen Anlage ein erhöhter Löschwasserbedarf entsteht, geht die Pflicht der über den Grundschutz hinausgehenden Löschwasserversorgung auf den Betreiber über (sog. Objektschutz). Dies kann bei Bürogebäuden z. B. aufgrund der Geschossigkeit, einer erhöhten Bebauungsdichte auf Grundstücken oder bei überdurchschnittlichem Einsatz brennbarer Baustoffe (Holzbau) erforderlich werden.

Die Gemeinden übertragen ihre Aufgaben hinsichtlich der Löschwasserversorgung häufig an ein Versorgungsunternehmen (z. B. an Stadtwerke, Gemeindeverbände oder Wasserversorgungszweckverbände). Diese haben zunächst die Aufgabe der ausreichenden Versorgung der Bevölkerung mit Trinkwasser; regelmäßig wird hiermit auch gleichzeitig die Aufgabe der Löschwasserbereitstellung mit übertragen.

Die Wasserversorger verfolgen dabei gegensätzliche Interessen: Einerseits wünschen sie gering dimensionierte Rohrleitungsquerschnitte, um die Kosten bei der Errichtung des Netzes niedrig zu halten und gleichzeitig einen hohen Wasserdurchsatz zu erzielen, der höchsten Qualitätsansprüchen genügt, weil ständig frisches Wasser nachgeführt wird. Für die Löschwasserbereitstellung werden jedoch andererseits große Rohrleitungsquerschnitte benötigt, was kostenintensiv ist und dem Ziel einer ausreichenden Durchspülung von Rohrleitungsanlagen und der Verhinderung von stagnierendem Wasser entgegensteht. Die Wasserversorger müssen bei verbindlichen Auskünften in Baugenehmigungsverfahren auch in rechtlicher Hinsicht für die Leistungsfähigkeit der von ihnen vorgehaltenen Löschwasserversorgung einstehen.

Die erforderliche Löschwassermenge kann – je nach Leistungsfähigkeit des Leitungsnetzes – über einen oder mehrere Hydranten sichergestellt werden. Dabei ist der maximal zulässige Abstand zwischen Hydrant und Gebäude bzw. den Flächen für die Feuerwehr nicht baurechtlich vorgegeben. Dieser hängt von der technischen Ausstat-

Abb. 3.10: Inbetriebnahme Unterflurhydrant (links) und (rechts) Überflurhydrant

tung der Feuerwehren ab und liegt somit wiederum im Ermessenspielraum der jeweiligen Brandschutzdienststellen.

In Abstimmung mit dem DVGW hat die Arbeitsgemeinschaft der Leiter der Berufsfeuerwehren (AGBF bund) zusammen mit dem Deutschen Feuerwehrverband (DFV) eine Empfehlung zur Löschwasserversorgung aus Hydranten in öffentlichen Verkehrsflächen erstellt, die sich auch auf Bürogebäude anwenden lässt (vgl. Löschwasserversorgung aus Hydranten in öffentlichen Verkehrsflächen, 2018). Diese enthält auch eine Aussage zur Entfernung der Hydranten zum Brandobjekt: So wird empfohlen, vom Grundstück den nächstgelegenen Hydranten in einer Lauflänge von maximal 75 m erreichen zu können, wobei über diesen noch nicht die insgesamt erforderliche Löschwassermenge sichergestellt werden muss. Die insgesamt erforderliche Löschwassermenge darf in einem Umkreis von 300 m nachgewiesen werden. Dabei ist aber zu beachten, dass von jedem Hydranten eine Schlauchleitung zu einem Löschfahrzeug verlegt werden muss, was zeit- und personalintensiv ist.

Die oben beschriebenen Randbedingungen führen nicht selten zu Herausforderungen im Planungsprozess von Bürogebäuden. Lassen sich Grund- oder Objektschutz nicht über das öffentliche Leitungsnetz sicherstellen oder werden die zulässigen Abstände überschritten, können – in Abstimmung mit der Brandschutzdienststelle – die folgenden Lösungsmöglichkeiten zur Löschwasserversorgung verfolgt werden:

- zusätzliche Hydranten auf dem Grundstück,
- Löschwasserbehälter (in der Regel unterirdisch),
- Löschwasserteiche oder -brunnen,
- offene Gewässer (z. B. Seen, Flüsse [sog. unerschöpfliche Wasserquellen]).

Die Anordnung von zusätzlichen Hydranten auf dem Grundstück ist bei Bürogebäuden mit automatischen Löschanlagen und/oder Wandhydranten mit geringen Aufwänden verbunden. Dieser Lösungsansatz muss aber nicht zwingend mit einer Wasserbevorratung und separater Fördertechnik einhergehen. Alternativ können Hydranten auf der Hausanschlussleitung des Bürogebäudes angeordnet werden. Üblicherweise ist dann eine Überdimensionierung erforderlich, damit ein Volumenstrom von mindestens 48 m^3/h gewährleistet ist. Dieser Ansatz bedarf einer intensiven Abstimmung mit dem zuständigen Wasserversorger.

Um die übrigen genannten Löschwasserquellen nutzen zu können, werden von der Feuerwehr auf den genormten Löschfahrzeugen entsprechende Pumpen, (Saug-)Schläuche und Armaturen vorgehalten. Zu beachten ist, dass die Herrichtung dieser Art der Löschwasserversorgung zeitintensiv ist. Sie sollten daher nur zur Ergänzung der Löschwasserversorgung herangezogen werden. Für die Errichtung und Ausstattung solcher Löschwasserentnahmestellen existieren zum Teil weiter gehende technische Regeln.

In aller Regel erfolgt die Bereitstellung von Löschwasser bei Bürogebäuden jedoch über Unter- oder Überflurhydranten. Die Inbetriebnahme eines Unterflurhydranten erfordert die Vornahme eines sog. Standrohrs und eines Unterflurhydrantenschlüssels durch die Feuerwehr (siehe Abb. 3.10 links). Die Herrichtung der Löschwasserversorgung ist vergleichsweise zeitaufwendig und kann durch klemmende oder verschmutzte Deckel erschwert werden. Darüber hinaus kommt es regelmäßig vor, dass Unterflurhydranten überparkt werden. Dahingegen sind Überflurhydranten in aller Regel leichter aufzufinden und zügiger in Betrieb zu nehmen; für die Betätigung ist ein Überflurhydrantenschlüssel ausreichend (siehe Abb. 3.10 rechts).

3.2.2 Löschwasserrückhaltung

Bei Bränden von bestimmten Stoffen kann es zum Auftreten von verunreinigtem Löschwasser kommen. Es gilt zu verhindern, dass Löschwasser zur Verunreinigung von Oberflächengewässern oder von Grundwasser führt. Auch mögliche Schäden beim Eintritt von verunreinigtem Löschwasser in die Kanalisation bzw. in Abwasserbehandlungsanlagen sind ggf. zu betrachten.

Die MBO macht zur Löschwasserrückhaltung keine detaillierten Vorgaben, stellt in § 51 Nr. 8 MBO jedoch fest, dass für Sonderbauten eine Löschwasserrückhaltung erforderlich sein kann. Konkretisiert werden die Anforderungen an eine Löschwasserrückhaltung in der Richtlinie zur Bemessung von Löschwasser-Rückhalteanlagen beim Lagern wassergefährdender Stoffe (LöRüRL). Diese Richtlinie ist zum Redaktionsschluss des vorliegenden Buches in nahezu allen Bundesländern als technische Baubestimmung eingeführt und gilt für bauliche Anlagen, in oder auf denen wassergefährdende Stoffe in Mengen oberhalb von Grenzwerten gelagert werden.

Mit Veröffentlichung der Ausgabe 2019/1 der MVV TB im Januar 2020 ist nunmehr vorgesehen, die Regelungen zur Löschwasserrückhaltung aus den Bauvorschriften zu streichen und in das Wasserrecht zu überführen. Folgerichtig muss dann die Überprüfung der Anforderungen an eine Löschwasserrückhaltung aus den bauordnungsrechtlichen Verfahren gestrichen werden und ist damit nicht mehr Bestandteil von Brandschutznachweisen. Die endgültige Gestaltung stand bei Redaktionsschluss dieses Buches noch nicht fest.

Bei einer üblichen Büronutzung werden die Grenzwerte der gelagerten Gefahrstoffe zur Anwendung der LöRüRL in der Regel nicht überschritten. Maßnahmen zur Löschwasserrückhaltung werden aufgrund bauordnungsrechtlicher Regelungen daher regelmäßig nicht abzuleiten sein. Bei einer gemischten Nutzung eines Gebäudes, wenn z. B. einzelne Teilflächen industriell oder für Anlagen im Technikumsmaßstab genutzt werden, können diese Gebäudeteile in den Anwendungsbereich der LöRüRL fallen. Dann ist neben einer Löschwasserrückhaltung in der Regel eine brandschutztechnisch bemessene Trennung zwischen den Lagerflächen und den als Bürofläche genutzten Gebäudeteilen erforderlich.

Kommt die LöRüRL zur Anwendung, so beinhaltet sie ein Bemessungsverfahren, das auf Grundlage der Einstufung von wassergefährdenden Stoffen in Wassergefährdungsklassen und der Größe und Begrenzung der Lagerabschnitte die erforderlichen Rückhaltevolumen bestimmt. Gleichzeitig gibt die Richtlinie auch Freigrenzen an, unterhalb derer eine Löschwasserrückhaltung aus Sicht des Verordnungsgebers nicht erforderlich ist.

Die Löschwasserrückhaltung kann auf verschiedene Weise erfolgen. Vielfach genügt es bereits, an Toren, Türen und Öffnungen in der Bodenplatte Aufkantungen und Anrampungen vorzusehen und so die gesamte Grundfläche einer Halle bei einer flüssigkeitsdichten Ausführung als Rückhaltevolumen zu nutzen. Werden größere Rückhaltevolumen benötigt, können unterhalb des Gebäudes Wannen und Tanks angeordnet werden; teilweise bietet sich auch das Kanalnetz auf dem Grundstück mit einer zusätzlichen Möglichkeit zur Abschieberung als Rückhaltevolumen an. Werden an Türen und Tore höhere Anforderungen gestellt, so können hierfür automatische und nicht automatische Löschwasserbarrieren vorgesehen werden. Die Eignung dieser Bereiche als Rettungswege ist im Einzelfall zu prüfen.

3.3 Äußere Abschottung

3.3.1 Abstände von Gebäuden

Brandschutz ist auch Nachbarschaftsschutz. Gebäude müssen daher einen Mindestabstand zur Grundstücksgrenze aufweisen. Dieser dient zwar auch der Belichtung, Besonnung und Belüftung, vorwiegend wird durch einen ausreichenden Abstand von der Grundstücksgrenze jedoch gewährleistet, dass eine Brandübertragung von einem Gebäude auf das nächste nicht stattfindet.

Das Mindestabstandsmaß ergibt sich aus dem Abstandsflächenrecht (§§ 4 bis 8 MBO) in Verbindung mit den Anforderungen zur Anordnung von Gebäudeabschlusswänden (§ 30 Abs. 2 Nr. 1 MBO). Hierfür wird ein Maß von 2,50 m zwischen der Außenwand und der Grundstücksgrenze bzw. von 5 m zwischen der Außenwand und anderen Gebäuden gefordert. Eine Sonderstellung bezüglich der Notwendigkeit von Brandwänden nimmt außerdem regelmäßig der Wunsch nach einer perspektivischen Realteilbarkeit von Bürogebäuden ein.

Werden diese Grenzmaße unterschritten oder ist eine Realteilbarkeit geplant, sind Gebäudeabschlusswände in Form von Brandwänden erforderlich. Bezüglich der baukonstruktiven Ausführung von Brandwänden wird auf Kapitel 3.4.1 verwiesen.

Bürogebäude finden sich häufig in einer verdichteten, oft auch geschlossenen, innerstädtischen Bebauung. Gebäudeabschlusswände in Form von öffnungslosen Brandwänden (vgl. Kapitel 3.4.1) sind daher zwischen dem Bürogebäude und der Nachbarbebauung häufig erforderlich.

3.3.2 Verbindung von Gebäuden

Abweichend von den vorangehenden Ausführungen zur brandschutztechnischen Abschottung von Gebäuden besteht bei Bürogebäuden regelmäßig der Wunsch, eigenständige Gebäude – ggf. auch über Grundstücksgrenzen hinweg – miteinander zu verbinden. Dies kann sowohl durch Anbau als auch über Verbindungsbrücken realisiert werden.

Neben der brandschutztechnischen Beurteilung im Rahmen eines Brandschutznachweises handelt es sich in diesem Fällen aber im Wesentlichen um eine bauordnungsrechtliche Fragestellung, die zusätzlich hinsichtlich öffentlich-rechtlicher Verpflichtungen der Grundstückseigentümer betrachtet werden muss (sog. Baulasten).

3.3.3 Außenwände

Außenwände bzw. Fassaden von Bürogebäuden sind Gebäudeteile, an die vielseitige Anforderungen gestellt werden. Aus architektonischer Sicht ist die Gebäudehülle eines der prägnantesten Gebäudeelemente, an das oftmals hohe

Gestaltungsansprüche gestellt werden. Bedingt durch die ökologischen, ökonomischen und gesellschaftlichen Veränderungen stellen aber auch bauphysikalische Aspekte einen zentralen Aspekt im Planungsprozess dar.

Durch ein entsprechend der Gebäudehöhe abgestuftes System von Anforderungen an den Feuerwiderstand der Außenwände bzw. an die Baustoffklasse der Außenwandbauteile wird die vertikale Brandübertragung über die Fassaden (siehe Abb. 3.11) oder von einem Gebäude auf das nächste behindert.

Entsprechend § 28 MBO müssen Außenwände und Außenwandteile wie Brüstungen und Schürzen grundsätzlich so ausgebildet sein, dass eine Brandausbreitung auf und in diesen Bauteilen ausreichend lange begrenzt ist. Unterteilt werden die Anforderungen an Außenwände im Hinblick auf den Brandschutz in tragende und nichttragende Bauteile.

Die MBO fordert ab der Gebäudeklasse 4 für nichttragende Außenwände und nichttragende Teile tragender Außenwände die Verwendung nichtbrennbarer Baustoffe. Brennbare Baustoffe sind nur zulässig, wenn sie als raumabschließende Bauteile feuerhemmend sind. Fensterprofile, Fugendichtungen und Dämmstoffe in nichtbrennbaren geschlossenen Profilen der Fassadenkonstruktion dürfen aufgrund der geometrischen Form (punkt-/linienförmig) und der geringen Abmessungen brennbar sein. Für Dämmstoffe in Gebäudetrennfugen ist diese Erleichterung nicht anzuwenden (außer für deren äußere Abdeckung).

Im Holzbau – auch bei der nachträglichen Aufstockung von Gebäuden im Holzbau – ist daher besonderes Augenmerk auf die äußere Verkleidung zu legen, um eine ungehinderte Brandweiterleitung auf und auch in der Konstruktion sicher ausschließen zu können.

Für das Brandverhalten der Oberflächen von Außenwänden sowie Außenwandbekleidungen ergeben sich anhand der Gebäudeklassen abgestufte Anforderungen gemäß der Zusammenstellung in Tabelle 3.1.

Tabelle 3.1: Anforderungen an das Brandverhalten der Oberflächen von Außenwänden sowie Außenwandbekleidungen

Höhe der Fußbodenoberkante des höchstgelegenen Geschosses über Geländeoberfläche – Gebäudeklasse	Anforderung an das Brandverhalten der Oberflächen von Außenwänden sowie Außenwandbekleidungen
0 bis 7 m – Gebäudeklasse 1 bis 3	normalentflammbar
7 bis 13 m – Gebäudeklasse 4 bis 5	schwerentflammbar
ab 22 m – Hochhäuser	nichtbrennbar

Weiter gehende Anforderungen werden bei Hohl- oder Lufträumen über mehrere Geschosse oder bei Doppelfassaden gestellt. Aufgrund der schachtartigen Ausprägung können sich heiße Gase, Rauch und Feuer innerhalb der Bauteile großflächig ausbreiten. Aus diesem Grund müssen hier besondere Lösungen gefunden werden wie horizontale oder vertikale Schottungen oder sog. Brandsperren nach DIN 18516-1 „Außenwandbekleidungen, hinterlüftet – Teil 1: Anforderungen, Prüfgrundsätze“ (2010). Eine Hilfestellung bei der Planung stellt hierbei auch der Anhang 6 der MVV TB dar.

Abb. 3.11: Begrenzung der vertikalen Brandausbreitung entlang der nicht brennbaren Außenwände (Quelle: Gerhard Berger, Düsseldorf)

Eine Sonderstellung nimmt der Baustoff Holz ein, der nicht ohne Weiteres als schwerentflammbar eingestuft werden kann. Außenwandkonstruktionen aus Holz sind in der Gebäudeklasse 4 und 5 daher nicht ohne Weiteres möglich. Um hier eine Brandausbreitung über mehrere Geschosse zu verhindern, sind ergänzende konstruktive Maßnahmen und Aufbauten erforderlich. Da das Brandverhalten dieser Fassaden sehr stark vom konstruktiven Aufbau der Verkleidung abhängt, sind die Maßnahmen in der Regel im Einzelfall konkret festzulegen. Baurechtliche Vorgaben existieren dazu derzeit nicht. Die Ausführung ist im Rahmen einer Abweichung zum Baurecht darzustellen und zu bewerten.

Aus energetischen Gründen kommen immer häufiger sog. Wärmedämm-Verbundsysteme zur Ausführung. Es handelt sich hierbei um eine Außenwandbekleidung, die sich aus mehreren Bauprodukten zusammensetzt. Nur wenn alle Anforderungen ineinandergreifen (Dämmschichtdicke, Befestigung, ausreichende Armierungs- und Putzschicht), konnte das System bis vor wenigen Jahren eine Einstufung als schwerentflammbares Bauprodukt erhalten. Die Erfahrungen einiger Feuerwehren zeigten jedoch, dass selbst kleinere Mängel zu einer nahezu unkontrollierten Brandausbreitung in der Dämmstoffebene führen können. Die Vorgaben an Wärmedämm-Verbundsysteme wurden daher in den letzten Jahren verschärft. So soll z. B. durch zusätzliche Brandriegel (nichtbrennbare Dämmungen) eine Brandausbreitung unterbunden werden.

Eine geschossweise Brandausbreitung über Fassadenöffnungen (z. B. Fenster) wird bis zur einer Gebäudehöhe von 22 m implizit baurechtlich akzeptiert. Darüber hinausgehende Anforderungen werden an Hochhäuser gestellt, da oberhalb dieser Höhenlage auch über Drehleitern der Feuerwehr keine Brandbekämpfung mehr möglich ist. Zur Verhinderung eines vertikalen Brandüberschlags ist nach Abschnitt 8 der Muster-Hochhaus-Richtlinie (MHHR) bei Hochhäusern bis 60 m Höhe ohne automatische Löschanlagen deshalb eine feuerbeständige Brüstung bzw. eine auskragende Platte von jeweils 1 m erforderlich.

Eine Sonderstellung nehmen darüber hinaus sog. Vorhangfassaden ein. Die erforderlichen Anschlussdetails (siehe

Abb. 3.12) sind baurechtlich nicht bzw. nur bedingt geregelt und erfordern regelmäßig Einzelfallbetrachtungen. Grundsätzlich muss der Raumabschluss der anzuschließenden Bauteile gewährleistet werden. Beim Anschluss von Brandwänden an die Fassade dürfen über diese keine brennbaren Baustoffe über die Brandwände hinweggeführt werden bzw. sind erforderliche brennbare Baustoffe in diesem Bereich so zu kapseln, dass eine Brandweiterleitung sicher unterbunden wird. Die Ausführungsdetails bedürfen einer intensiven Abstimmung unter den Planungsbeteiligten.

3.4 Innere Abschottung

3.4.1 Brandwände

Brandwände dienen dem Schutzziel „Vorbeugung der Brandausbreitung". Hierzu müssen sie als raumabschließende Bauteile zum Abschluss von Gebäuden oder zur Unterteilung von Gebäuden in Brandabschnitte nach § 30 Abs. 1 MBO ausreichend lange die Brandausbreitung auf andere Brandabschnitte (oder Gebäude) verhindern.

Entsprechend der MBO müssen innere Brandwände zur Unterteilung ausgedehnter Bürogebäude in Abständen von nicht mehr als 40 m angeordnet werden. Aus diesem Abstandsmaß ergibt sich eine theoretisch denkbare Brandabschnittsfläche von 1.600 m².

In Bürogebäuden sind jedoch regelmäßig größere Brandabschnittsflächen zulässig, wenn die Nutzung des Gebäudes dies erfordert und der Brandschutz auf andere Weise sichergestellt wird (z. B. Kompartimentierung durch Trennwände, automatische Löschanlagen usw.). Neben dem eingangs genannten Schutzziel „Vorbeugung der Brandausbreitung" ist hierbei die Sicherstellung wirksamer Löscharbeiten unter Beteiligung der Brandschutzdienststelle zu bewerten (vgl. dazu auch die Praxisbeispiele in den Kapiteln 4.4 und 4.8).

Brandwände müssen in allen Geschossen übereinander angeordnet werden. Eine geschossweise versetzte Anordnung führt dazu, dass das Anforderungsniveau auf die Geschossdecken und auf die betreffenden Außenwandabschnitte, die eine vertikale Brandausbreitung über Öffnungen in der Fassade sicher ausschließen müssen, übertragen wird. Zumeist ist dies nur mit geschlossenen Fassadenflächen durchsetzbar.

Damit einer Brandausbreitung über Dächer oder in andere Räume und Geschosse vorgebeugt wird, sind Brandwände lückenlos und übereinander bis über das Dach zu führen. Dabei ist ein Überstand von mindestens 0,30 m einzuhalten (siehe Abb. 3.13); alternativ können beidseitig auskragende feuerbeständige Platten vorgesehen werden (siehe Abb. 3.14). Bis zur Gebäudeklasse 3 genügt es, die Brandwände bis unter die Dachhaut zu führen.

Brandwände müssen auch unter mechanischer Belastung feuerbeständig sein und aus nichtbrennbaren Baustoffen bestehen. Die Anforderungen an eine zusätzliche mechanische Belastung – aufbauend auf dem Feuerwiderstand für Trennwände – resultieren daraus, dass im Brandfall Einrichtungsgegenstände oder brandschutztechnisch geringer dimensionierte Bauteile versagen, dabei zusammenbrechen und gegen die Brandwand schlagen. Die Brandwand soll jedoch auch unter dieser zusätzlichen Belastung standhalten, sie stellt sozusagen die letzte Barriere in dem Konzept der inneren Unterteilung von Gebäuden dar. Gleichwohl darf nicht übersehen werden, dass Brandwände nur bis zu einem gewissen Maß mechanisch belastbar sind; werden sie oberhalb der zulässigen Anpralllasten in Anspruch genommen, dürfen sie bestimmungsgemäß versagen. Auch bei horizontalen Versprüngen von Brandwänden, die durch feuerbeständige Decken und ggf. unterstützende Pfeiler statisch aufgefangen werden, werden keine zusätzlichen mechanischen Eigenschaften gefordert.

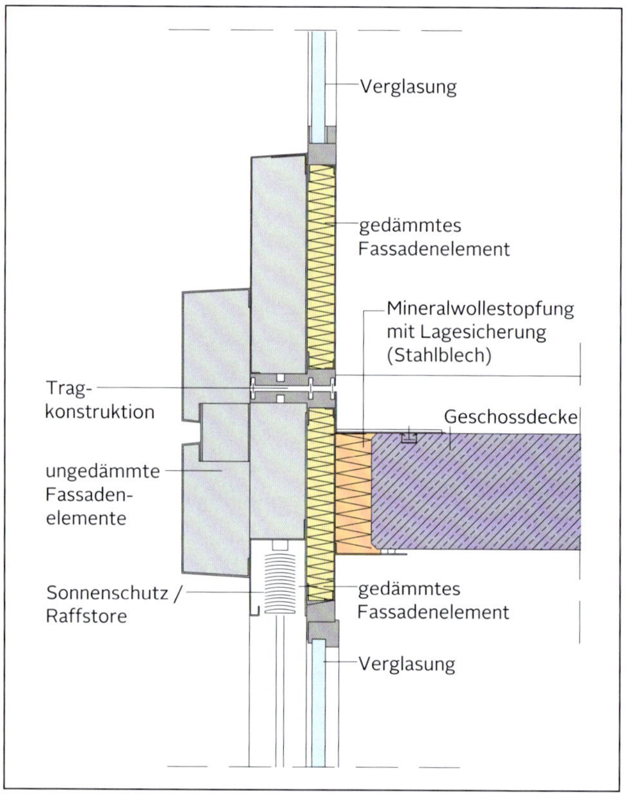

Abb. 3.12: Ausführungsdetail Vorhangfassade nach K6 Architekten, Düsseldorf

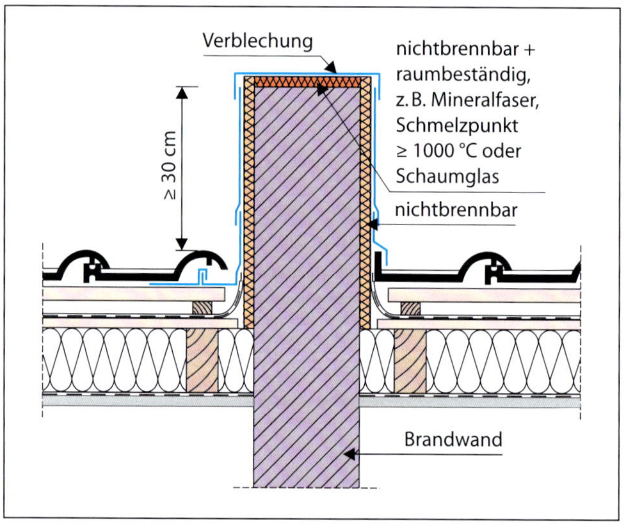

Abb. 3.13: Beispielhafte Ausführung einer Brandwand 0,3 m über das Dach geführt (Quelle: Battran; Mayr, 2020, Bild 4-3)

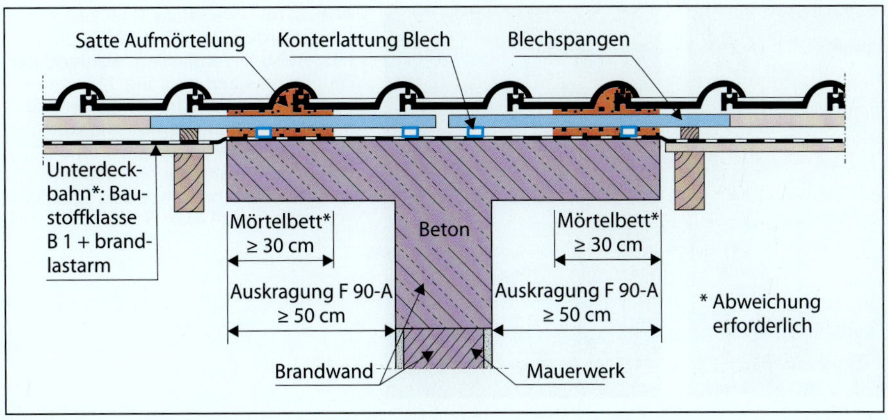

Abb. 3.14: Beispielhafte Ausführung einer Brandwand mit auskragender Platte von 0,5 m (Quelle: Battran; Mayr, 2020, Bild 4-5)

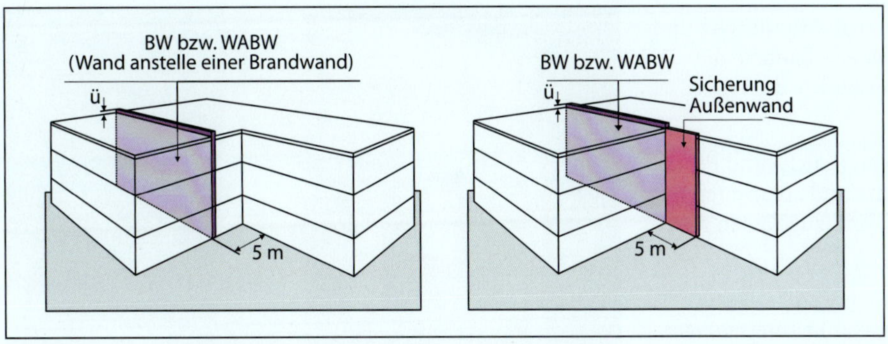

Abb. 3.15: Brandwand über Eck geführt (Quelle: Battran; Mayr, 2020, Bild 5-1 und 5-2)

Stoßen Gebäude wie in Abb. 3.15 dargestellt über Eck zusammen und werden diese durch eine Brandwand unterteilt, so ist die Brandwand

- entweder 5,0 m von der inneren Ecke abzurücken oder
- 5,0 m ohne Öffnungen anstelle einer Außenwand weiterzuführen.

Öffnungen in inneren Brandwänden sind nur zulässig, wenn sie auf die für die Nutzung erforderliche Zahl und Größe beschränkt sind. Erforderliche Öffnungen sind durch feuerbeständige Feuerschutzabschlüsse zu verschließen.

3.4.2 Trennwände

Trennwände müssen als raumabschließende Bauteile innerhalb von Geschossen ausreichend lange widerstandsfähig gegen die Brandausbreitung sein. Sie nehmen eine wesentliche Funktion der inneren Kompartimentierung von Büro- und Verwaltungsgebäuden wahr.

Trennwände sind erforderlich zwischen Nutzungseinheiten, zwischen Nutzungseinheiten und anders genutzten Räumen sowie zwischen Aufenthaltsräumen und anders genutzten Räumen im Kellergeschoss. Des Weiteren sind Trennwände erforderlich, wenn ein Abschluss von Räumen mit erhöhter Brand- und Explosionsgefahr herzustellen ist.

Fällt ein Büro- und Verwaltungsgebäude in den Anwendungsbereich weiterer Sonderbauvorschriften, sind in der Regel weitere Trennwände erforderlich. Entsprechend der Muster-Versammlungsstättenverordnung (MVStättVO) sind Trennwände beispielsweise zum Abschluss von Versammlungsräumen oder Lagerräumen erforderlich. Gleiches gilt für elektrische Betriebsräume.

Trennwände sind in der Feuerwiderstandsklasse herzustellen, in der auch die tragenden Bauteile ausgebildet werden. Sie müssen vom Rohboden bis zur Rohdecke bzw. – in Dachgeschossen – bis unter die Dachhaut geführt werden. Für die Besonderheiten bei der Ausbildung von Trennwänden in Verbindung mit Systemböden wird auf Kapitel 3.5.4 verwiesen.

Öffnungen in Trennwänden sind nur zulässig, wenn sie auf die für die Nutzung erforderliche Größe und Zahl beschränkt sind. Erforderliche Öffnungen müssen mit feuerhemmenden, dicht- und selbstschließenden Abschlüssen ausgerüstet werden. Dies stellt eine allgemeine Erleichterung im Baurecht dar: An Feuerschutzabschlüsse (umgangssprachlich „Feuerschutztüren") in brandschutztechnisch bemessenen Trennwänden werden geringere Anforderungen hinsichtlich des Feuerwiderstandes gestellt als an die Trennwände selbst.

Dies ist in der MBO nicht ausführlich begründet, sondern erklärt sich aus den Praxiserfahrungen. Für Abschlüsse in Öffnungen kann ein geringerer Feuerwiderstand angesetzt werden, weil

- die Öffnungen in der Regel in Anzahl und Größe beschränkt sind,
- die Öffnungen an Verkehrswegen liegen und eine direkte Beflammung nicht wahrscheinlich ist,
- die Türen im unteren Teil des Raumes liegen, während die höchsten Brandraumtemperaturen jedoch zunächst am oberen Raumabschluss unterhalb der Decke auftreten,
- die Türen von der Feuerwehr im Brandfall zum Zweck der Brandbekämpfung geöffnet werden.

Die Reduzierung des erforderlichen Feuerwiderstands bezieht sich jedoch nur auf Feuerschutzabschlüsse. Verglasun-

Abb. 3.16: Verhalten einer Feuerschutzverglasung mit Strahlungsverhinderung (F-Verglasung) während der Feuerwiderstandsprüfung. Mit zunehmender Dauer und Intensität der Wärmebeaufschlagung erhöht sich die Opazität der Verglasung, womit der Wärmedurchgang zur brandabgewandten Seite begrenzt wird (Quelle: Schott Technical Glass Solutions GmbH, Jena.

gen innerhalb von Trennwänden gelten als Wandersatz und müssen daher als geprüfte und zugelassene Bauteile die gleiche Feuerwiderstandsdauer aufweisen wie die Wand selbst (siehe Abb. 3.16).

Ausnahmen bilden Festverglasungen an Rauch- und Feuerschutztüren, die flächenmäßig begrenzt und zusammen mit dem Abschluss als ein System geprüft und zugelassen sind (siehe Abb. 3.17).

Bei Durchdringungen von Trennwänden werden weitere Anforderungen an die Durchführung von Leitungsanlagen und Lüftungsanlagen gestellt (vgl. hierzu die Ausführungen in den Kapiteln 3.7 und 3.8).

3.5 Baustoffe und Bauteile

3.5.1 Tragende Wände und Stützen

Tragende Wände und Stützen müssen im Brandfall ausreichend standsicher sein. Die MBO gibt für tragende Wände und Stützen folgende Anforderungen vor:

- Gebäudeklasse 5: feuerbeständig,
- Gebäudeklasse 4: hochfeuerhemmend,
- Gebäudeklasse 2 und 3: feuerhemmend.

Diese Anforderungen gelten auch für Geschosse im Dachraum, falls hier Aufenthaltsräume möglich sind; anderenfalls werden Erleichterungen gestattet. In Kellergeschossen werden regelmäßig höhere Anforderungen an die tragenden und aussteifenden Wände gestellt.

Die Regelung sieht vor, dass – in Abhängigkeit von der Gebäudehöhe und der Größe der Nutzungseinheiten – steigende Anforderungen gestellt werden. Dies liegt darin begründet, dass in großen bzw. hohen Gebäuden die erforderlichen Zeiten für die Flucht- und Rettung sowie für die Brandbekämpfung länger sind als in niedrigen Gebäuden. In Kellergeschossen sind höhere Anforderungen zu stellen, da Brände hier häufig unentdeckt bleiben und eine große Intensität aufweisen; gleichzeitig soll verhindert werden, dass durch die hohe Brandintensität das Tragwerk des darüberliegenden Gebäudes versagt.

Tragende Bauteile werden sowohl bei den Bauteilprüfungen nach nationaler Klassifizierungsnorm (DIN 4102-2 „Brandverhalten von Baustoffen und Bauteilen; Bauteile, Begriffe, Anforderungen und Prüfungen“ [1977]) als auch nach europäischer Klassifizierungsnorm (DIN EN 13501-2 „Klassifizierung von Bauprodukten und Bauarten zu ihrem Brandverhalten – Teil 2: Klassifizierung mit den Ergebnissen aus den Feuerwiderstandsprüfungen, mit Ausnahme von Lüftungsanlagen“ [2016]) mit der Last beaufschlagt, die sie tragen müssen. Die Prüfungen nach DIN 4102 sehen außerdem vor, dass nach Abschluss der Brandprüfung eine Wasserbeaufschlagung durch ein Strahlrohr erfolgt, das mit dem der Feuerwehr vergleichbar ist. Hiermit soll das schlagartige Abkühlen von Stützen und die daraus resultierende Belastung z. B. für die Betonüberdeckung der Bewehrung simuliert werden.

Abb. 3.17: Feuerwiderstandsprüfung eines feuerhemmenden Feuerschutzabschlusses (Quelle: TSH System GmbH, München; Brandprüfung ift Rosenheim)

Der Gesetzgeber geht in seiner Anforderungssystematik davon aus, dass Brände – wenn überhaupt – nur zu einem lokalen Versagen der Tragkonstruktion führen. Bei filigranen und komplexen Tragkonzepten sind daher ggf. ergänzende Untersuchungen vorzunehmen. So ist beispielsweise eine sog. kinematische Kette, d. h. das „Mitreißen“ benachbarter Bauteile, beim Versagen lokaler Bauteile auszuschließen.

3.5.2 Decken

Das Bauordnungsrecht geht gemäß § 31 MBO grundsätzlich davon aus, dass Geschosse in einem Gebäude brandschutztechnisch voneinander getrennt werden. Das Schutzziel ist vornehmlich, die Ausbreitung von Feuer und Rauch zu begrenzen. Decken müssen deshalb als tragende und raumabschließende Bauteile zwischen Geschossen im Brandfall ausreichend lange standsicher und widerstandsfähig gegen die Brandausbreitung sein.

Die Anforderungen an die Feuerwiderstandsdauer von Decken orientieren sich an den Anforderungen, die auch

Abb. 3.18: Polygonale Abtrennung der Geschossverbindungen im Brandfall durch textile Vorhänge (Quelle: Stöbich Brandschutz GmbH, Goslar)

an die tragenden Bauteile gestellt werden. Sie erfahren somit die gleiche Abstufung, die aus den Gebäudeklassen und dem daraus resultierenden Brandrisiko resultiert. Ebenso wie bei den tragenden Bauteilen werden auch an Decken erhöhte Anforderungen gestellt, sofern es sich um Kellerdecken handelt. Gleichfalls werden Erleichterungen für Decken in Dachräumen gestattet.

Die Decken sind – bei in Deutschland verbreiteter Bauweise – nicht nur hinsichtlich der Brandschutzanforderungen zu bemessen, sie sind auch Bestandteil des statischen Systems. Daher werden an Decken auch Anforderungen an die Standsicherheit gestellt. Gleichzeitig dienen Decken zwischen Geschossen mit unterschiedlichen Nutzern z. B. auch dem Schallschutz, sodass auch hier weiter gehende Anforderungen gestellt werden können.

Die Anforderungen hinsichtlich des Brandschutzes werden für solche Decken formuliert, die Geschosse voneinander trennen. Eine Brandausbreitung zwischen 2 Geschossen soll dadurch verhindert werden. Öffnungen in Decken von Bürogebäuden werden unter bestimmten Voraussetzungen gestattet, nämlich:

- bei Decken in Bürogebäuden der Gebäudeklassen 1 und 2 oder
- bei Decken innerhalb derselben Büro-Nutzungseinheit mit insgesamt nicht mehr als 400 m² in nicht mehr als 2 Geschossen.

Unter diesen Voraussetzungen sind Deckenöffnungen auch ohne feuerwiderstandsfähige Abschlüsse in den Öffnungen vorzusehen. Ansonsten sind Öffnungen in Decken nur zulässig, wenn die Anzahl und die Größe für die Nutzung des Gebäudes erforderlich sind und wenn feuerwiderstandsfähige Abschlüsse für diese Öffnungen vorgesehen werden.

Zur Wahrung des Abschottungsprinzips müssen beim Durchdringen von Decken mit Leitungs- und/oder Lüftungsanlagen in Abhängigkeit von der erforderlichen Feuerwiderstandsdauer entsprechende Maßnahmen zur Verhinderung der Brandübertragung über diese Anlagen getroffen werden (vgl. hierzu die Ausführungen in den Kapiteln 3.7 und 3.8).

In Bürogebäuden kommen regelmäßig Atrien oder deutlich größere Nutzungseinheiten mit Geschossverbindungen zur Ausführung. Diese typischen Problemstellungen und mögliche Lösungsansätze werden in den nachfolgenden Unterabschnitten detailliert.

Abb. 3.19: Abtrennung der internen Geschossverbindung durch eine Verglasung mit Feuerwiderstand (Quelle: Novoferm GmbH, Isselburg)

Geschossverbindungen

Wie zuvor beschrieben sind Geschossverbindungen ohne einen Abschluss mit Feuerwiderstand nur in Gebäuden der Gebäudeklassen 1 und 2 sowie innerhalb von Nutzungseinheiten mit einer Fläche von insgesamt nicht mehr als 400 m² und über maximal 2 Geschosse zulässig.

Neben dem Schutzziel „Ausbreitung von Feuer und Rauch" sind auch die Schutzziele „Rettung von Personen" und „wirksame Löscharbeiten" zu betrachten. Zusätzlich ist deshalb auch die Rettungsweggestaltung bei geschossübergreifenden Nutzungseinheiten von zentraler Bedeutung. Gemäß § 35 Abs. 1 Nr. 2 MBO ist das Führen notwendiger Treppen in geschossübergreifenden Nutzungseinheiten nur zulässig, wenn die Fläche insgesamt nicht größer als 200 m² ist. Bei geschossübergreifenden Nutzungseinheiten zwischen 200 und 400 m² sind die Rettungswege gemäß § 33 MBO demzufolge in beiden Geschossen unabhängig von offenen Treppenverbindungen nachzuweisen.

Sind geschossübergreifende Verbindungen ohne Abschlüsse im Rahmen der Brandschutzplanung nicht darstellbar, so bietet der Markt eine Vielzahl von Produkten an, die die notwendige Abschottung im Brandfall auf unterschiedliche Weise gewährleisten können. Neben klassischen Tür- und Toranlagen in standardisierten (geprüften) Größen oder Sonderanfertigungen und Verglasungen sind hier insbesondere Feuer- oder Rauchschutzvorhänge und mobile oder starre Rauchschürzen zu nennen (siehe Abb. 3.18 und 3.19). Aufgrund der Vielfalt der am Markt bereitstehenden Bauprodukte ist gerade hier zu empfehlen, bereits

Abb. 3.20: Abtrennung eines Atriums mit textilen Rauchschutzabschlüssen (Quelle: Colt International GmbH, Kleve)

Abb. 3.21: Atrium mit Dachtragwerk ohne Feuerwiderstand (Quelle: Bargel, Stephan: Brandschutz im Bürokomplex. In: Feuer-TRUTZ Magazin, Nr. 02.2012, S. 12)

Abb. 3.22: Führung von Rettungswegen angrenzender Aufenthaltsräume über Galerien (Quelle: Marcus Pietrek, Düsseldorf)

bei der Erstellung des Brandschutznachweises die bauliche Umsetzung der Anforderungen anhand exemplarischer Abschlussarten detailliert abzustimmen. Hierbei sind beispielhaft die besonderen Einbauvorschriften bei der Verwendung textiler Feuer- oder Rauchschutzvorhänge zu nennen.

Das Bauordnungsrecht sieht die Abschottung von Geschossverbindungen grundsätzlich in der Feuerwiderstandsdauer der geschosstrennenden Decke gemäß § 31 MBO vor. Die Aufgabe der Planung ist es, im Einzelfall nachzuweisen, dass auch mit einer ggf. geringeren Feuerwiderstandsdauer der Abschlüsse eine ausreichende Sicherheit nachgewiesen wird. Bei der Bewertung kann die sonstige brandschutztechnische Infrastruktur im Gebäude z. B. mit Brandmelde- und Alarmierungsanlagen, Rauch- und Wärmeabzugsanlagen, selbsttätigen Feuerlöschanlagen oder Bereichen mit Brandlast- oder Nutzungsbeschränkungen in der Regel sehr wirkungsvoll herangezogen werden. Unterstützend können hierbei auch ingenieurtechnische Verfahren zur Anwendung gebracht werden (vgl. Kapitel 3.14).

Neben der MBO zeigen verschiedene Sonderbauvorschriften weiter gehende Anforderungsprofile gegenüber Geschossverbindungen auf. So sind in Verkaufsstätten geschossübergreifende Verbindungen über 3 Geschosse mit einer Fläche von insgesamt bis zu 3.000 m^2 ohne bzw. bis zu 5.000 m^2 pro Geschoss mit Sprinkleranlage möglich (vgl. §§ 6 und 7 MVKVO). Auch in Industriebauten sind offene Geschossverbindungen und Ebenen mit großer Ausdehnung zulässig.

Im Einzelfall ist zu prüfen, ob die Grundzüge dieser Sonderbauvorschriften auf Bürogebäude übertragbar sind. Hierbei sind Aspekte wie die Nutzerklientel (ortskundige, ggf. auch auf den Brandschutz eingewiesene Nutzer), die Anzahl der Personen, aber auch die Brandgefahr (Brandlasten, Brandentstehung usw.) sowie die Einsatzbedingungen der Feuerwehr zu beachten. Im Rahmen eines ganzheitlichen Brandschutznachweises sind die weiterführenden Maßnahmen zur Kompensation der bauordnungsrechtlichen Schutzziele nach den (Teil-)Schutzzielen festzulegen.

Atrien

Eine besondere Form von geschossübergreifenden Nutzungen stellen Atrien dar. Sie sind für Bürogebäude zumeist als Eingangs- oder Präsentationsflächen charakterbildend. Aufgrund des Raumerlebnisses und der Gestaltung ist eine intensive Nutzung dieser Bereiche häufig als Vorgabe in der Brandschutzplanung zu berücksichtigen.

Auch mit Blick auf die im vorangegangenen Abschnitt beschriebenen Geschossverbindungen stehen bei der Ausbildung von Atrien jedoch nicht nur einzelne Nutzungseinheiten mit begrenzten Flächen, sondern häufig ganze Bauteile und Brandabschnitte über eine Vielzahl von Geschossen miteinander in Verbindung, sodass einer Ausbreitung von Feuer und Rauch in geeigneter Weise vorgebeugt werden muss.

In der MBO sind keine Regelungen zur Handhabung von Atrien niedergeschrieben. Neben den bereits benannten Regelungen zu Verkaufsstätten beschreibt auch die Muster-Schulbau-Richtlinie (MSchulbauR) geschossübergreifende Lufträume. Die MSchulbauR sieht für „Hallen" eine vollständige brandschutztechnische Abtrennung angrenzender Nutzungen vor. Hierfür werden im Wesentlichen Anforderungen an den Feuerwiderstand der Umfassungsbauteile und der Öffnungsabschlüsse gestellt.

Die Umsetzung dieses eher baulich geprägten Grundprinzips ist in Bürogebäuden mit offenen Raumbezügen und hohen Gestaltungsansprüchen nicht immer darstellbar, sodass häufig weiter gehende Betrachtungen erforderlich werden.

Um die Ausbreitung von Feuer und insbesondere Rauch in angrenzende Bereiche zu verhindern, sind unterschiedliche Lösungsansätze möglich. Entsprechend der zu erwartenden Beanspruchung im Brandfall können Brandschutzverglasungen, Feuerschutz- oder Rauchschutzabschlüsse (siehe Abb. 3.20), aber auch nicht qualifizierte Fassaden zum Einsatz kommen, ggf. mit automatisch schließenden Fenstern und Türen.

Darüber hinaus haben die typischen Raumgrößen grundlegende Einflüsse auf die Branddynamik. Während bei kleinen Raumflächen zumeist von einem Vollbrand auszugehen ist, so ist ein solcher in großvolumigen Atrien in der Regel nicht anzunehmen. Die Festlegung der maßgeblichen Brandszenarien und der daraus abzuleitenden Maßnahmen beruht daher in aller Regel auf lokalen Brandereignissen.

Daraus folgt, dass in vielen Fällen Erleichterungen beim Raumabschluss der Fassaden und Dächer sowie der tragenden und aussteifenden Bauteile darstellbar sind (siehe Abb. 3.21). Für den Nachweis, dass die baurechtlichen Schutzziele auch mit den eingangs genannten Erleichterungen erreicht werden, eignen sich insbesondere Nachweise mit ingenieurtechnischen Verfahren (vgl. Kapitel 3.14).

Hinsichtlich der Rettungswegführung über Atrien (siehe Abb. 3.22) wird durch die eingangs genannte MSchulbauR ein System beschrieben, das sich auch bei der Gestaltung sonstiger Atrien und Hallen bewährt hat. Gemäß Abschnitt 3.2 MSchulbauR dürfen Rettungswege grundsätzlich durch Hallen geführt werden, wenn ein anderer baulicher Rettungsweg davon unabhängig zur Verfügung steht. Dagegen schließt es sich in der Regel aus, notwendige Treppenräume über Atrien oder Hallen ins Freie zu führen (vgl. Kapitel 3.6).

Für Atrien werden in aller Regel Maßnahmen zur Rauchableitung erforderlich. Mit Blick auf die typischerweise großen Raumhöhen ist die Eignung von natürlich wirkenden Maßnahmen zur Rauchableitung im Einzelfall zu prüfen. Bezüglich der Umsetzungsmöglichkeiten wird auf Kapitel 3.11 verwiesen.

In gleicher Weise stoßen in Atrien mit großen Höhen auch selbsttätige Feuerlöschanlagen an ihre Anwendungsgrenzen. Aufgrund der Aufstiegshöhen und der damit einhergehenden Abkühlung der Rauchgase sind z. B. Sprinkleranlagen auf Deckenhöhen in einer Größenordnung bis 15 m beschränkt. Weiter gehende Erläuterungen und Lösungsansätze sind Gegenstand von Kapitel 3.10.1.

3.5.3 Dächer

Die Dächer von Bürogebäuden müssen gegen eine Brandbeanspruchung von außen durch Flugfeuer und strahlende Wärme ausreichend lange widerstandsfähig sein (§ 32 Abs. 1 MBO). Bedachungen mit dieser Eigenschaft werden als „harte Bedachung" bezeichnet.

Die Anforderungen an Dächer dienen der Verhinderung einer Brandübertragung von außen nach innen. Beim Brand von Gebäuden in der Nachbarschaft kann es unter bestimmten Voraussetzungen neben einer Rauchentwicklung auch zum Auftreten von Funkenflug und Flugfeuer

Abb. 3.23: Prüfung von Probedächern nach DIN 4102-7 (Quelle: MPA Dresden GmbH, Freiberg)

kommen. Unter Flugfeuer werden größere brennende Teile verstanden, die sich über die Luft ausbreiten. Sinken diese Teile infolge nachlassender Thermik in der Nachbarschaft wieder ab, fallen sie auf die Dächer der Nachbargebäude, wo sie nicht weiter zu einer Brandausbreitung beitragen sollen.

Dieses Ziel wird durch Ausführung einer sog. harten Bedachung erreicht; diese ist widerstandsfähig gegen Flugfeuer und strahlende Wärme.

Das Prüfverfahren für die Widerstandsfähigkeit von Bedachungen nach DIN 4102-7 „Brandverhalten von Baustoffen und Bauteilen – Teil 7: Bedachungen – Anforderungen und Prüfungen" (2018) ist an der Praxis ausgerichtet. Bei der Beflammung werden die Probedächer mit 600 g Holzwolle in einem oben und unten offenen Drahtgestell beaufschlagt, das entzündet wird (siehe Abb. 3.23). Dabei dürfen keine wesentlichen Branderscheinungen am Probedach auftreten.

Abweichend von dem Anforderungsniveau „harte Bedachung" können bis zur Gebäudeklasse 3 auch andere Dächer (umgangssprachlich „weiche Bedachungen") zur Ausführung kommen, wenn gegenüber den Nachbargrenzen oder Gebäuden auf demselben Grundstück ausreichende Abstände vorhanden sind.

Lichtdurchlässige Teilflächen aus brennbaren Baustoffen in Bedachungen sowie begrünte Bedachungen sind zulässig, wenn eine Brandentstehung bei einer Brandbeanspruchung von außen durch Flugfeuer und strahlende Wärme nicht zu befürchten ist oder entsprechende Vorkehrungen getroffen werden. Die hierbei zu beachtenden Randbedingungen sind in Teil A der MVV TB niedergelegt (vgl. Abschnitt A 2.1.9 MVV TB).

Weiter gehende Anforderungen an Dächer werden in § 32 Abs. 5 MBO gestellt. Demnach müssen Dachüberstände, Dachgesimse und Dachaufbauten, lichtdurchlässige Bedachungen, Dachflächenfenster, Lichtkuppeln, Oberlichte und Solaranlagen so angeordnet bzw. hergestellt werden, dass Feuer nicht auf andere Gebäudeteile und Nachbargrundstücke übertragen werden kann. Als Richtmaß fest-

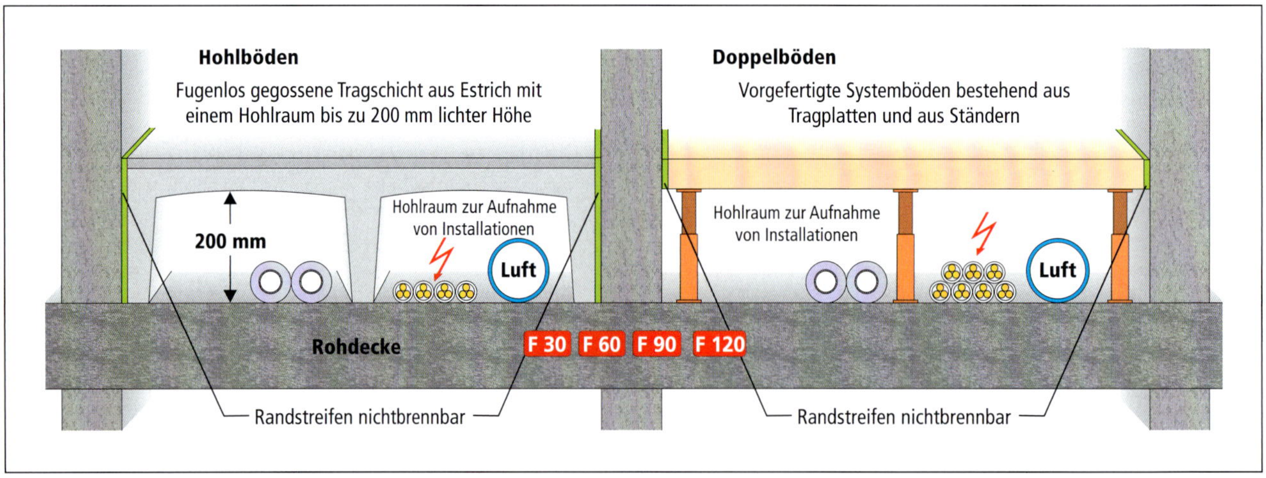

Abb. 3.24: Systemböden; baurechtliche Einstufung und Aufbau von Hohl- und Doppelböden (Quelle: Lippe et al., 2018, S. 101, Bild B-II-2)

gelegt wird hierfür ein Abstand von 1,25 m gegenüber Brandwänden und Wänden, die anstelle von Brandwänden zulässig sind. Im Einzelfall sind Erleichterungen möglich.

Bürogebäude sollen flexibel sein und oftmals ein breites Spektrum unterschiedlich großer Mietflächen bereitstellen. Weiterhin werden die obersten Geschosse aufgrund der Festlegungen aus dem Abstandsflächenrecht regelmäßig als sog. Staffelgeschosse ausgebildet. Diese Aspekte haben regelmäßig auch Auswirkungen auf die Kubatur von Bürogebäuden. Bestehen diese aus mehreren Baukörpern oder ändern sich die Grundflächen geschossweise, sind Dachflächen regelmäßig als Dächer von Anbauten zu betrachten. In solchen Fällen muss bei der Planung gewährleistet werden, dass es im Fall eines Brandes nicht zu einer geschossweisen Brandausbreitung vom Dach in Richtung der höher liegenden Außenwand kommt. Im Umkehrschluss wird eine Brandausbreitung von oben nach unten durch den Gesetzgeber als weniger wahrscheinlich erachtet; die früher noch geforderten Kiesstreifen sind üblicherweise nicht mehr erforderlich.

Das umzusetzende Anforderungsniveau ist in § 32 Abs. 7 MBO beschrieben. Demnach müssen Dächer von Anbauten, die an Außenwände mit Öffnungen oder ohne Feuerwiderstandsfähigkeit anschließen, innerhalb eines Abstands von 5 m von diesen Wänden für eine Brandbeanspruchung von innen nach außen feuerwiderstandsfähig sein. Diese Anforderung bezieht sich sowohl auf die raumabschließenden als auch auf die tragenden und aussteifenden Bauteile. Die erforderliche Feuerwiderstandsfähigkeit ist jene der Decken des Gebäudes. Bei Bürogebäuden führt dies regelmäßig zu Herausforderungen, wenn z. B. die obersten Geschosse jeweils in Stahlbauweise mit Trapezblechdächern ausgeführt sind.

An das Dachtragwerk von Bürogebäuden werden – sofern darüber keine Aufenthaltsräume möglich sind – keine Anforderungen bezüglich des Feuerwiderstands gestellt (§ 27 Abs. 1 MBO). Dies kann sich ändern, wenn das Gebäude in den Anwendungsbereich von Sonderbauvorschriften fällt (z. B. MVStättVO). Darüber hinaus können weiter gehende Anforderungen an Dachtragwerke gestellt werden, wenn diese zur Aussteifung von Trennwänden erforderlich sind (z. B. zur Ausbildung von Nutzungseinheiten im Dachgeschoss).

3.5.4 Systemböden und Unterdecken

Systemböden

Zur haustechnischen Installation werden in flexibel nutzbaren Büroflächen zumeist Zwischendecken und Systemböden eingesetzt, in denen ein Leitungsverzug ohne Beeinträchtigung durch Wandstellungen möglich ist. Für die brandschutztechnische Bewertung von Systemböden ist die Muster-Systembödenrichtlinie (MSysBöR) zu beachten. Für Zwischendecken gibt es kein eigenständiges bauaufsichtliches Regelwerk.

Entsprechend der Darstellung in Abb. 3.24 werden Systemböden wie folgt unterschieden:

- Hohlböden (geregelt in DIN EN 13213 „Hohlböden" [2001]) mit einer fugenlos gegossenen, 30 mm starken Tragschicht,
- Doppelböden (geregelt in DIN EN 12825 „Doppelböden" [2002]), die aus elementierten, vorgefertigten Tragplatten und Unterkonstruktionen bestehen.

Zu beachten ist, dass die MSysBöR zudem Hohlböden mit einer lichten Raumhöhe von mehr als 20 cm Doppelböden gleichstellt. Werden diese Böden mit Bodenbelägen versehen, sind ggf. weiter gehende baurechtliche Anforderungen zu beachten. Diese regelt die MSysBöR nicht.

Die MSysBöR regelt im Wesentlichen 3 Aspekte: Die Baustoffauswahl, den Raumabschluss und das Tragverhalten der Systembodenkonstruktion im Brandfall. Da für die innerhalb der Systemböden geführten Installationen in den meisten Fällen keine Brandlastbeschränkung erhoben wird, sind entsprechende Maßnahmen zur Vorbeugung einer Brandausbreitung sowie zur Sicherstellung wirksamer Löscharbeiten erforderlich.

Den Regelungen für geschützte Rettungswege folgend müssen Systemböden in notwendigen Treppenräumen, deren Ausgängen und notwendigen Fluren im Wesentlichen aus nichtbrennbaren Baustoffen bestehen und dürfen keine Öffnungen beinhalten. Revisionsöffnungen sind nur in der

Abb. 3.25: Unterkonstruktion für einen Doppelboden mit einer lichten Raumhöhe von mehr als 50 cm. Die Traverse wurde durch eine Brandschutzbeschichtung auf eine feuerhemmende Bauart ertüchtigt.

erforderlichen Zahl und Größe zulässig. Sie müssen dichtschließend sein und ebenfalls aus nichtbrennbaren Baustoffen bestehen. Unabhängig von der Belegungsdichte im Boden ist die Konstruktion ab einer lichten Höhe von 20 cm bei einer Brandbeanspruchung von unten konstruktiv und raumabschließend feuerhemmend herzustellen. Dies dient dem Schutz der Rettungswege.

Außerhalb von geschützten Rettungswegen werden Anforderungen an den Feuerwiderstand nur für die Tragstruktur der Systeme und erst ab einer lichten Höhe von 50 cm erhoben. Begründet ist die Anforderung in dem erhöhten Risiko für die Feuerwehr bei der Brandbekämpfung. Derartige Aufbauhöhen sind häufig in elektrischen Betriebsräumen, in bestimmten Bestandssituationen oder bei festen, dauerhaften Einbauten erforderlich. Auch hier reicht eine feuerhemmende Qualität, die von den Systemanbietern der Doppelböden bis zu einer gewissen Höhe herstellbar ist. Ein gültiger Verwendbarkeitsnachweis ist dafür beizustellen.

Ein weiterer Sonderfall sind bauseitige Unterkonstruktionen für Doppelböden wie die in Abb. 3.25 dargestellten Traversen. Für solche Konstruktionen ist ein gesonderter statisch-konstruktiver Nachweis zum Tragverhalten im Brandfall erforderlich. Dieser kann z. B. über den Tragwerksplaner erfolgen.

Eine Besonderheit stellt die Möglichkeit dar, Systemböden ohne weitere Abtrennungen auch unter Wänden mit Brandschutzanforderungen hindurchzuführen. Brandwände, Wände anstelle von Brandwänden und Wände notwendiger Treppenräume und deren Ausgänge sowie Trennwände nach § 29 Abs. 2 Nr. 1 MBO sind davon ausgenommen. Hier müssen die Wände bis auf die Rohdecke geführt werden.

Voraussetzung für diese sehr freizügige Regelung ist jedoch, dass diese Wände zusammen mit dem Systemboden auf die erforderliche Feuerwiderstandsklasse geprüft sind. Da dies auch in den Verwendbarkeitsnachweisen nicht immer abschließend geregelt ist, empfiehlt sich eine frühzeitige Abstimmung mit den Herstellern. Alternativ ist unterhalb der Wand eine Schottung vorzusehen, die auch die Lasten der darüber befindlichen Wand aufnehmen kann.

Mit Hohlböden können so auch in notwendigen Fluren erforderliche Leitungsquerungen zumeist relativ problemlos und im Gegensatz zu Unterdecken ohne zusätzliche Brandlastbeschränkungen und Kapselungen verlegt werden (vgl. auch die Muster-Leitungsanlagen-Richtlinie [MLAR], Abschnitt 3.2.1, Buchstabe g).

Eine Brandbekämpfung in Systemböden ist zumeist nur mit invasiven Maßnahmen möglich. In Hochhäusern, in denen die Brandbekämpfung ohnehin schon aufwendiger ist, werden daher zusätzliche Anforderungen an Systemböden gestellt. So sind nach Abschnitt 3.3.2 MHHR besondere Revisionsöffnungen zur Brandbekämpfung vorzusehen (ohne Benennung von konkreten Umsetzungsregeln) sowie Öffnungsabschlüsse in Systemböden unabhängig von ihrer Lage im Geschoss dichtschließend und nichtbrennbar auszuführen. Nur für relativ kleine Öffnungen ($\leq 0{,}1\ m^2$) sind schwerentflammbare Verschlüsse möglich. Dies betrifft auch übliche Bodentanks zum Anschluss bürotypischer Einrichtungen. Gleichzeitig werden bei Hochhäusern mit automatischen Feuerlöschanlagen auch zusätzliche Ausnahmen zugelassen.

Ist ein Bürogebäude mit einer Brandmeldeanlage oder einer Feuerlöschanlage ausgestattet, empfiehlt sich eine frühzeitige Koordination zwischen den beteiligten Fachplanern, da nur in sehr starren Grenzen auf eine zusätzliche Überwachung der Systemböden durch die vorgenannten Anlagen verzichtet werden kann (vgl. beispielsweise VDE 0833-2, VdS CEA 4001). Ein wesentliches Kriterium hierfür ist neben den Höhen und den Brandlasten innerhalb der Systemböden auch die Größe der Flächensegmente bis zur nächsten brandschutztechnisch wirksamen Abtrennung. Im Hochhaus sind auch hier wieder ergänzende Anforderungen zu berücksichtigen.

Dienen Systemböden zur Raumlüftung über eine Lüftungsanlage (Druckboden o. Ä.), so ist eine Überwachung mit

Abb. 3.26: Verstärkte Leitungsabhängungen von Installationen im Zwischendeckenbereich eines notwendigen Flures

automatischen Brandmeldern der Kenngröße „Rauch" generell erforderlich. Die Auslösung dieser Melder muss dazu führen, dass die Lüftungsanlage abschaltet und die Gebäudenutzer sowie ggf. die Feuerwehr alarmiert werden.

Unterdecken

Da die Temperaturbeanspruchung aufgrund der Brandthermik im Deckenbereich ungleich höher ist als im Bodenbereich, werden an Unterdecken zumeist höhere Anforderungen gestellt. Unterdecken sind wie Deckenbekleidungen in qualifizierten Rettungswegen stets aus nichtbrennbaren Baustoffen herzustellen. Auch in Versammlungsräumen sind ggf. weiter gehende Maßnahmen zu beachten.

Sollen brennbare Leitungen, die nicht zur Versorgung von Rettungswegen dienen, in Zwischendecken verlegt werden, so genügt allein die Erfüllung der Baustoffanforderungen nicht mehr. Hier sind feuerhemmende (notwendige Flure) oder feuerbeständige Unterdecken (notwendige Treppenräume und ihre Ausgänge, Vorräume, Schleusen usw.) zu verwenden.

Je nach Verwendbarkeitsnachweis ist zudem zu beachten, dass solche Unterdecken im Brandfall nicht zusätzlich belastet werden dürfen. Alle Installationen oberhalb dieser Decken sind daher so abzuhängen, dass sie im Brandfall nicht herunterstürzen und auch ihre Durchbiegung unter Temperatureinfluss die Decke nicht belastet (siehe Abb. 3.26). Mindestabstände zwischen den Unterdecken und den Installationen sind daher mit einzuplanen.

Sind im Gebäude eine Brandmeldeanlage oder Feuerlöschanlagen geplant, empfiehlt sich auch hier die frühzeitige Abstimmung mit den technischen Fachplanern, um den notwendigen Überwachungs- bzw. Schutzumfang abzustimmen.

Ausreichende Revisionsmöglichkeiten zur Prüfung und Wartung sicherheitstechnischer Anlagen (Rauchmelder, Brandschutzklappen usw.) sind auch Gegenstand der Sachverständigenprüfungen zur Abnahme und deshalb sorgfältig zu planen und abzustimmen. Ist die Brandmeldeanlage zur Feuerwehr aufgeschaltet, sind zudem die Anschlussbedingungen der Feuerwehr zu beachten, die zumeist ebenfalls Anforderungen an die Revisionierbarkeit von Unterdecken beinhalten.

3.6 Rettungswege

In den Grundanforderungen an Rettungswege stellt der Gesetzgeber fest, dass die Rettung von Menschen und Tieren möglich sein muss. Das Baurecht sieht hierfür ein Konzept von horizontalen und – erforderlichenfalls – vertikalen Rettungswegen vor. Darauf aufbauend werden in den baurechtlichen Regelwerken u. a. Anforderungen an die Anzahl, die zulässige Länge und an die Breite von Rettungswegen festgelegt.

3.6.1 Anzahl der Rettungswege

Entsprechend § 33 Abs. 1 MBO müssen für Nutzungseinheiten mit mindestens einem Aufenthaltsraum in jedem Geschoss mindestens 2 voneinander unabhängige Rettungswege ins Freie führen. Bei Nutzungseinheiten, die nicht zu ebener Erde liegen, muss der erste Rettungsweg über eine notwendige Treppe führen. Der zweite Rettungsweg kann für Standardbauten – und somit auch für einfache Bürogebäude – regelmäßig über tragbare Leitern und Hubrettungsgeräte der Feuerwehr führen.

Zu Aufenthaltsräumen zählen u. a. Wohnräume, Schlafräume und Küchen sowie Büro- und Verkaufsräume. Keine Aufenthaltsräume sind dagegen etwa Lager-, Abstell-, Sanitär- und andere Räume mit Nebenfunktionen sowie Flure und Treppenräume (vgl. Grütze, 2007). Mit Blick auf den Arbeitsschutz sind bei der Frage, ob es sich um (ständige) Arbeitsplätze handelt, unter Umständen weiter gehende Kriterien zu berücksichtigen.

Das Baurecht berücksichtigt in der Forderung nach 2 Rettungswegen, dass der erste Rettungsweg durch ein Brandereignis ausfallen kann. Dies entspricht der allgemeinen Lebenserfahrung; bei Bränden in Gebäuden ist vereinzelt zu beobachten, dass infolge des Versagens von Bauteilen – insbesondere von Türen – ein Raucheintrag in den Treppenraum stattfindet, sodass dieser von Personen nicht mehr ohne Weiteres genutzt werden kann und somit nicht mehr als Rettungsweg zur Verfügung steht.

Damit müssen auch in Bürogebäuden für jede Nutzungseinheit mit Aufenthaltsräumen 2 Rettungswege vorhanden sein. Dies bedeutet beispielsweise für die Nutzungseinheit „Büro" in einem mehrgeschossigen Bürogebäude, dass der erste Rettungsweg zwingend über eine notwendige Treppe führt. Der zweite Rettungsweg kann auch über Rettungsgeräte der Feuerwehr führen. Hierzu ist in jeder Nutzungseinheit ein Fenster vorzusehen, das zugänglich und ausreichend groß dimensioniert ist sowie mit den Rettungsgeräten der Feuerwehr erreicht werden kann.

Die Erfahrungen aus Brandereignissen zeigen, dass eine Rettung von Personen über Leitern der Feuerwehr nur unter eng eingegrenzten Bedingungen möglich ist. Wesentliche Randbedingung dabei ist, dass die Zahl der Personen, die auf eine Rettung über Leitern angewiesen ist, begrenzt ist. Die Möglichkeit eine Rettung über Leitern wird regelmäßig nur in Wohngebäuden und Gebäuden unterhalb der Schwelle zum Sonderbau möglich sein. Daher sieht die MBO vor, dass in Sonderbauten der zweite Rettungsweg über Rettungsgeräte der Feuerwehr nur dann zulässig ist, wenn keine Bedenken wegen der Personenrettung bestehen. Regelmäßig wird hierzu die Brandschutzdienststelle zu befragen sein (vgl. dazu auch die Ausführungen in Kapitel 3.6.9).

Werden beide Rettungswege baulich sichergestellt, dürfen sie über einen gemeinsamen Flur führen, optimalerweise in entgegengesetzter Richtung. Hier ist erkennbar: Das Baurecht unterstellt den Ausfall eines Treppenraumes infolge eines Brandes, die Verrauchung des Flures ist hinnehmbar bzw. diese wird mit den für Fluren erforderlichen Brandschutzmaßnahmen ausreichend abgesichert, sodass davon auszugehen ist, dass der zweite bauliche Rettungsweg noch erreicht werden kann.

Aus den Regelungen der MBO heraus ist es problematisch, jede Nutzungseinheit an nur einen baulichen Rettungsweg anzuschließen und den zweiten Rettungsweg über eine benachbarte Nutzungseinheit zu führen. In Wohnungen verbietet sich eine solche Rettungswegführung (verständlicherweise) schon aus nachbarschaftlichen Gründen. In Bürogebäuden wird eine solche Rettungswegführung hingegen aber häufig gewünscht. Vonseiten der Genehmigungsbehörden wird dies regelmäßig kritisch hinterfragt, da zu jeder Zeit sichergestellt werden muss, dass die benachbarte Büro-Nutzungseinheit auch betreten werden kann. Dies wird üblicherweise nur dann der Fall sein, wenn beide Einheiten von demselben Nutzer genutzt werden und dies dauerhaft gesichert ist (§ 36 Abs. 1 Nr. 4 MBO; vgl. dazu auch das Praxisbeispiel in Kapitel 4.3).

Abweichend von dem System der 2 Rettungswege kann auf den Nachweis eines zweiten Rettungsweges verzichtet werden, wenn der Rettungsweg über einen Treppenraum führt, in den Feuer und Rauch nicht eindringen können. Bei diesen sog. Sicherheitstreppenräumen werden dann erhöhte Anforderungen an deren bauliche Ausbildung und an die anlagentechnische Ausstattung gestellt (z. B. Druckbelüftungsanlagen).

3.6.2 Rettungsweglängen

Entsprechend § 35 Abs. 2 MBO muss von jeder Stelle eines Aufenthaltsraumes sowie eines Kellergeschosses mindestens ein Ausgang in einen notwendigen Treppenraum oder ins Freie in höchstens 35 m Entfernung erreichbar sein.

Durch diese Entfernung ist nicht nur im Brandfall ein schnelles Erreichen des Treppenraumes und ein zügiges Verlassen des Gebäudes sichergestellt. Treppenräume dienen auch in anderen Gefahrensituationen zum zügigen Verlassen des Gebäudes. Darüber hinaus dienen die Treppenräume als Angriffswege für die Feuerwehr, die hierüber üblicherweise ihren Löschangriff entwickelt. Die zulässige Rettungsweglänge begrenzt damit gleichzeitig die Eindringtiefen für die Feuerwehr und damit einhergehend auch das mitzuführende Schlauchmaterial.

Die Regelungen für notwendige Flure in § 36 Abs. 3 MBO sehen außerdem vor, dass Rauchabschnitte von nicht mehr als 30 m Länge gebildet werden (vgl. Kapitel 3.6.5). Bei einer gegenläufigen Anordnung der Treppenräume an beiden Flurenden resultieren daraus maximale Lauflängen von bis zu 15 m zum nächsten Treppenraum bzw. Rauchabschnitt. Das Bauordnungsrecht geht also implizit davon aus, dass eine Distanz von bis zu 15 m auch in verrauchten Bereichen zurückgelegt werden kann.

Diese Systematik deckt sich mit den Anforderungen an notwendige Flure mit nur einer Fluchtrichtung (sog. Stichflure), wenn diese zu Sicherheitstreppenräumen führen. Die Lauflänge darf in diesen Fluren ebenfalls nicht mehr als 15 m betragen (§ 36 Abs. 3 MBO).

Weiter gehende Anforderungen bzw. Erleichterungen im Hinblick auf den Nachweis der Rettungsweglängen können relevant werden, wenn ein Bürogebäude gänzlich oder in Teilen anhand von Sonderbauvorschriften beurteilt werden muss. In Einzelfällen ist z. B. die MVStättVO anzuwenden, die wiederum eigene Festlegungen zu den Rettungsweglängen trifft. So wird in § 7 Abs. 1 MVStättVO die Rettungsweglänge in Versammlungsräumen zunächst auf 30 m begrenzt; sie darf jedoch – in Abhängigkeit von der Raumhöhe – auf bis zu 60 m erhöht werden.

3.6.3 Rettungswegbreiten

Aus dem Anforderungskatalog der MBO lassen sich keine quantitativen Anforderungen zur Breite der Rettungswege entnehmen. Sowohl für die notwendigen Flure als auch für die notwendigen Treppenräume gilt der Grundsatz, dass die nutzbare Breite für den größten zu erwartenden Verkehr ausreichen muss (§ 34 Abs. 5 und § 36 Abs. 2 MBO).

Orientierungswerte lassen sich aus der MBO lediglich für Eingangstüren von Wohnungen ableiten, die eine lichte Durchgangsbreite von 0,90 m aufweisen müssen (§ 37 Abs. 3 MBO). Diese Anforderung hat ihren Ursprung allerdings in der Barrierefreiheit.

Eine weitere Orientierung bietet die durch die MVV TB bauaufsichtlich eingeführte technische Regel DIN 18065 „Gebäudetreppen – Begriffe, Messregeln, Hauptmaße" (2015). In dieser Norm wird eine Reihe von Anforderungen an Gebäudetreppen definiert. Differenziert nach Gebäuden im Allgemeinen und Wohngebäuden zählt hierzu

u. a. auch die nutzbare Treppenlaufbreite. Für Nichtwohngebäude wird hierin eine nutzbare Laufbreite von mindestens 1,00 m gefordert.

Im Vergleich zu Wohngebäuden korrespondieren Bürogebäude jedoch üblicherweise mit einer erhöhten Belegungsdichte bzw. mit einem deutlich niedrigeren Flächenbedarf je Nutzer. In Zellenbüros beispielsweise beträgt der Flächenbedarf nach der technischen Regel ASR A1.2 „Raumabmessungen und Bewegungsflächen“ (2013) ca. 10 m² Brutto-Grundfläche (BGF) je Arbeitsplatz. Mit Bezug auf die Festlegungen anderer Sonderbauvorschriften (z. B. MVStättVO) bleibt nun festzustellen, dass die bloße Berücksichtigung von DIN 18065 dem Grundsatz „für den größten zu erwartenden Verkehr ausreichend“ oftmals nicht gerecht wird. Es ist deshalb zielführend, die Dimensionierung der Rettungswegbreiten in Bürogebäuden an das Anforderungsniveau der Sonderbauvorschriften anzulehnen.

Die Notwendigkeit hierfür ergibt sich nicht auch zuletzt aus dem Umstand, dass Bürogebäude Arbeitsstätten sind. Damit sind zusätzlich zum Baurecht die Festlegungen der Technischen Regeln für Arbeitsstätten (ASR) und insbesondere die der ASR A2.3 „Fluchtwege und Notausgänge, Flucht- und Rettungsplan“ (2007) im Planungsprozess zu berücksichtigen. Mit Blick auf die Rettungswegbreiten trifft die ASR A2.3 die in Tabelle 3.2 dargestellten Festlegungen.

Tabelle 3.2: Rettungswegbreiten in Arbeitsstätten gemäß ASR A2.3

Anzahl der Personen (Einzugsgebiet)	lichte Breite
bis 5	0,875 m
bis 20	1,00 m
bis 200	1,20 m
bis 300	1,80 m
bis 400	2,40 m

Ergänzend dazu beinhaltet die ASR A2.3 die Erleichterung, dass eine Einschränkung der Mindestbreite von maximal 0,15 m an Türen in Fluren vernachlässigt werden kann.

Während die Anforderungen gemäß ASR A2.3 bei einem zu erwartenden Aufkommen von mehr als 200 Personen mit denen relevanter Sonderbauvorschriften (u. a. MVStättVO, MHHR) identisch sind, weicht das Anforderungsniveau beider Regelungsbereiche unterhalb dieser Schwelle nicht unwesentlich voneinander ab. Die folgenden Beispiele unterstreichen diese Diskrepanz.

Beispiele

- In einem Bürohochhaus werden Nutzungseinheiten bis 400 m² über notwendige Flure an den Vorraum des Sicherheitstreppenraums angebunden. Je Nutzungseinheit sind ca. 30 Arbeitsplätze vorgesehen. Entsprechend ASR A2.3 sind damit Rettungswegbreiten von 1,20 m im Lichten erforderlich. Dagegen muss entsprechend Abschnitt 4.1.2 MHHR die lichte Breite der Türen aus Nutzungseinheiten auf notwendige Flure lediglich mindestens 0,90 m betragen.
- In einem Bürogebäude wird eine Konferenzzone ausgebildet, die sich aus mehreren Besprechungsräumen mit jeweils ca. 100 Sitzplätzen zusammensetzt. Die Besprechungsräume haben gemeinsame Rettungswege. Die Ausgänge aus den Besprechungsräumen müssen entsprechend ASR A2.3 eine lichte Breite von 1,20 m aufweisen. Dahingegen gestattet die MVStättVO für Versammlungsräume mit weniger als 200 Besucherplätzen Ausgangsbreiten von 0,90 m.

In beiden Beispielfällen wäre eine baurechtliche Genehmigungsfähigkeit ohne Weiteres gegeben. Ungeachtet dessen wird ebenso die Umsetzung der Anforderungen des Arbeitsstättenrechts geschuldet. Derartige Umsetzungskonflikte führen im Planungsprozess regelmäßig zu Unsicherheiten und Planungsrisiken.

Ein denkbarer Lösungsansatz ist eine aktive Einbindung der zuständigen Fachkraft für Arbeitssicherheit und das Erwirken einer Gefährdungsbeurteilung (vgl. Kapitel 2.2.6). Bei Bürogebäuden mit kleinteiliger Abvermietung stehen Mieter während der Planungsphase jedoch häufig noch nicht fest.

Weiterhin ist es denkbar, ingenieurtechnische Verfahren zum Einsatz zu bringen (vgl. Kapitel 3.14). In Fällen wie den oben genannten kann mit diesen Verfahren regelmäßig gezeigt werden, dass die Konsequenzen von punktuellen Abweichungen vernachlässigbar sind.

3.6.4 Notwendige Treppen und notwendige Treppenräume

Notwendige Treppen dienen der vertikalen Erschließung von Bürogebäuden. Die MBO geht zunächst grundsätzlich davon aus, dass jede notwendige Treppe zur Sicherstellung der Rettungswege aus den Geschossen ins Freie in einem eigenen durchgehenden Treppenraum (notwendiger Treppenraum) liegen muss (siehe Abb. 3.27).

§§ 34 und 35 MBO formulieren im Detail die Anforderungen an notwendige Treppen, notwendige Treppenräume und an Ausgänge ins Freie. Zunächst müssen notwendige Treppen in einem Zuge zu allen angeschlossenen Geschossen führen; es gilt das Prinzip der „durchgehenden Treppe“. Ausnahmen werden nur im Einzelfall gestattet, beispielsweise für (Büro-)Gebäude in den Gebäudeklassen 1 bis 3 und für notwendige Treppen, die 2 Geschosse innerhalb einer Nutzungseinheit verbinden (siehe Abb. 3.28).

Des Weiteren besteht die Möglichkeit, notwendige Treppen als Außentreppen auszubilden (siehe Abb. 3.29), womit die Erforderlichkeit eines notwendigen Treppenraums entfällt. Voraussetzung hierfür ist, dass deren Nutzung ausreichend sicher ist und die Treppe im Brandfall nicht gefährdet werden kann.

Notwendige Treppenräume müssen so ausgebildet und angeordnet sein, dass die Nutzung der notwendigen Treppen im Brandfall ausreichend lange möglich ist. Dieser Schutz dient der Sicherstellung der Rettungswege und der Angriffswege für die Feuerwehr.

Ähnlich wie bei den Anforderungen an die tragenden und aussteifenden Bauteile (Wände, Decken, Stützen) gilt auch für die tragenden Teile von notwendigen Treppen ein abgestuftes Anforderungsniveau, das sich an den Gebäudeklassen orientiert. Das Anforderungsniveau ist jedoch nicht deckungsgleich mit den Anforderungen an sonstige tragende Teile, da die notwendigen Treppen in der Regel durch die Umfassungsbauteile der Treppenräume vor kritischen Brandeinwirkungen geschützt sind.

Auch die Wände der Treppenräume müssen – abgestuft nach den Gebäudeklassen – besondere Anforderungen an den Feuerwiderstand erfüllen. Für die Wände notwendiger Treppenräume werden ab der Gebäudeklasse 4 außerdem Anforderungen an die mechanische Belastbarkeit gestellt. Dadurch wird sichergestellt, dass der Treppenraum auch unter Stoßbelastung von Bauteilen und Einrichtungsgegenständen, die im Brandfall versagen, standsicher und benutzbar bleibt. Für die Einsatzkräfte der Feuerwehr steht damit ein besonders geschützter Raum zur Verfügung.

Die Türen in Treppenraumwänden müssen entsprechend § 35 Abs. 6 MBO ebenso ein abgestuftes Anforderungsniveau erfüllen. Die Zugänge zu Kellergeschossen, zu nicht ausgebauten Dachräumen, Werkstätten, Läden, Lager- und ähnlichen Räumen sowie zu sonstigen Räumen und Nutzungseinheiten mit einer Fläche von mehr als 200 m^2 müssen mit feuerhemmenden, rauchdichten und selbstschließenden Abschlüsse ausgestattet werden. Diese Konstellation tritt in Bürogebäuden häufig ein, wenn Nutzungseinheiten unmittelbar an den Treppenraum angebunden werden.

Zu sonstigen Räumen und Nutzungseinheiten sind mindestens dicht- und selbstschließende Abschlüsse erforderlich. Für die horizontale Erschließung dienen üblicherweise notwendige Flure (vgl. Kapitel 3.6.5). Am Übergang zwischen notwendigen Treppenräumen und notwendigen Fluren sind rauchdichte und selbstschließende Abschlüsse erforderlich. Eine Feuerwiderstandsfähigkeit wird hier baurechtlich nicht gefordert, weil der Gesetzgeber davon ausgeht, dass Treppenräume und Flure brandlastarm sind.

Alle oben genannten Öffnungsabschlüsse an Treppenräumen müssen entsprechend MBO selbstschließend sein. Für den Betriebsablauf, aber auch mit Blick auf den Nutzungskomfort führt dies in Bürogebäuden nicht selten zu unerwünschten Beeinträchtigungen. Um eine unsachgemäße Offenhaltung zu vermeiden, empfiehlt sich daher die Verwendung von bauaufsichtlich zugelassenen Feststellanlagen (siehe Abb. 3.30).

In Bürogebäuden sollen – auch im Bereich von Treppenräumen – regelmäßig großzügige Sichtbeziehungen geschaffen werden. Hierbei ist zu beachten, dass Feuerschutz- und Rauchschutzabschlüsse mit lichtdurchlässige Seitenteilen und Oberlichten auf eine Breite von 2,50 m begrenzt werden.

Die Anforderungen an Bekleidungen, Putze, Dämmstoffe, Unterdecken und Einbauten in Treppenräumen sind hoch:

Abb. 3.27: Notwendige Treppe in notwendigem Treppenraum

Abb. 3.28: Notwendige Treppe ohne notwendigen Treppenraum in einer zweigeschossigen Büronutzungseinheit

Abb. 3.29: Außentreppe (Quelle: HGEsch Photography, Hennef – Stadt Blankenberg)

Abb. 3.30: Feuerschutzabschluss mit Feststellanlage zwischen Treppenraum und Nutzungseinheit

Sie müssen entsprechend § 35 Abs. 5 MBO sämtlich aus nichtbrennbaren Baustoffen bestehen. Im Weiteren müssen brennbare Bestandteile dieser Bauteile eine Bekleidung aus nichtbrennbaren Baustoffen in ausreichender Dicke aufweisen. Bodenbeläge müssen mindestens schwerentflammbar sein. Durch diese hohen Anforderungen wird der Treppenraum, der eine hohe Verfügbarkeit im Brandfall aufweisen muss und in dem es selbst nicht zu Brandereignissen und Rauchentwicklungen aufgrund der verwendeten Baustoffe kommen soll, zu einem besonders geschützten Bestandteil des Rettungswegsystems. Brandereignisse in Altbauten zeigen regelmäßig, dass im Bestand vorhandene brennbare Einbauten oder brennbare Treppen (z. B. aus Holz) ein erhebliches Gefahrenpotenzial darstellen. Bei der Umnutzung/Revitalisierung von Bürogebäuden im Altbestand sind daher regelmäßig geeignete bauliche und/oder anlagentechnische Kompensationsmaßnahmen erforderlich.

Um eine sichere Benutzbarkeit der Treppen zu gestatten, macht die MBO – über den Brandschutz hinaus – weitere Angaben zur Verkehrssicherheit der notwendigen Treppen. Neben den Anforderungen an die erforderliche Breite (vgl. Kapitel 3.6.3) werden weiter gehende Anforderungen an die Einrichtung von Handläufen sowie an die Zugänglichkeit von Treppen gestellt.

Um die Benutzbarkeit des Treppenraums zur Brandbekämpfung zu erhöhen, müssen eingedrungene Rauchgase abgeführt werden können. Dies dient der Unterstützung der Löschmaßnahmen der Feuerwehr. Die Treppenräume erhalten daher in jedem oberirdischen Geschoss unmittelbar ins Freie führende Fenster mit einem freien Querschnitt von jeweils mindestens 0,5 m^2. Außerdem sieht die MBO für die Gebäudeklasse 5 oder auch bei innenliegenden Treppenräumen an der obersten Stelle eine Öffnung zur Rauchableitung von mindestens 1 m^2 Fläche vor, die im Erdgeschoss und im obersten Geschoss mit Aufenthaltsräumen durch Handauslösung bedient werden kann.

Die notwendigen Fenster dienen auch zur Belichtung der Rettungswege. Falls keine Fenster zur Belichtung des Treppenraumes vorhanden sind, muss für Gebäude mit einer Höhe von mehr als 13 m eine Sicherheitsbeleuchtung vorgesehen werden.

Auf die besonderen Anforderungen bei der Verlegung von Leitungs- und Lüftungsanlagen in notwendigen Treppenräumen wird in den Kapiteln 3.7 und 3.8 eingegangen.

Trotz des aufgezeigten Anforderungsniveaus an notwendige Treppenräume besteht bei Büro- und Verwaltungsgebäuden oftmals der Wunsch, in den Treppenräumen bzw. Treppenraumerweiterungen Empfangs- und Wartezonen anzuordnen. Gleiches gilt für elektronische Wegweiser, Informationsdisplays oder ähnliche Einrichtungen. Mögliche Beurteilungshilfen hierfür werden in Kapitel 3.6.8 beschrieben.

3.6.5 Notwendige Flure

Notwendige Flure (siehe beispielhaft Abb. 3.31) dienen als Bestandteil des Rettungswegsystems der horizontalen Erschließung von Bürogebäuden und der Verbindung von Aufenthaltsräumen bzw. Nutzungseinheiten mit notwendigen Treppenräumen bzw. mit dem Freien.

Abb. 3.31: Notwendiger Flur

Auf die Ausbildung notwendiger Flure kann im Bürobau regelmäßig verzichtet werden, wenn die Erleichterungen aus § 36 Abs. 1 MBO in Anspruch genommen werden. Demnach kann innerhalb von Nutzungseinheiten mit nicht mehr als 400 m^2, die einer Büro- oder Verwaltungsnutzung dienen, auf notwendige Flure verzichtet werden (vgl. auch Kapitel 3.6.6).

In manchen Fällen wird eine Ausbildung von funktional zusammenhängenden Nutzungseinheiten den Anforderungen eines Bürogebäudes jedoch gar nicht gerecht. In diesen Fällen sind dann notwendige Flure zur Erschließung der Aufenthaltsräume erforderlich. Des Weiteren dienen notwendige Flure in Bürogebäuden mit mehreren Nutzungseinheiten je Geschoss regelmäßig dazu, einen nutzer- bzw. mieterunabhängigen Zugang zu den vertikalen Rettungswegen sicherzustellen.

Entsprechend § 36 Abs. 1 MBO müssen notwendige Flure, also Flure, über die Rettungswege aus Aufenthaltsräumen oder aus Nutzungseinheiten mit Aufenthaltsräumen führen, so angeordnet und ausgebildet sein, dass die Nutzung im Brandfall ausreichend lange möglich ist.

Ähnlich wie bei Treppenräumen werden Anforderungen an die Feuerwiderstandsdauer der Wände gestellt: Die Wände von notwendigen Fluren müssen als raumabschließende Bauteile feuerhemmend sein und somit einen Feuerwiderstand von 30 Minuten aufweisen. In Kellergeschossen sind feuerbeständige Flurwände erforderlich. Der Raumabschluss muss gegen die angrenzenden Räume sichergestellt werden, wozu bestimmte Einzelregelungen erlassen wurden. Die Türen zu den Fluren müssen mindestens dicht schließen.

Notwendige Flure müssen durch nicht abschließbare, rauchdichte und selbstschließende Abschlüsse in Rauchabschnitte von maximal 30 m unterteilt werden. Diese Anforderung begründet sich in den niedrigen Anforderungen an die Türen in den Flurwänden (dichtschließend). Vom Gesetzgeber wird eine Brand- und Rauchausbreitung in den Flur implizit toleriert. Die Ausbildung dieser sog. Rauchabschnitte wirkt hierbei begrenzend.

Auf die besonderen Anforderungen bei der Verlegung von Leitungs- und Lüftungsanlagen in notwendigen Fluren wird in den Kapiteln 3.7 und 3.8 eingegangen.

Einen Sonderfall für die horizontale Erschließung stellen sog. offene Gänge vor Außenwänden dar (siehe Abb. 3.32). Offene Gänge sind im Wesentlichen im Wohnungsbau anzutreffen, werden jedoch vereinzelt auch zur Erschließung von Büroflächen genutzt. Die wesentliche Frage bei der Planung offener Gänge ist, ob diese über nur eine Fluchtrichtung verfügen. Ist dies der Fall, muss der offene Gang mit feuerhemmenden Bauteilen ausgebildet werden. Darüber hinaus wird die Höhe der Fensterbrüstungen auf 0,90 m begrenzt. Bei offenen Gängen mit 2 Fluchtrichtungen sind hier regelmäßig Erleichterungen möglich.

Analog zu den Regelungen für Treppenräume werden auch für notwendige Flure Anforderungen an Bekleidungen, Putze, Unterdecken und Dämmstoffe gestellt; diese müssen ebenfalls nichtbrennbar sein.

Trotz des aufgezeigten Anforderungsniveaus an notwendige Flure besteht bei Büro- und Verwaltungsgebäuden oftmals der Wunsch, in notwendigen Fluren Empfangs- und Wartezonen anzuordnen. Mögliche Beurteilungshilfen hierfür werden in Kapitel 3.6.8 beschrieben.

Abb. 3.32: Führung von Rettungswegen über offene Gänge (sog. Laubengang)

3.6.6 Nutzungseinheiten

Die Ausbildung von Nutzungseinheiten nimmt eine zentrale Rolle bei der Organisation von Bürogebäuden ein. Der Begriff „Nutzungseinheit“ wurde in Kapitel 2.2.2 eingeführt. Brandschutztechnisch abgetrennte Nutzungseinheiten stellen ein Querschnittsthema aus der inneren Abschottung, also der Anordnung von Trennwänden, sowie dem Verzicht auf notwendige Flure dar (vgl. Kapitel 3.4.2 und 3.6.5).

Mit Blick auf die baurechtlichen Rahmenbedingungen trägt § 36 Abs. 1 MBO dem Wunsch nach großen, offenen und frei nutzbaren Flächen in Büro- und Verwaltungseinheiten nur bis zu einer Fläche von maximal 400 m² Brutto-Grundfläche Rechnung. In größeren Nutzungseinheiten ist demnach die Anordnung von notwendigen Fluren erforderlich.

Diese Flächenbegrenzung ist insbesondere mit den Belangen des abwehrenden Brandschutzes zu begründen. Oberhalb dieses Grenzmaßes und den damit verbundenen Eindringtiefen wird die Durchführung wirksamer Löschmaßnahmen nach §§ 3 und 14 MBO erschwert. Weiterhin ist bei größeren Einheiten eine Brandfrüherkennung und Alarmierung der Nutzer im Gefahrenfall nicht mehr ohne Weiteres gewährleistet, sodass auch das Schutzziel „Rettung von Personen“ berührt wird.

Dennoch können in Bürogebäuden größere Nutzungseinheiten vorgesehen werden. Hierzu können von den Planern verschiedene Aspekte berücksichtigt werden:

- Gestaltung der Rettungswege: Die Vorhaltung von 2 baulichen Rettungswegen bietet z. B. der Feuerwehr die Möglichkeit, aus sicheren Bereichen und (möglichst) entgegengesetzten Richtungen sowie mit entsprechend begrenzten Eindringtiefen einen Brand innerhalb der Nutzungseinheit zu bekämpfen. Auch in Bezug auf den Personenschutz ergeben sich hieraus deutlich günstigere Randbedingungen, da 2 Fluchtrichtungen vorhanden sind und insbesondere eine Rettung über Leitern der Feuerwehr nicht mehr erforderlich ist. Damit sind zugleich deutlich höhere Belegungsdichten darstellbar. Weiterhin können besondere Anforderungen an die Gestaltung der Verkehrswege innerhalb der Nutzungseinheit gestellt werden. Hierzu zählt z. B. die Ausbildung von Hauptgängen oder die Begrenzung von Möblierungshöhen, etwa um die Orientierung innerhalb großer Räume zu erleichtern.
- Brandmeldung und Alarmierung der Nutzer (vgl. Kapitel 3.9): Automatische Brandmelde- und Alarmierungsanlagen helfen, Brände frühzeitig zu detektieren und die Gebäudenutzer unmittelbar zu warnen. Bei einer direkten Aufschaltung zur Leitstelle wird die Feuerwehr durch eine qualifizierte Brandmeldung in die Lage versetzt, frühzeitig und vor allem zielgerichtet wirksame Löschmaßnahmen einzuleiten.
- Löschanlagen (vgl. Kapitel 3.10): Diese Anlagen helfen dabei, dass ein Brandereignis nicht von der Brandentstehungsphase in die Vollbrandphase übergeht. Dadurch werden die Brandraumtemperaturen und auch die Rauchgasvolumina begrenzt. Löschanlagen dienen vornehmlich der Unterstützung wirksamer Löschmaßnahmen und nicht unmittelbar dem Personenschutz.
- Rauchableitung (vgl. Kapitel 3.11): Die Ausbildung raucharmer Schichten ist mit den im Bürobau typischen Raumhöhen meist nicht realisierbar. Vielmehr dienen die Maßnahmen zur Rauchableitung dazu, dass das Rauchgas-Luft-Gemisch aus den betroffenen Räumen abgeführt werden kann. Die Maßnahmen dienen damit in der Regel zur Unterstützung wirksamer Löschmaßnahmen und nicht ohne Weiteres dem Personenschutz.
- Sicherheitsbeleuchtung (vgl. Kapitel 3.12.4): Diese Anlagen dienen insbesondere in großen Räumen dazu, dass bei Ausfall der Allgemeinbeleuchtung die Rettungswege so lange beleuchtet werden, dass den Gebäudenutzern das sichere Verlassen dieser Räume und/oder des Gebäudes ermöglicht wird.

Tabelle 3.3: Mögliche Lösungsansätze für große Nutzungseinheiten

Maßnahme	Größe der Nutzungseinheit		
	400–800 m²	800–1.600 m²	> 1.600 m²
Ausbildung von 2 baulichen Rettungswegen	×	×	×
Installation einer flächendeckenden Brandmeldeanlage zur internen Alarmierung, ggf. mit direkter Aufschaltung zur Feuerwehr	×	×	×
Installation einer Sicherheitsbeleuchtung	–	×	×
Blickverbindung aus Gemeinschaftszonen zu den Notausgängen, ggf. unterstützt durch eine Begrenzung der Möblierungshöhen auf ca. 1,50 m	–	×	×
Ausbildung von Hauptgängen und deren Kennzeichnung durch optische Markierung, Wechsel des Bodenbelags oder die Möblierung	–	×	×
Installation von automatischen Feuerlöschanlagen	–	–	×
Installation von Einrichtungen zur Rauch- und Wärmeableitung	–	–	×

Aus den oben genannten Aspekten, verschiedenen Regelwerken sowie bauordnungsrechtlichen Stellungnahmen (vgl. Bauprüfdienst 02/2009, 2009; Klingsohr, 1991; Niederschrift über die Dienstbesprechung mit den Bauaufsichtsbehörden, 2009) können im Wesentlichen die in Tabelle 3.3 dargestellten Lösungsansätze zur Beurteilung großer Nutzungseinheiten abgeleitet werden.

3.6.7 Türen und Fenster in Rettungswegen

Die MBO stellt bei Bürogebäuden keine konkreten Anforderungen an die Ausbildung von Türaufschlägen oder Türschwellen in Rettungswegen. Als Hilfestellung können die Anforderungen der gängigen Sonderbauvorschriften zugrunde gelegt werden. In Versammlungsstätten müssen Türen im Zuge von Rettungswegen beispielsweise in Fluchtrichtung aufschlagen und dürfen keine Schwellen haben (§ 9 Abs. 3 MVStättVO). Im Sinne einer funktionalen und schutzzielangemessenen Planung ist eine Berücksichtigung dieses Anforderungsniveaus empfehlenswert.

In Analogie zur Beurteilung der Rettungswegbreiten (vgl. Kapitel 3.6.3) gilt darüber hinaus der Grundsatz, dass Bürogebäude Arbeitsstätten sind. Entsprechend ASR A2.3 müssen manuell betätigte Türen in Notausgängen in Fluchtrichtung aufschlagen. Dabei darf die Aufschlagrichtung von sonstigen Türen im Verlauf von „Fluchtwegen" abweichend ausgeführt werden, also z. B. auf dem Weg vom Büroarbeitsplatz bis zum Treppenraum. Dies hängt vom Ergebnis der Gefährdungsbeurteilung ab, die im Einzelfall durchzuführen ist unter Berücksichtigung der örtlichen und betrieblichen Verhältnisse, insbesondere der möglichen Gefahrenlage, der höchstmöglichen Anzahl der Personen, die gleichzeitig einen Fluchtweg benutzen müssen, sowie des Personenkreises, der auf die Benutzbarkeit der Türen angewiesen ist.

Während die oben genannten Anforderungen im Wesentlichen auf den ersten Rettungsweg abstellen, sind auch mit Blick auf die Schaffung des zweiten Rettungsweges weiter gehende Anforderungen zu berücksichtigen. Für anleiterbare Fenster wird durch § 37 Abs. MBO beispielsweise ein Mindestmaß von 0,90 m × 1,20 m gefordert. Dabei darf die Brüstungshöhe über dem Fußboden 1,20 m nicht überschreiten. Häufig kommen hierfür im Erdgeschoss auch bodentiefe Fenster zum Einsatz, die regelmäßig mit Schwellen ausgebildet werden können. Unter diesen Bedingungen ist im Erdgeschoss üblicherweise eine Selbstrettung ohne Rettungsgeräte der Feuerwehr möglich. In den höher liegenden Geschossen ist dann der Einsatz der Rettungsgeräte der Feuerwehr erforderlich (vgl. Kapitel 3.6.9). Liegen anleiterbare Fenster in Dachschrägen oder Dachaufbauten, so darf ihre Unterkante oder ein davor liegender Austritt von der Traufkante horizontal gemessen nicht mehr als 1 m entfernt sein.

Bei der Sicherstellung des zweiten Rettungsweges über anleiterbare Fenster stellen Sonnenschutzeinrichtungen eine Besonderheit dar. Bürogebäude werden regelmäßig sowohl aus Gründen des Arbeitsschutzes (Bildschirmarbeit) als auch aus energetischen Gründen (Minimierung Kühllasten) mit Sonnenschutzeinrichtungen ausgestattet. In der MBO werden diesbezüglich keine Festlegungen getroffen. In den Umsetzungshilfen einzelner Bundesländer wird klargestellt, dass das Anbringen von elektrischen oder mechanischen Rollläden oder Jalousien vor Fenstern, die als Rettungsweg dienen, grundsätzlich zulässig ist (vgl. z. B. BayBO – Häufig gestellte Fragen, 2017).

Ob bei elektrisch betriebenen Elementen ggf. eine zusätzliche Einrichtung zur Öffnung von Hand sinnvoll sein kann, entscheiden Entwurfsverfasser und Bauherr in eigenem Ermessen. Bei Bürogebäuden sollte in diese Überlegungen einbezogen werden, dass in Büro-Nutzungseinheiten üblicherweise höhere Personenzahlen zu erwarten sind als dies z. B. im klassischen Wohnungsbau der Fall ist. Konkretere Festlegungen werden hierfür beispielsweise in Hamburg getroffen, wonach im Brandfall sichergestellt werden muss, dass Personen sich gegenüber den Rettungskräften bemerkbar machen können (vgl. Bauprüfdienst 05/2012, 2014).

Technische Lösungen können unterschiedlicher Natur sein: Am Markt sind Antriebe mit Akkupufferung vorhanden,

Abb. 3.33: Notausgang mit Zutrittskontrolle und elektrischem Verriegelungssystem (Quelle: Teckentrup GmbH & Co. KG, Verl)

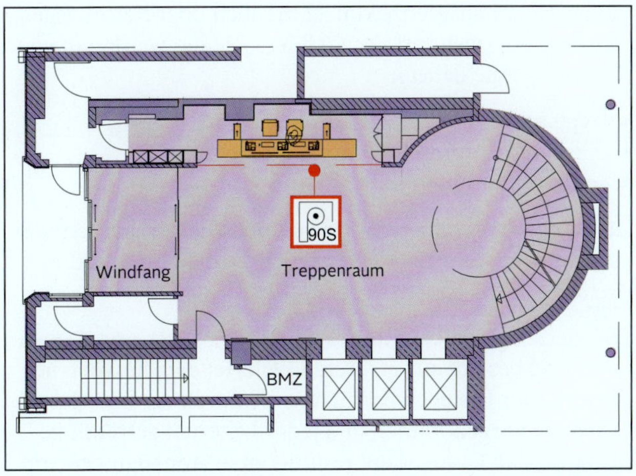

Abb. 3.34: Empfangssituation in Treppenraum (Quelle: nach RKW Architekten, Düsseldorf)

die bei Ausfall der allgemeinen Stromversorgung zur Öffnung der betreffenden Sonnenschutzeinrichtungen führen. Weiterhin sind Systeme verfügbar, die von den Nutzern manuell geöffnet werden können (z. B. Handkurbeln oder sog. Notraffungen).

Eine weitere Fragestellung ist, wie die Sicherstellung der Rettungswege in den Teilen von Bürogebäuden erfolgen kann, in denen Zugangsbeschränkungen bestehen. In Bürogebäuden gibt es in Einzelfällen Sicherheitsbereiche, z. B. für die Geschäftsführung, für Personalabteilungen oder für Forschungs- und Entwicklungsabteilungen. Für den Normalbetrieb eines Bürogebäudes werden diese Beschränkungen in der Regel durch entsprechende Zutrittskontrollsysteme umgesetzt. Hieraus ergeben sich jedoch nicht selten Kollisionen mit der Sicherstellung der Rettungswege angrenzender Nutzungsbereiche.

Dieser Konflikt kann durch technische Einrichtungen gelöst werden (siehe beispielhaft Abb. 3.33). Die zu berücksichtigenden Anforderungen werden in den Muster-Richtlinien über elektrische Verriegelungssysteme von Türen in Rettungswegen (M-EltVTR) angeführt.

3.6.8 Brandlasten in Rettungswegen

Die Anforderungen an moderne Bürogebäude stehen in manchen Fällen im Widerspruch zu dem baurechtlichen Erwartungshorizont, dass Rettungswege nicht genutzt bzw. nur mit Anlagen ausgestattet werden, die für deren Betrieb erforderlich sind. Immer wiederkehrende Fragestellungen betreffen z. B. die Anordnung von:

- Empfangstheken,
- Sitzgelegenheiten,
- Garderoben,
- Informationsdisplays,
- Speise- oder Getränkeautomaten.

Bei der brandschutztechnischen Bewertung derartiger Nutzungen bzw. Anlagen empfiehlt sich zunächst eine differenzierte Betrachtung anhand der betroffenen Art des Rettungsweges.

Notwendige Flure nehmen die horizontalen Rettungswege innerhalb eines Geschosses auf. Insbesondere bei Zellenbüros sollen diese aufgrund ihrer Allgemeinzugänglichkeit oftmals Gemeinschaftsfunktionen oder -nutzungen aufnehmen. Hierzu zählen beispielsweise die Anordnung von Sitzgelegenheiten, offenen Teeküchen oder Druck- und Kopierzonen.

In Geschossen, die nicht zu ebener Erde liegen, führen die horizontalen Rettungswege in die notwendigen Treppenräume, die im weiteren Verlauf dann die vertikalen Rettungswege aufnehmen. Notwendige Treppenräume müssen über einen gesicherten direkten Ausgang ins Freie verfügen. Bei Bürogebäuden besteht aber oftmals der Wunsch, in den Zugangsbereichen der Treppenräume Empfangs- und Wartezonen anzuordnen (siehe Abb. 3.34). Dies ist regelmäßig nur möglich, wenn ein weiterer, unabhängiger Ausgang ins Freie vorhanden ist. Wird zwischen Treppenraum und dem Freien ein weiterer Raum ausgebildet (sog. Treppenraumerweiterung), so erlaubt die MBO derartige oder auch andere Nutzungen nur über notwendige Flure mittelbar an diese Treppenraumerweiterungen anzubinden. Eine Abweichung von diesem Anforderungsniveau ist regelmäßig nur mit zusätzlichen Vorkehrungen darstellbar.

In Abhängigkeit von der Art des Rettungsweges ist die Zulässigkeit im Einzelfall zu bewerten. Weitere Randbedingungen für die brandschutztechnische Bewertung sind z. B. das Vorhandensein eines zweiten baulichen Rettungsweges, einer Brandmelde- und Alarmierungsanlage oder der Schutz durch eine selbsttätige Löschanlage.

Als Hilfestellung für die Brandverhütungsschauen hat die AGBF „Empfehlungen zur Risikoeinschätzung von Brandlasten in Rettungswegen“ veröffentlicht (vgl. AGBF-Empfehlungen 2014-5, 2014). Hierbei ist zu beachten, dass es sich um Leitlinien zur Ermessensausübung im Rahmen der Brandverhütungsschauen handelt. Eine Abstimmung mit der zuständigen Brandschutzdienststelle ist in jedem Fall erforderlich.

3.6.9 Rettungsgeräte der Feuerwehr

Liegen Geschosse mit Aufenthaltsräumen nicht zu ebener Erde, kann die Rettung von Personen anstatt über einen zweiten baulichen Rettungsweg bis zu einer bestimmten

Höhe (Hochhausgrenze von 22 m) auch über Rettungsgeräte der Feuerwehr erfolgen. Unterschieden werden die Rettungsgeräte dabei in

- tragbare Leitern,
- fahrbare Leitern (Hubrettungsgeräte) und
- sonstige Rettungsgeräte.

Zu den tragbaren Leitern, die von den Feuerwehren eingesetzt werden, gehören die vierteilige Steckleiter und die dreiteilige Schiebleiter.

Die vierteilige **Steckleiter** (siehe Abb. 3.35) ist eine Anstellleiter und besteht aus mehreren Leiterteilen. Die Vorteile dieser Leiter bestehen darin, dass sie durch die Einsatzkräfte schnell vorgenommen und jedes Leiterteil getrennt genutzt werden kann. Somit resultieren in Abhängigkeit von den eingesetzten Leiterteilen verschiedene Leiterlängen und demzufolge verschiedene Rettungshöhen. Die maximale Leiterlänge beträgt 8,4 m, was für eine Rettungshöhe von ca. 8 m (7 m Oberkante Fußboden zuzüglich Brüstungshöhe) im Baurecht als ausreichend erachtet wird und in etwa den Randbedingungen im zweiten Obergeschoss entspricht (siehe Abb. 3.36). Die vierteilige Steckleiter wird als Normbeladung auf allen Löschfahrzeugen mitgeführt. Sie ist somit bei jedem Einsatz der Feuerwehr verfügbar. Für das Vornehmen und Aufstellen einer Steckleiter sind mindestens 3 (idealerweise 4) Feuerwehrleute erforderlich.

Neben der vierteiligen Steckleiter kann auf Fahrzeugen als weitere tragbare Leiter die dreiteilige **Schiebleiter** mitgeführt werden. Hierbei handelt es sich jedoch nicht um eine Standardbeladung bei allen genormten Löschfahrzeugen. Die Leiter weist bei einer Leiterlänge von 14 m eine effektive Rettungshöhe von 12 m auf, was dem dritten Obergeschoss entspricht (siehe Abb. 3.36). Die Schiebleiter wird aus den folgenden Gründen in der Regel nur noch im Bestand berücksichtigt:

- Die Leiter hat ein hohes Eigengewicht (75 bis 100 kg).
- Sie fordert einen hohen Personaleinsatz (mindestens 4 Feuerwehrleute).
- Es ist davon auszugehen, dass ungeübte Personen Schwierigkeiten haben, so lange Leitern zu besteigen.
- Die Rettungsrate ist im Vergleich mit anderen Leitertypen gering.

Bei einer Höhe der mit Leitern zu erreichenden Stelle von mehr als 8 m werden durch die MBO daher **Hubrettungsgeräte** verlangt. Dies sind in Deutschland überwiegend Drehleitern, vereinzelt auch Teleskop- und Gelenkmastbühnen.

Drehleitern bestehen aus einem Fahrgestell mit Aufbau und dem Leitersatz, der aufgerichtet, ausgefahren und gedreht werden kann (siehe Abb. 3.37). Die gängigste Drehleiterbauart in den deutschen Feuerwehren ist die DLA(K) 23/12. Diese Kurzbezeichnung steht für eine vollautomatische Drehleiter mit Korb mit einer Rettungshöhe von 23 m bei einer seitlichen Ausladung von 12 m. Dieser Leitertyp kann dementsprechend bis zur Hochhausgrenze von 22 m zuzüglich Brüstungshöhe zur Personenrettung eingesetzt werden.

Für Hubrettungsgeräte müssen geeignete Zufahrten und Aufstellflächen vorgesehen werden, sofern die Leiter nicht

Abb. 3.35: Rettung von Personen mit einer Steckleiter (Quelle: Michael Arning, Hamburg)

Abb. 3.36: Tragbare Leitern der Feuerwehr

Abb. 3.37: Rettung von Personen mit der Drehleiter (Quelle: Michael Arning, Hamburg)

von den öffentlichen Straßen aus das Gebäude erreichen kann (vgl. Kapitel 3.1).

Sowohl die Rettung über tragbare Leitern als auch über eine Drehleiter bedingt eine Begrenzung der Personenzahlen in der betrachteten Nutzungseinheit. In Ermangelung einheitlicher Regelungen ist es daher zwingend erforderlich, die zulässigen Personenzahlen mit der Brandschutzdienststelle im Einzelfall abzustimmen. Hinsichtlich dieser Frage existieren verschiedene Richtwerte. So erlaubt die Muster-Beherbergungsstättenverordnung (MBeVO) eine Sicherstellung des zweiten Rettungsweges über Rettungsgerät der Feuerwehr bei bis zu 30 Betten je Geschoss, während insgesamt nicht mehr als 60 Betten betroffen sein dürfen. Hierbei ist jedoch zu beachten, dass die MBeVO von einer feuerhemmenden Unterteilung der einzelnen Beherbergungsräume ausgeht.

Weiter gehende Orientierungshilfen finden sich in einem Sitzungsergebnis der AGBF: Demnach ist die Sicherstellung des zweiten Rettungsweges für bis zu 10 Personen innerhalb einer Nutzungseinheit sachgerecht; ab 30 Personen innerhalb einer Nutzungseinheit wird ein baulicher zweiter Rettungsweg als erforderlich angesehen (vgl. AGBF-Sitzungsergebnis Nr. 3/2000, 2000). In der Planungspraxis ist eine Personenzahl von 30 somit als Obergrenze zu verstehen, die nur bei besonders leistungsfähigen Feuerwehren sachgerecht ist. Unter Ausnutzung der 400-m^2-Regelung (vgl. Kapitel 3.6.5) stellt dieses Grenzmaß bei bestimmten Bürokonzepten mit einem Flächenbedarf von ca. 10 m^2 je Mitarbeiter nicht selten eine harte Randbedingung für den Planungsprozess dar (vgl. dazu auch die Praxisbeispiele in den Kapiteln 4.2 und 4.5).

Zu den **sonstigen Rettungsgeräten** gehören Sprungretter und Sprungtücher. Beim Sprungretter handelt es sich um ein mit Druckluft aufblasbares Polster zum Auffangen frei fallender Personen. Sprungretter sind für eine Rettungshöhe bis 16 m geprüft und zugelassen, was in etwa dem fünften Obergeschoss entspricht; die Rüstzeit vom Öffnen der Druckluftflasche bis zur Einsatzbereitschaft beträgt ca. 30 Sekunden. Sprungretter werden nur eingesetzt, wenn jedes andere Rettungsgerät aufgrund von akutem Zeitmangel nicht eingesetzt werden kann, da beim Sturz in das Polster mit erheblichen Verletzungen zu rechnen ist. Sprungrettungsgeräte stellen das letzte Mittel dar, um Personen aufzufangen, die akut absturzgefährdet sind oder die zu springen drohen. Das Gleiche gilt auch für Sprungtücher. Im Baurecht finden Sprungrettungsgeräte daher keine Berücksichtigung.

3.6.10 Rettung mobilitätseingeschränkter Personen

Die Rettungswege in Bürogebäuden verlaufen üblicherweise über Treppen. Für nicht gehfähige Personen wie z. B. Rollstuhlnutzer ist es daher in Gebäuden, die barrierefrei sein müssen, erforderlich, sichere Bereiche für den Zwischenaufenthalt innerhalb des Gebäudes vorzusehen (vgl. DIN 18040-1 „Barrierefreies Bauen – Planungsgrundlagen – Teil 1: Öffentlich zugängliche Gebäude“ [2010], Abschnitt 4.7). Dies können beispielsweise sein:

- Variante 1: notwendige Treppenräume, Wartezonen oder
- Variante 2: andere Brandabschnitte bzw. Nutzungseinheiten.

Variante 1 eignet sich für Gebäude mit einem geringen Anteil Beschäftigter mit Mobilitätseinschränkungen. Warteräume müssen über eine Anbindung an einen notwendigen Treppenraum verfügen und unterliegen brandschutztechnisch den gleichen Anforderungen. Sollte der Anteil der eingeschränkt Gehfähigen überdurchschnittlich hoch an der Zahl der Beschäftigten sein, so ist das Verbringen der Nutzer in gesicherte Bereiche wie z. B. andere Brandabschnitte oder abgetrennte Nutzungseinheiten vorzuziehen.

Bevorzugt sollte die Rettung mobilitätseingeschränkter Personen durch organisatorische Maßnahmen sichergestellt werden (z. B. Vorhaltung von Transportmitteln, Unterweisung/Bestellung von Begleitpersonal usw.). Diese Maßnahmen müssen betrieblich in der Brandschutzordnung Teil C festgelegt werden.

Im Verlauf des Feuerwehreinsatzes erfolgt dann die Rettung durch die Einsatzkräfte. Hierzu bedarf es in jedem Fall einer Abstimmung mit der Brandschutzdienststelle.

Zur Eigenrettung von nicht gehfähigen Personen wie z. B. Rollstuhlnutzern müssen die Türen im Zuge von Rettungswegen barrierefrei bedienbar und passierbar sein. Selbstschließende Türen (z. B. Feuerschutzabschlüsse) müssen üblicherweise durch Feststellanlagen oder Automatikantriebe mit dezentraler Überwachung durch Rauchmelder ausgestattet werden.

3.7 Leitungsanlagen

Bürogebäude korrespondieren mit einer vergleichsweise hohen Installationsdichte, um den technischen Anforderungen an moderne Arbeitswelten gerecht zu werden. Elektrische Installationen und Leitungsanlagen bringen Zündgefahren mit sich und stellen hohe Brandlasten dar. Beim Verlegen von Leitungsanlagen werden systembedingt oftmals weite Teile eines Gebäudes miteinander verbunden. Ebenso sind für den Betrieb komplexer Bauvorhaben technische Anlagen erforderlich, deren sicherer Betrieb auch im Brandfall gewährleistet werden muss.

Aus diesen Gründen sind detaillierte brandschutztechnische Anforderungen erforderlich. Der Gesetzgeber trägt diesem Umstand mit § 40 MBO Rechnung: Demnach dürfen Leitungen durch raumabschließende Bauteile, für die eine Feuerwiderstandsfähigkeit vorgeschrieben ist, nur hindurchgeführt werden, wenn eine Brandausbreitung ausreichend lange nicht zu befürchten ist oder Vorkehrungen hiergegen getroffen sind (§ 40 Abs. 1 MBO). Darüber hinaus sind Leitungsanlagen in notwendigen Treppenräumen und in notwendigen Fluren nur zulässig, wenn eine Nutzung als Rettungsweg im Brandfall ausreichend lange möglich ist (§ 40 Abs. 2 MBO). Die Detaillierung dieser grundlegenden Anforderungen und die Möglichkeiten zur Umsetzung sind in der Muster-Leitungsanlagen-Richtlinie (MLAR) niedergeschrieben.

Nach dem Verständnis der MLAR umfassen Leitungsanlagen nicht nur die Leitungen selbst, (insbesondere elektrische Leitungen oder Rohrleitungen), sondern auch deren Armaturen, Mess-, Steuer-, Regel- und andere Komponenten sowie Dämmungen und Befestigungen.

Neben den einschlägigen technischen Bestimmungen (z. B. das Regelwerk des Verbandes der Elektrotechnik Elektronik

Informationstechnik [VDE] und des Deutschen Vereins des Gas- und Wasserfaches [DVGW]) regelt die MLAR im Wesentlichen die nachfolgenden 3 Sachverhalte:

- Anordnung von brennbaren Leitungsanlagen in Rettungswegen, um eine Ausbreitung von Feuer und Rauch zu behindern und die Gefahr von Bränden zu minimieren,
- Führen von Leitungsanlagen durch Wände und Decken mit Feuerwiderstandsdauer, um die raumabschließende Wirkung der Bauteile sicherzustellen,
- Anforderung an den Funktionserhalt von Leitungsanlagen, um die Betriebssicherheit sicherheitstechnischer Anlagen im Brandfall zu gewährleisten.

Auch die Muster-Richtlinie über brandschutztechnische Anforderungen an hochfeuerhemmende Bauteile in Holzbauweise (M-HFHHolzR) für Gebäude der Gebäudeklassen 4 und 5 stellt Anforderungen an die Verlegung von Leitungen. Bei entsprechenden Baumaßnahmen sollten daher auch diese Bedingungen frühzeitig beachtet werden.

3.7.1 Leitungsanlagen in Rettungswegen

Qualifizierte Rettungswege wie notwendige Flure, notwendige Treppenräume und deren Ausgänge sowie baurechtlich erforderliche Vorräume und Sicherheitsschleusen sind besonders schützenswerte Räume. In Analogie zu den brandschutztechnischen Anforderungen an das Brandverhalten der zu verwendenden Baustoffe sollten auch die Brandlasten aus technischen Installationen auf ein Minimum begrenzt werden.

In älteren Fassungen der MLAR war hierbei auf eine gewisse Brandlast pro Quadratmeter des Raumes abgestellt. Die aktuelle MLAR begrenzt die Brandlasten pauschal auf die für den Raum(abschnitt) erforderlichen Leitungsanlagen. Alle übrigen Leitungen sind durch mineralische Putzschichten oder durch Unterdecken, Installationsschächte und -kanäle mit Feuerwiderstand abzutrennen. Analog zu den Feuerwiderstandsklassen der raumabschließenden Bauteile sind diese Abtrennungen feuerhemmend (notwendige Flure) oder feuerbeständig (notwendige Treppenräume) herzustellen. Ergänzend zu beachten sind Ausnahmen (z. B. für kurze Stichleitungen), aber auch zusätzliche Anforderungen (z. B. in Sicherheitstreppenräumen oder bei Rohrleitungen für brennbare oder brandfördernde Medien).

Die unterschiedlichen Definitionen in den Fassungen der MLAR hinsichtlich der zulässigen Brandlasten sind im Hinblick auf einen Bestandsschutz immer im Einzelfall zu prüfen (vgl. auch Kapitel 2.2.8). Für Sanierungen im Bestand ist auf dem Markt eine Vielzahl von Brandschutzbandagen oder -anstrichen zu finden, die durch ihre im Brandfall aufschäumende Isolationsschicht einen ähnlichen Effekt erzielen. Nachteilig ist jedoch, dass diese Produkte selbst ebenfalls brennbar sind und bei ihrer Reaktion mit Wärme zum Teil nicht unerhebliche (Rauch-)Gase entwickeln. Eine Anwendung in Neubauten schließt sich somit regelmäßig aus. In der Baupraxis sind aus dieser Vorgabe vielschichtige Sonderlösungen entstanden, die die Bauausführung vereinfachen. Für Rohre aus brennbaren Baustoffen oder mit brennbaren Dämmungen ist das sog. Frankfurter Modell sicherlich die bekannteste Lösung; hierbei werden brennbare Rohre bzw. Rohrisolierungen mit einer nichtbrennbaren Dämmschicht und einer Verblechung bzw. Bandage verkleidet. Mit dieser Lösung wurde nachgewiesen, dass die Leitungen in notwendigen Fluren keinen Beitrag mehr zum Brandverlauf leisten können und so als unkritisch zu bewerten sind.

Die Verlegung von Leitungen in Systemböden wird in Kapitel 3.5.4 näher erläutert.

3.7.2 Führung von Leitungsanlagen durch Bauteile, Installationsschächte und -kanäle

Um den erforderlichen Raumabschluss von Wänden und Decken mit Feuerwiderstand nicht zu schwächen, müssen Leitungen, die solche Bauteile durchdringen, so verschlossen werden, dass ein Durchbrand nicht zu befürchten ist.

Die MLAR gibt dabei schon konkrete Ausführungen für einzelne Rohre und elektrische Leitungen vor, um die bauliche Umsetzung zu vereinfachen. Sollen mehrere Leitungen zusammen durch eine Bauteilöffnung oder in geringen Abständen durch Bauteile hindurchgeführt werden, so greifen diese Regeln nicht mehr. Hier sind dann Abschottungsmaßnahmen zu verwenden, die ihre Eignung in eigenen Brandprüfungen nachgewiesen haben und über einen gültigen Verwendbarkeitsnachweis verfügen.

Wann Leitungen als Einzeldurchführung bewertet werden können, ist von ihrem Abstand zu benachbarten Durchführungen, ihrer Baustoffklasse und Größe abhängig. Einzeldurchführungen müssen auf der Baustelle nicht gekennzeichnet werden.

Der Markt bietet eine Vielzahl unterschiedlicher Abschottungssysteme mit Verwendbarkeitsnachweisen an. Bei der Auswahl geeigneter Systeme sind insbesondere folgende Faktoren zu berücksichtigen:

- Einbauarten: Handelt es sich um einen Einbau in Trockenbaukonstruktionen, Mauerwerk oder Stahlbeton? Weist die Wand die erforderliche Dicke zum Einbau der Abschottung auf?
- Belegungsart (siehe Abb. 3.38): Für welche Leitungen ist die Abschottung geeignet?
- Belegungsdichte: Innerhalb der Abschottung sind größere Kabelbündel und unterschiedliche Leitungstypen mit Abständen zueinander einzubauen. Darüber hinaus darf eine Abschottung zumeist nur zu einem gewissen Anteil belegt werden (in der Regel 60 %), damit ausreichend reagierendes Material zum Verschluss der Abschottung im Brandfall vorhanden ist.
- Größe: Die Größe von Abschottungen ist beschränkt.
- Abstand zu anderen Öffnungen oder Abschottungen (siehe Abb. 3.39): Der erforderliche Abstand beträgt in der Regel 20 cm; ggf. sind auch geringere Abstände bis hin zum Nullabstand möglich.
- Baubarkeit: Erfordert der Einbau eine beidseitige oder eine nur einseitige Bearbeitung (Schachtwandkonstruktionen)? Lässt die Belegung die Ausfüllung der Öffnung handwerklich oder auch gemäß Verwendbarkeitsnachweis zu?

- Nachinstallationen (siehe Abb. 3.40): Wie leicht kann die Abschottung für Nachinstallationen wieder geöffnet und verschlossen werden?

Grob unterscheiden lässt sich die Produktpalette in sog. Hartschotten auf der Basis von mineralisches Baustoffen (Brandschutzmörtel) und sog. Weichschotten, die ganz oder teilweise aus intumeszierenden Baustoffen bestehen, die im Brandfall aufquellen.

Die Liste möglicher Einbaufehler ist genauso groß wie der Markt selbst und würde eigene Bücher füllen können. Aus der Baupraxis heraus wird daher empfohlen, die brandschutztechnischen Abschottungsmöglichkeiten bereits in der Entwurfsphase anhand von Leitprodukten zu überprüfen und in den weiterführenden Phasen (Schlitz- und Durchbruchsplanung, Werk- und Montageplanung usw.) regelmäßig zu prüfen und mit den Planungsbeteiligten abzustimmen (Elektro, Gebäudeleittechnik, Heizung/Lüftung/Sanitär, aber auch Ausbau). Für Regeldetails bei großen Bauvorhaben empfiehlt sich die Planung und Ausführung von sog. Musterschotten.

Installationsschächte und -kanäle bieten die Möglichkeit, brandschutztechnisch abgetrennte Rettungswege bzw. Räume ohne weitere Abschottungsmaßnahmen zu queren. Auch hierbei sind jedoch die Randbedingungen für den Einbau und das Anarbeiten an die flankierenden Wände und Decken detailliert zu planen.

3.7.3 Funktionserhalt von Leitungsanlagen im Brandfall

Komplexe Bürogebäude bzw. Sonderbauten kommen in der Regel nicht ohne anlagentechnische Brandschutzeinrichtungen aus. Die sichere Funktion dieser Anlagen muss auch im Brandfall gewährleistet werden. Hierbei ist grundsätzlich zwischen der Qualität der Zu- und Steuerleitungen selbst und einer gesicherten Stromversorgung zu unterscheiden. Die Qualität der Leitungen wird über den sog. Funktionserhalt definiert, der in der MLAR beschrieben ist. Die sichere Stromversorgung hingegen ist über andere technische Richtlinien und einige Sonderbauvorschriften geregelt (vgl. hierzu Kapitel 3.12.5).

Der Funktionserhalt beschreibt also die Notwendigkeit, dass die Stromversorgung und Steuerung über elektrische Anlagen auch bei einer direkten Brandeinwirkung auf die Leitungen über einen gewissen Zeitraum sicherzustellen ist. Dabei muss das Kabel selbst und auch seine Befestigung betrachtet werden. So sollten Leitungen mit Funktionserhalt immer mit eigenen Kabelwegen an oberster Stelle im Raum verlegt werden, um eine Beeinträchtigung durch versagende Bauteile auszuschließen. Eine autarke und engmaschigere Befestigung sind dabei ebenso zu beachten wie zumeist größere Biegeradien und Querschnitte der Adern (siehe Abb. 3.41). Es versteht sich von selbst, dass auch die Verteiler und Steuereinrichtungen ebenfalls zu schützen sind, z. B. über den Einbau in eigene Räume oder feuerwiderstandsfähige Gehäuse. Eine frühzeitige und detaillierte Planung ist daher auch hier unabdingbar. Erleichterungen sind möglich für erdverlegte Leitungen und andere bereits konstruktiv geschützte Leitungen (z. B. im Estrich).

Abb. 3.38: Der Abstand der Leitungen lässt keine getrennten Abschottungssysteme zu. Es werden Kombischotten oder miteinander auf Nullabstand geprüfte Abschottungssysteme erforderlich.

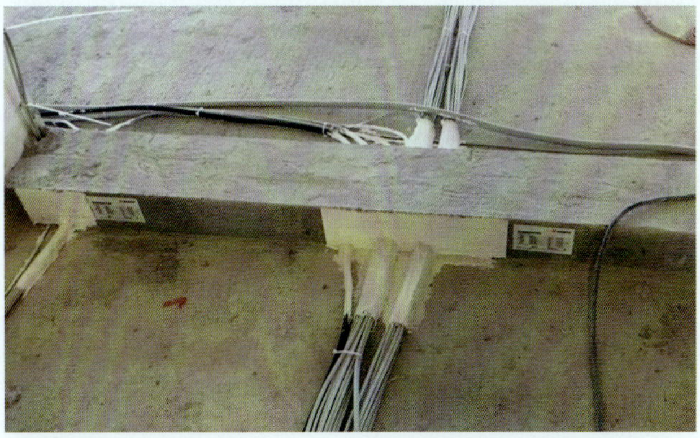

Abb. 3.39: Abschottung von Leitungsanlagen im Doppelboden mit ausreichendem Abstand zu umgebenden Bauteilöffnungen

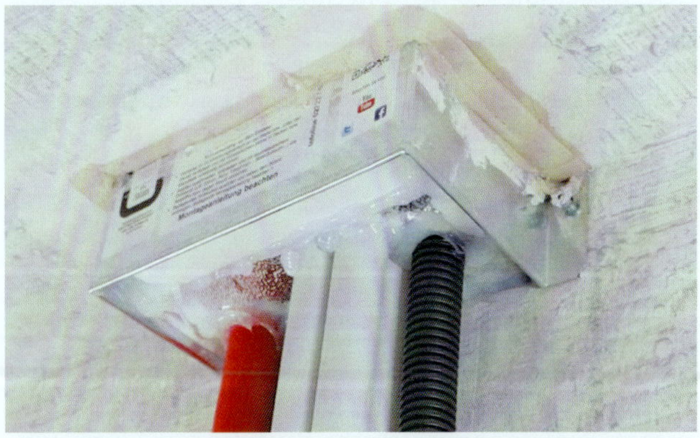

Abb. 3.40: Kabelbox mit Ermöglichung einer Kabelnachbelegung (Quelle: Wichmann Brandschutzsysteme GmbH & Co. KG, Attendorn)

Abb. 3.41: Verkabelung mit Funktionserhalt (Quelle: Trox GmbH, Neukirchen-Vluyn)

Die MLAR unterscheidet den Funktionserhalt von sicherheitstechnischen Anlagen in 2 Gruppen mit 30 oder 90 Minuten Feuerwiderstand:

- Ein dreißigminütiger Funktionserhalt ist für solche Anlagen erforderlich, die in der Frühphase eines Ereignisses dem Personenschutz oder der (einmaligen) Aktivierung sicherheitstechnischer Einrichtung dienen. Hierzu gehören Brandmelde- und Alarmierungsanlagen, Sicherheitsbeleuchtungsanlagen sowie die Ansteuerung von Rauchabzugsanlagen und Brandfallsteuerungen von Aufzügen.
- Ein neunzigminütiger Funktionserhalt ist für Einrichtungen erforderlich, die im weiteren Verlauf auch der Unterstützung wirksamer Löscharbeiten dienen (z. B. Anlagen für die maschinelle Rauchableitung bzw. -freihaltung, Feuerlöschanlagen oder Feuerwehraufzüge).

Ausnahmen bzw. Detaillierungen der dargelegten Anforderungen sind der MLAR zu entnehmen (vgl. weiterführende Informationen und eine umfangreiche Sammlung von Ausführungsdetails in Lippe et al., 2018).

3.8 Lüftungsanlagen

Für günstige Arbeitsplatzbedingungen und auch aus energetischen Gründen werden Bürogebäude in vielen Fällen mit zentralen Lüftungsanlagen ausgestattet. Systembedingt werden hierdurch oftmals weite Teile eines Gebäudes lüftungstechnisch miteinander verbunden. Ohne zusätzliche Maßnahmen wäre die Gefahr einer großflächigen Rauch- und Brandausbreitung gegeben. Darüber hinaus können durch den Betrieb der Anlagen sowie die entstehenden Luftbewegungen und -drücke andere Anlagen wie z. B. Feuerungsanlagen beeinträchtigt werden. Dem trägt der Gesetzgeber mit § 41 MBO Rechnung: Lüftungsanlagen müssen betriebssicher und brandsicher sein und dürfen den ordnungsgemäßen Betrieb von Feuerungsanlagen nicht beeinträchtigen (§ 41 Abs. 1 MBO). Lüftungsleitungen dürfen raumabschließende Bauteile, für die eine Feuerwiderstandsfähigkeit vorgeschrieben ist, nur überbrücken, wenn eine Brandausbreitung ausreichend lange nicht zu befürchten ist oder wenn Vorkehrungen hiergegen getroffen sind (§ 41 Abs. 2 MBO).

Detailliert werden diese funktionalen Anforderungen in der Muster-Lüftungsanlagen-Richtlinie (M-LüAR).

Lüftungsanlagen bestehen aus Lüftungsleitungen und allen zu ihrer Funktion erforderlichen Bauteilen und Einrichtungen. Daraus folgt, dass Einrichtungen, die nicht über Lüftungsleitungen verbunden sind (z. B. sog. Überströmöffnungen), nicht zum Anwendungsbereich der M-LüAR gehören.

Die M-LüAR regelt u. a. folgende Sachverhalte:

- die Baustoffanforderungen an Lüftungsleitungen,
- die Verlegung von Lüftungsleitungen,
- die Lage von Außenluft- und Fortluftmündungen,
- den Einbau von Absperrvorrichtungen in den Leitungen (Brandschutzklappen, Leitungen mit Feuerwiderstand),
- die Anforderungen an die Aufstellung von Lüftungsgeräten und Ventilatoren.

Darüber hinaus werden zusätzliche Anforderungen (z. B. für Küchenabluftanlagen), aber auch Erleichterungen (z. B. zum Entfall von Brandschutzklappen in notwendigen Fluren und Badentlüftungen von Wohnungen) beschrieben. Im Folgenden werden mit Blick auf den Bau von Bürogebäuden ausgewählte Aspekte der M-LüAR näher beleuchtet.

3.8.1 Lüftungszentralen

Innerhalb eines Bürogebäudes müssen Ventilatoren und Luftaufbereitungsanlagen in Lüftungszentralen aufgestellt werden, wenn die Lüftungsleitungen in mehrere Geschosse oder Brandabschnitte führen.

Lüftungszentralen dürfen dabei nur die Lüftungsgeräte und die dafür erforderlichen Leitungen und Steuereinrichtungen aufnehmen. Sie dürfen nicht zur Lagerung genutzt werden und weitere technische Anlagen wie Kältemaschinen, Aufbereitungs- oder Heizungsanlagen beinhalten. Diese Einschränkungen ermöglichen wiederum bauliche Erleichterungen bei der Lüftungsplanung.

Da aus haustechnischen Gründen vielfach eine gemeinsame Aufstellung der vorgenannten Anlagen mit Lüftungsanlagen gewünscht ist, sind weiter gehende Anforderungen an diese dann allgemein als „Technikzentralen“ zu bewertenden Räume zu stellen. Die erforderlichen Maßnahmen sind im Brandschutznachweis detailliert festzulegen. Denkbar sind z. B. erhöhte Baustoffanforderungen, Feuerlöschanlagen, über Rauchmelder gesteuerte Brandschutzklappen oder Maßnahmen zur Rauchableitung.

3.8.2 Absperrvorrichtungen und feuerwiderstandsfähige Lüftungsleitungen

Die erforderlichen Abtrennungen in Lüftungsleitungen werden in der Regel mit sog. Brandschutzklappen hergestellt (siehe Abb. 3.42). Diese verfügen über ein eingebautes Schmelzlot, welches das Klappenblatt bei Temperaturbeaufschlagung auslöst und den Lüftungsquerschnitt verschließt. Auch motorische Steuerungen, Anbindungen an Brandmeldeanlagen oder interne Rauchmelder sind möglich, sodass je nach Anwendungsfall das Sicherheitsniveau erhöht werden kann, um z. B. auch eine Übertragung von kalten Rauchgasen zu verhindern, die das Schmelzlot nicht erfassen kann. Als mechanische Bauteile sind diese Absperrvorrichtungen regelmäßig zu warten. Hierzu sind ausreichend große Revisionsöffnungen vorzusehen, wenn die Klappen in Zwischendecken oder hinter Verkleidungen eingebaut werden.

Für Brandschutzklappen sind detaillierte Einbauvorschriften zu beachten. Eine frühzeitige Koordination ist daher erforderlich, insbesondere beim Einbau in Trockenbaukonstruktionen.

Neben Brandschutzklappen können Lüftungsleitungen auch mit einem eigenen Feuerwiderstand ausgeführt werden und somit brandschutztechnisch getrennte Bereiche ohne sonstige Absperrvorrichtungen im Kanalnetz überbrücken (siehe beispielhaft Abb. 3.43).

Brandschutzklappen sind in runder und eckiger Ausführung auf dem Markt verfügbar. Als weitere Möglichkeiten zur Verhinderung einer Brand- und Rauchübertragung durch Lüftungsanlagen sind Überströmelemente, Entrauchungsklappen oder Absperrvorrichtungen für Bad- und Toilettenlüftungen zu erwähnen.

Abb. 3.42: Brandschutzklappen im Einbauzustand (Quelle: R³-Brandschutz, Datteln)

Abb. 3.43: Lüftungsleitungen mit Feuerwiderstand (Quelle: R³-Brandschutz, Datteln)

Überströmöffnungen sind im Prinzip Brandschutzklappen ohne angeschlossenes Kanalnetz. Sie unterliegen daher nicht der M-LüAR und sind als Absperrvorrichtungen besonderer Art und Verwendung mit eigenen Verwendbarkeitsnachweisen bauaufsichtlich geregelt. Gemäß den einschlägigen Verwendbarkeitsnachweisen ist der Einbau im Vorfeld mit den genehmigenden Behörden abzustimmen. Im besten Fall erfolgt dies bereits in der Genehmigungsplanung über den Brandschutznachweis oder im Rahmen eines separat zu erstellenden Lüftungsgesuches.

Wie bereits erläutert dienen Brandschutzklappen dazu, Lüftungsquerschnitte im Brandfall zu verschließen. Sollen Lüftungsanlagen anschließend zur Rauchableitung genutzt werden (vgl. Kapitel 3.11), so dürfen die Brandschutzklappen bestimmungsgemäß nicht wieder geöffnet werden. Wenn solche Steuerungen erforderlich sind, müssen Entrauchungsklappen eingebaut werden, bei denen auch nach Brandeinwirkung eine Funktionsfähigkeit gewährleistet bleibt.

Um die Übertragung von Rauchgasen zu behindern, sind ggf. ergänzende Kaltrauchsperren vorzusehen, die zumeist als schwerkraftbelastete Membrane bei Stillstand der Lüftungsanlage und entgegen der Luftströmung eine Übertragung von Rauch verhindern.

3.8.3 Mündung von Lüftungsanlagen

Aus Gründen des Nachbarschaftsschutzes, aber auch um das Gebäude selbst zu schützen, sind Mündungen von Lüftungsanlagen, die Frischluft in das Gebäude und Fortluft aus dem Gebäude leiten, so anzuordnen, dass Feuer und Rauch nicht erfasst werden bzw. ausströmende Brandgase andere Bauteile nicht entzünden können. Dabei sind entsprechende Abstände zu anderen Öffnungen des Gebäudes wie z. B. zu Fenstern und Lichtkuppeln sowie brennbaren Baustoffen wie Dacheindeckungen oder brennbaren Fassaden zu beachten. Die Lage der Mündung sollte sinnvollerweise bereits in der Entwurfsphase festgelegt und mit der Objektplanung abgestimmt werden.

3.8.4 Lüftungsanlagen für Nutzungseinheiten bis 200 m²

Für Nutzungseinheiten bis 200 m² erlaubt die M-LüAR den Einsatz von Lüftungsanlagen mit abgeminderten Brandschutzanforderungen. Für Bürogebäude mit kleineren Büroeinheiten sind so Vereinfachungen im Aufbau und auch in der Wartung der Lüftungsanlagen möglich (vgl. weiterführende Informationen und eine umfangreiche Sammlung von Ausführungsdetails in Lippe et al., 2016).

3.9 Brandmelde- und Alarmierungsanlagen

3.9.1 Brandmeldeanlagen

Verschiedene Statistiken zu Brandtoten zeigen, dass diese zumeist in Wohnungen und zumeist während der Nachtzeit – also während des Schlafes – zu beklagen sind. In vielen Ländern hat der Gesetzgeber darauf reagiert und daher bestimmt, dass in Wohnungen Schlafräume und Kinderzimmer sowie Flure, über die Rettungswege von Aufenthaltsräumen führen, jeweils mit mindestens einem Rauchwarnmelder ausgestattet sein müssen.

An Bürogebäude werden von der MBO jedoch keine weiter gehenden Anforderungen hinsichtlich der Einrichtung von Brandmeldeanlagen gestellt. Je nach Art und Nutzung ist es bei Bürogebäuden aber dennoch zur Erreichung der Schutzziele des Baurechts regelmäßig erforderlich, Brände bereits in der Entstehungsphase zu entdecken und die anwesenden Personen zu warnen bzw. die Feuerwehr zu alarmieren.

Technisch gesehen sind die erwähnten Rauchwarnmelder von Brandmeldeanlagen zu unterscheiden. Damit Brandmeldeanlagen sicher und dauerhaft funktionieren, sind die technischen Anforderungen verschiedener Regelwerke zu beachten.

Für die Komponenten von Brandmeldeanlagen sind in der Normenreihe DIN EN 54 „Brandmeldeanlagen“ konkrete Anforderungen festgelegt. DIN VDE 0833-2 „Gefahrenmeldeanlagen für Brand, Einbruch und Überfall – Teil 2: Festlegungen für Brandmeldeanlagen“ (2017) trifft für Brandmeldeanlagen Festlegungen hinsichtlich der grundlegenden Anforderungen sowie der Auswahl und Anordnung von Brandmeldern und stellt insgesamt Regeln für das Planen und Errichten von Brandmeldeanlagen auf. DIN 14675-1 „Brandmeldeanlagen – Teil 1: Aufbau und Betrieb“ (2020) schließlich beschreibt Anforderungen an den Aufbau und Betrieb von Brandmeldeanlagen aus Sicht der Feuerwehren. Darüber hinaus werden vonseiten der Feuerwehren die örtlichen Besonderheiten in sog. technischen Aufschaltbedingungen geregelt.

Mit der Errichtung von Brandmeldeanlagen werden entsprechend DIN 14675-1 die folgenden Ziele verfolgt:

- Entdeckung von Bränden in der Entstehungsphase,
- Alarmierung der Gebäudenutzer,
- automatische Ansteuerung von Brandschutzeinrichtungen,
- Alarmweiterleitung zur Feuerwehr,
- Lokalisieren des Gefahrenbereiches und detaillierte Anzeige/Darstellung.

Dieses breite Spektrum stellt direkt auf die baurechtlichen Schutzziele „Rettung von Menschen“ und „wirksame Löscharbeiten“ ab. Bei der brandschutztechnischen Beurteilung von Bürogebäuden eignen sich Brandmeldeanlagen damit insbesondere zur Kompensation von baurechtlichen Abweichungen, die die vorgenannten Schutzziele berühren. Im Bürobau sind hier beispielhaft die Ausdehnung der Brandabschnitte, die Größe von Nutzungseinheiten (vgl. Kapitel 3.6.6), Abminderungen beim Feuerwiderstand von Bauteilen oder die Überschreitung von Rettungsweglängen zu nennen.

Im Rahmen von Brandschutznachweisen für Bürogebäude und dem vor- bzw. nachgelagerten Planungsprozess werden – in Anlehnung an die o. g. Regelwerke – üblicherweise die folgenden Punkte zu Brandmeldeanlagen festgelegt:

- Rechtsgrundlage,
- technisches Regelwerk,
- Festlegung der zu überwachenden Bereiche/Räume,
- Überwachungsumfang (Voll-/Teilschutz),
- Art und Kenngröße(n) automatischer Melder,
- Lage und Anordnung nicht automatischer Melder,
- weitere Eingänge/Meldungen (z. B. Löschanlagen),
- Maßnahmen gegen Falschalarme,
- Ansteuerungen von Anlagen (Brandfallsteuerung),
- Aufschaltung zur Feuerwehr/Würdigung Aufschaltbedingungen,
- Zugangsperipherie (Feuerwehrschlüsseldepot [FSD], Freischaltelement [FSE], Blitzleuchte, Schließanlagen),
- Lage und Ausstattung Erstinformationsstelle (Feuerwehranzeigetableau [FAT], Feuerwehrbedienfeld [FBF], Feuerwehrlaufkarten, Feuerwehrpläne, Leiter usw.),
- weitere Anlaufpunkte, Parallelanzeigen,
- Bedieneinrichtungen (z. B. Alarmierungsanlagen, Rauch- und Wärmeableitung/Entrauchungstableau, Bedienfeld Gebäudefunkanlage usw.).

In der Regel ist davon auszugehen, dass nach der Entzündung eines Brandes zunächst eine Glimm- bzw. Schwelphase einsetzt, bei der im Wesentlichen Brandrauch entsteht (vgl. die Ausführungen zur Brandlehre in Kapitel 2.1.1). Für eine frühzeitige automatische Branddetektion sind daher Melder der Kenngröße „Rauch“ besonders geeignet. Diese Melderart kann in Bürogebäuden in der Regel ohne nennenswerte Einschränkungen eingesetzt werden; die Melder werden größtenteils als klassische Punktmelder ausgeführt. Für die Überwachung von großen bzw. hohen Räumen oder Zwischendecken eignen sich aber auch Linearmelder oder Rauchansaugsysteme.

Abb. 3.44: Feuerwehrbedienfeld und Feuerwehranzeigetableau

Abb. 3.45: Lageerkundung durch die Feuerwehr an der Erstinformationsstelle. Die Mindestausstattung ist in einem FIZ bzw. FIBS zusammengeführt (Quelle: Stadt Wuppertal, Amt für Informationstechnik und Digitalisierung, Wuppertal).

Neben den oben genannten grundlegenden Ansteuerungen von Anlagen gemäß den Festlegungen im Brandschutznachweis ist es bei komplexen Bürogebäuden mit einer Vielzahl an (sicherheits)technischen Anlagen regelmäßig erforderlich, die notwendigen Ansteuerungen bei Auslösung der Brandmeldeanlage in einer separaten Dokumentenebene zu beschreiben. Diese Festlegungen werden in dem sog. Brandfallsteuermatrixkonzept und der zugehörigen Brandfallsteuermatrix getroffen. Vorgaben für die Planung, Ausführung und Dokumentation dieser sog. systemübergreifenden Funktionen werden in der Richtlinie VDI 6010 Blatt 2 „Sicherheitstechnische Einrichtungen – Ansteuerung von automatischen Brandschutzeinrichtungen“ (2011) behandelt (vgl. weiterführende Informationen und Umsetzungshilfen in Kraft/Roszak, 2014).

Wird für ein Bürogebäude eine Brandmeldeanlage erforderlich, muss die Erstinformationsstelle für die Feuerwehr bei der Planung detailliert werden. Die Mindestausstattung einer Erstinformationsstelle umfasst ein Feuerwehrbedienfeld mit Feuerwehranzeigetableau (siehe Abb. 3.44), einen Hauptmelder sowie ein Depot für die Feuerwehrlaufkarten. Sofern keine weiteren Einrichtungen erforderlich sind, können diese häufig in vorgefertigten Systemlösungen zusammengeführt werden (siehe Abb. 3.45). Die Bezeichnung solcher Systeme ist nicht einheitlich; gängige Varianten sind Feuerwehr-Informationszentrum (FIZ) oder Feuerwehrinformations- und Bediensystem (FIBS). Diese kompakten Einrichtungen können in der Regel in allgemein zugänglichen Bereichen angebracht werden (z. B. Treppenraum). Das FIZ bzw. das FIBS ist durch eine Objekt- oder Feuerwehrschließung gesichert und somit nur für die Feuerwehr zugänglich.

Regelmäßig ist jedoch die Vorhaltung von zusätzlichen Anzeige- und Bedieneinrichtungen wie z. B. Alarmierungstableau, Entrauchungstableau, Sprechstelle oder Gebäudefunk sowie von anderen Hilfsmitteln wie etwa Doppelbodenhebern oder Leitern erforderlich. In diesen Fällen muss von der Objektplanung die Vorhaltung eines separaten Raumes (Erstinformationsstelle) realisiert werden, der flächenmäßig ausreichend bemessen und auf kurzem Wege zugänglich sein muss.

3.9.2 Alarmierungsanlagen

Wenn Bürogebäude mit Brandmeldeanlagen entsprechend Kapitel 3.9.1 ausgestattet werden, dann stellen diese Anlagen technisch in aller Regel auch die Alarmierung der Gebäudenutzer sicher. In bestimmten Konstellationen ist eine automatische Alarmierung der Feuerwehr jedoch entbehrlich. Sollte in solchen Fällen aber dennoch das Schutzziel „Rettung von Personen" von Bedeutung sein, kann die Vorhaltung von Anlagen zur (internen) Alarmierung von Personen in Bürogebäuden eine sinnvolle Planungsalternative darstellen. Ein häufiger Anwendungsfall ist beispielsweise die Kompensation geringfügiger Rettungsweglängenüberschreitungen, wenngleich diese auch vor dem Hintergrund des Schutzziels „wirksame Löscharbeiten" zu beurteilen sind.

Eine weitere Erforderlichkeit für Alarmierungsanlagen in Bürogebäuden kann zudem aber auch aus dem Arbeitsstättenrecht abgeleitet werden. Zum Beispiel fordert die ASR A2.2 „Maßnahmen gegen Brände" (2018), dass geeignete Maßnahmen zur Alarmierung von Personen vorgesehen werden. Dieses Regelwerk gestattet prinzipiell auch einfache Alarmierungsarten wie z. B. Zuruf durch Personen, Megafone oder Handsirenen. Mit zunehmender Gebäudegröße werden jedoch oftmals technische Einrichtungen erforderlich.

Alarmierungsanlagen werden in der Regel als sog. elektroakustische Anlagen ausgeführt. Sie bestehen aus den Alarmierungseinrichtungen, den Übertragungswegen, den Auslöse- und Steuereinrichtungen sowie aus den Stromversorgungseinrichtungen. Alternativen sind z. B. Handsirenen, Gongs, Drucklufthupen oder Glocken.

Für reine Alarmierungsanlagen (Hausalarm) existiert derzeit keine dezidierte Planungsnorm. Die technische Ausführung kann grundsätzlich an die Normenreihe DIN VDE 0833 angelehnt werden. Weiter gehende Angaben finden sich darüber hinaus in den „Empfehlungen zu Anforderungen an interne Alarmierungsanlagen/-einrichtungen" der AGBF (vgl. AGBF-Empfehlungen 2014-6, 2014). Für interne Alarmierungsanlagen ist eine Aktivierung über nicht automatische Auslöseeinrichtungen vorgesehen (siehe Abb. 3.46).

Abb. 3.46: Auslöseeinrichtung einer Hausalarmanlage

Oftmals besteht jedoch das planerische Bestreben, dass auch interne Alarmierungsanlagen im Brandfall automatisch aktiviert werden sollen. Im baurechtlichen Sinn stellt diese Situation bis zum Redaktionsschluss des vorliegenden Buches eine technische Grauzone dar, weil den Bauordnungen bzw. Sonderbauvorschriften ausschließlich Rauchwarnmelder und Brandmeldeanlagen bekannt sind. Auf der einen Seite sind Rauchwarnmelder entsprechend DIN 14676-1 „Rauchwarnmelder für Wohnhäuser, Wohnungen und Räume mit wohnungsähnlicher Nutzung – Teil 1: Planung, Einbau, Betrieb und Instandhaltung" (2018) ausschließlich für Wohn- bzw. wohnungsähnliche Nutzungen vorgesehen. Darüber hinaus ist die technische Zuverlässigkeit einer Vernetzung mehrerer Melder nicht normativ geregelt. Auf der anderen Seite werden an vollwertige Brandmeldeanlagen umfangreiche Anforderungen hinsichtlich der technischen Beschaffenheit und Planung gestellt (vgl. Kapitel 3.9.1).

Den Anspruch, diese Regelungslücke zu füllen, verfolgt die Vornorm DIN VDE V 0826-2 „Überwachungsanlagen – Teil 2: Brandwarnanlagen (BWA) für Kindertagesstätten, Heime, Beherbergungsstätten und ähnliche Nutzungen – Projektierung, Aufbau und Betrieb" (2018), die den Begriff der sog. Brandwarnanlagen einführt. Bei dieser Anlagenart besteht die Möglichkeit, dass die Alarmierungseinrichtungen auch durch automatische Melder angesteuert werden können. Dabei stellt die Vornorm auf eine Anlagenkonfiguration mit ausgesuchten Komponenten entsprechend der Normenreihe DIN EN 54 ab. Damit erreichen entsprechend geplante Anlagen ein Zuverlässigkeitsniveau, das auch erhöhten Risiken in Bezug auf das Schutzziel „Rettung von Personen" gerecht wird. Die Brandwarnanlagen heben sich dahin gehend von Heimrauchmeldern, aber auch von vollwertigen Brandmeldeanlagen ab. Der normativ genannte Anwendungsbereich zielt im Wesentlichen ab auf ungeregelte Sonderbauten wie u. a. Kindertagesstätten, Beherbergungsstätten mit weniger als 60 Betten oder Heime. Da diese Nutzungen insbesondere mit schlafenden Nutzern – und somit auch mit einem deutlich höheren Personenrisiko – korrespondieren, können Brandwarnanlagen aus Sicht der Autoren ohne Weiteres in Bürogebäuden zur Ausführung kommen.

Ein zentraler Aspekt bei der Planung von Alarmierungsanlagen ist die zugrunde liegende Alarmierungsstrategie.

In ausgedehnten Gebäudekomplexen oder insbesondere auch bei Hochhäusern ist es in der Regel nicht zielführend, ein Gebäude vollständig zu räumen. In diese Überlegungen müssen einerseits ingenieurtechnische Fragestellungen wie z. B. die Rettungswegkapazitäten oder das Fassungsvermögen der Sammelplätze einfließen. Andererseits sind betriebliche, aber auch psychologische Aspekte zu berücksichtigen. Es ist z. B. fraglich, ob ein funktional zusammenhängendes Bürogebäude, das durch eine innere Brandwand in 2 Brandabschnitte unterteilt ist, brandabschnittsweise geräumt werden soll. Dagegen ist es in der Regel sinnvoll, eigenständige Gebäude (z. B. auf einem Bürocampus) auch bei der Planung der Alarmierungsstrategie differenziert zu betrachten.

Im baurechtlichen Kontext werden Ansätze für Alarmierungsstrategien in den Erläuterungen zur MHHR thematisiert (vgl. MHHR Erläuterungen, 2008). Demnach stellt das Rettungswegkonzept der MHHR darauf ab, dass es bei einem Brand in einem Geschoss in der Regel nur zur Räumung des Geschosses mit dem Brandereignis, dem Geschoss darüber und dem Geschoss darunter kommt – also zu einer Räumung von 3 Geschossen. Eine weitere Stellgröße der Alarmierungsstrategie ist die Einbindung personeller Maßnahmen zur Vermeidung von Falschalarmen. Eine Alarmverzögerung von bis zu 3 Minuten ist darstellbar, wenn die Anforderungen der technischen Regel DIN VDE 0833-2 berücksichtigt werden. Die Ausarbeitung einer differenzierten Alarmierungsstrategie für ein Bürogebäude geht aus Sicht der Autoren untrennbar mit der Vorhaltung einer Brandmeldeanlage einher. Die detaillierte Planung und Umsetzung ist somit als eine Schnittstelle zur Brandfallsteuermatrix zu verstehen (vgl. Kapitel 3.9.1).

Mit Blick auf die technische Ausführung der Alarmierungseinrichtungen sind für Bürogebäude in vielen Fällen bereits Warntongeber ausreichend. Dies begründet sich in der Regel dadurch, dass die Nutzer mit dem Gebäude und den Brandschutzeinrichtungen bzw. -vorkehrungen vertraut sind (vgl. Kapitel 3.13.2). Im Gegensatz dazu werden weiter gehende Anforderungen an dementsprechende Anlagen insbesondere in den Vorschriften über Versammlungsstätten und Verkaufsstätten gestellt, da in diesen Gebäuden regelmäßig mit ortsunkundigen Personen zu rechnen ist. Dies trifft jedoch auch immer wieder auf komplexe bzw. multifunktional genutzte Bürogebäude zu. In einigen Fällen und insbesondere dann, wenn ein verstärkter Fokus auf der Personensicherheit liegt, können deshalb jedoch auch in Bürogebäuden Anlagen erforderlich sein, mit denen Anweisungen an Gebäudenutzer gegeben werden können. In vielen Fällen wird es für erforderlich erachtet, dass bei der Erkennung von Bränden, technischen Störungen oder anderen Schadenereignissen geeignete vorbereitete Durchsagen automatisch abgespielt werden, um die Gebäudenutzer zu informieren und zu einem bestimmten Verhalten aufzurufen. Diese Sprachalarmierungsanlagen beinhalten dann weiterhin eine Sprechstelle für den Betreiber und eine weitere, darüber hinaus bevorrechtigte Sprechstelle für Einsatzkräfte, insbesondere also für die Feuerwehr.

Diese aufgezeigten Zusatzmaßnahmen erscheinen im Besonderen deshalb angemessen, weil die Reaktion von Gebäudenutzern auf ein Alarmierungssignal das Ergebnis eines komplexen Prozesses ist, der von Faktoren wie persönlichen Erfahrungen, Art und Umfang der Informationsbereitstellung, eigenen Beobachtungen usw. abhängt (vgl. Kuligowski, 2016). Wissenschaftliche Studien belegen, dass eine konkrete Informationsbereitstellung und eine Erteilung eindeutiger konkreter Handlungsanweisungen über sprachgestützte Alarmierungsanlagen zu einem deutlich verbesserten Verhalten der Gebäudenutzer führen (vgl. Proulx/Sime, 1991).

Sowohl für akustische Signalgeber und/oder Anlagen zur Sprachdurchsage müssen die Hörbarkeit und erforderlichenfalls die Sprachverständlichkeit bei der Planung der Anlagen berücksichtigt werden. Bei Bürogebäuden stellen diese Aspekte oftmals eine Herausforderung für die Flexibilität innerhalb von Büroeinheiten dar.

In Ergänzung zu den klassischen, also akustischen Signalgebern werden auch optische Signalgeber zunehmend Gegenstand der Planung von Bürogebäuden. Dies begründet sich insbesondere in dem gestiegenen Bewusstsein zur Berücksichtigung von Nutzern mit sensorischen Einschränkungen.

Die oben genannten Arten der Alarmierung können bei der Festlegung der Alarmierungsbereiche auch differenziert nach den gebäude- bzw. nutzungsspezifischen Erfordernissen erfolgen.

Mit Blick auf die Instrumentarien des betrieblichen und organisatorischen Brandschutzes (vgl. Kapitel 3.13.2) spielt die Alarmierung der Gebäudenutzer eine zentrale Rolle. So müssen die Bedeutung von Alarmierungssignalen und alle notwendigen Festlegungen zur Alarmorganisation in der Brandschutzordnung niedergelegt werden.

3.10 Löschanlagen

3.10.1 Selbsttätige Feuerlöschanlagen

Selbsttätige Feuerlöschanlagen erkennen, melden und bekämpfen Brände automatisch. Das Ziel der Anlagen ist es, bereits in der Entstehungsphase – noch vor Eintreffen der Feuerwehr – eine automatische Brandbekämpfung einzuleiten. Damit werden Brände auf den Entstehungsort begrenzt.

Die häufigste Art der selbsttätigen Feuerlöschanlagen sind die sog. Sprinkleranlagen. Diese bestehen aus einer Wasserversorgung und einer oder mehreren Sprinklergruppen. Eine Gruppe setzt sich aus einer Alarmventilstation, einem Rohrnetz und den daran installierten Sprinklern zusammen. Die Installation der Sprinkler erfolgt an vorgegebenen Stellen unter Dächern oder Decken und – wenn erforderlich – in Zwischenböden bzw. Zwischendecken sowie an anderen besonderen Stellen. Die Sprinkler öffnen bei festgelegten Temperaturen, um Wasser auf die vom Brand betroffenen Teilflächen zu sprühen. Der Wasserstrom durch das Alarmventil löst einen Brandalarm aus.

Die MBO stellt für Bürogebäude keine Anforderungen an die Einrichtung von selbsttätigen Feuerlöschanlagen. Sie können in Sonderbauten erforderlich werden, wenn die Schutzziele „Verhinderung der Brandausbreitung“ und damit einhergehend „wirksame Löscharbeiten“ nicht allein durch bauliche Maßnahmen erfüllt werden. Dies kann bei

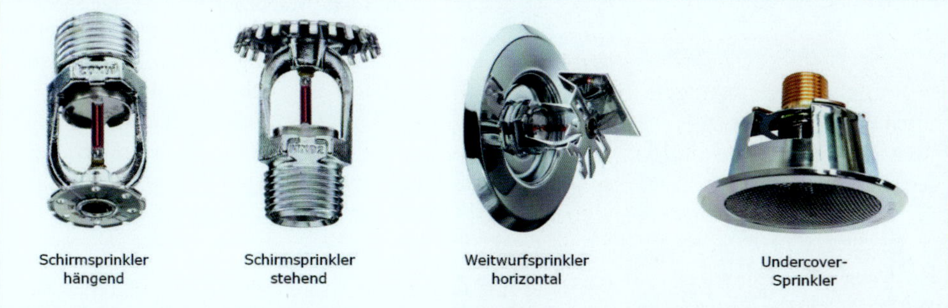

Abb. 3.47: Verschiedene Sprinkler (Quelle: Minimax GmbH & Co. KG, Bad Oldesloe)

Bürogebäuden mit großer Ausdehnung, geschossübergreifenden Lufträumen oder übergroßen Nutzungseinheiten der Fall sein.

Baurechtlich verankert sind Feuerlöschanlagen u. a. in den Sonderbauvorschriften für Hochhäuser, Versammlungsstätten, Verkaufsstätten, Garagen und Industriebauten. Sind Feuerlöschanlagen vorhanden, können z. B. erdgeschossige Verkaufsstätten und Industriebauten mit Flächen von bis zu 10.000 m^2 ausgeführt werden, ohne dass diese Flächen durch Brandwände zusätzlich unterteilt werden müssen (vgl. Muster-Verkaufsstättenverordnung [MVKVO]; Muster-Industriebau-Richtlinie [MIndBauRL]). Neben der Größe der Brandabschnitte führen Löschanlagen jedoch gleichfalls dazu, dass die thermische Beanspruchung von Bauteilen reduziert wird. Sie sind damit ebenso geeignet, um Defizite bei den Bauteilqualitäten auszugleichen.

Für Feuerlöschanlagen existieren weltweit verschiedene Standards, die hauptsächlich aus dem Bereich der Versicherungswirtschaft stammen. Insbesondere für Sprinkleranlagen ist die Zuverlässigkeit und die Löschwirkung gut beschrieben, weshalb die bereits angesprochenen umfangreichen Erleichterungen zur großen Ausdehnung von Brandabschnitten entsprechend abgesichert sind. Die Regelwerke der Versicherer werden im baurechtlichen Kontext vielfach herangezogen, um die Anforderungen an die Feuerlöschanlagen zu beschreiben. So wurde in der Ursprungsfassung der MVV TB (2017/1) insbesondere die technische Regel VdS CEA 4001 „VdS CEA-Richtlinien für Sprinkleranlagen – Planung und Einbau“ (aktuelle Ausgabe 2018) hervorgehoben. Üblich sind bei der Verwendung in Deutschland aber auch andere technische Regelwerke (z. B. die des Versicherers FM Global oder der National Fire Protection Association [NFPA]). Losgelöst von den versicherungstechnischen Regelwerken wurde im Jahr 2009 außerdem die technische Regel DIN EN 12845 „Ortsfeste Brandbekämpfungsanlagen – Automatische Sprinkleranlagen – Planung, Installation und Instandhaltung“ (aktuelle Ausgabe 2016) veröffentlicht, die einen europäischen Mindeststandard festlegt und auch für die aktuelle MVV TB 2019/1 das maßgebliche Regelwerk darstellen soll. Das Grundgerüst dieser Norm bildet dabei im Wesentlichen die VdS CEA 4001.

Kommt es zu einem Brand, reichen in vielen Fällen bereits wenige Sprinkler aus, um das Brandgeschehen zu kontrollieren. Außerdem tritt bis zum Eintreffen der Feuerwehr in den meisten Fällen bereits ein Löscherfolg auf. Im Jahr 2016 wurden in Deutschland 95 % der gemeldeten Löscherfolge durch Sprinkleranlagen von weniger als 5 Sprinklerköpfen erzielt; mehr als 80 % sogar von nur 1 bis 2 Sprinklern (vgl. Kleines Gerät, große Wirkung, 2017).

Je nach Brandgefahr und Auslegung der Sprinkleranalage ist in Bürogebäuden eine Wasserbeaufschlagung von 5 mm/min oftmals ausreichend. Die Schutzfläche je Sprinkler beträgt dabei ca. 10 m^2. Pro Sprinklerkopf können somit ca. 50 Liter Wasser pro Minute ausgebracht werden. Aus der Schutzfläche eines Sprinklerkopfes resultiert ein Grundraster, das bei der Anordnung der Sprinklerköpfe zu berücksichtigen ist. In Bürogebäuden müssen Sprinkler in der Regel in einem Abstand von ca. 4 m zueinander angeordnet werden.

Die Ausführung der Sprinklerköpfe kann auf verschiedene Arten umgesetzt werden (siehe Abb. 3.47). Die Anordnung führt bei der Planung von Bürogebäuden jedoch nicht selten zu besonderen Fragestellungen. Häufig sollen Sprinklerköpfe z. B. oberhalb von Lamellen- oder Rasterdecken angeordnet werden. Hierbei ist insbesondere darauf zu achten, dass das Sprühbild nicht nachteilig beeinflusst wird. Andere Sonderfälle sind Akustikpaneele oder sog. Heiz-/Kühlsegel. Um hier auf einen Sprinklerschutz mit mehreren Ebenen verzichten zu können, bedarf es einer frühzeitigen und gewerkeübergreifenden Abstimmung.

Typische Einsatzgrenzen von konventionellen Sprinkleranlagen stellen sehr hohe Räume dar (z. B. Foyers oder Atrien). Bedingt durch die großen Aufstiegshöhen der heißen Brandgase kühlen diese sich stark ab. Dies kann zu einer stark verzögerten Auslösung der Sprinkleranlage führen. In solchen Fällen können sog. Sprühwasserlöschanlagen zum Einsatz gebracht werden, die durch automatische Brandmelder (z. B. Kenngröße „Rauch“) aktiviert werden. Im Vergleich zu Sprinkleranlagen hat dieser Anlagentyp den Nachteil, dass eine relativ große Wirkfläche mit Wasser beaufschlagt wird, was bei Fehlauslösungen zu erheblichen Sachschäden führen kann.

Neben den genannten Anlagentypen gibt es weitere Wasserlöschanlagen wie z. B. (Hochdruck-)Wassernebellöschanlagen, die jedoch nur für spezielle Anwendungszwecke zum Einsatz kommen und auch in den Sonderbauvorschriften nicht pauschal berücksichtigt werden.

Falls Wasser als Löschmittel ungeeignet oder unzweckmäßig ist, kommen häufig auch Gaslöschanlagen zum Einsatz. Neben verschiedenen Gasgemischen, die herstellerspezifische Bezeichnungen tragen, sind Löschanlagen mit dem Löschmittel Kohlenstoffdioxid (CO_2) weitverbreitet. In Bürogebäuden kommen diese Anlagen in kleinen Räumen oder als Objektschutz häufig auch dann zum Einsatz, wenn

Abb. 3.48: Wandhydrant „Typ F" mit Fächern für Feuerlöscher und Handfeuermelder (Quelle: GLORIA GmbH, Wadersloh)

Abb. 3.49: Einspeise- (links) und Entnahmestelle (rechts) für Steigleitungen (Quelle: FSG – Feuerschutz Service und Vertriebs GmbH, Schönau)

elektrische Anlagen (z. B. Server) geschützt werden müssen. Der Vorzug solcher Anlagen besteht darin, dass das Löschmittel selbst rückstandsfrei ist und dadurch keine Sekundärschäden entstehen. Es sind jedoch weiter gehende Maßnahmen für den Personenschutz und die Druckentlastung erforderlich.

In diesem Zusammenhang stellen auch die notwendigen und zulässigen Ausnahmen vom Schutzumfang eine immer wiederkehrende Fragestellung bei der Planung von Bürogebäuden dar. Bei Sprinkleranlagen nach VdS CEA 4001 ist es z. B. möglich, Treppenräume, WC-Anlagen, EDV-Räume bis 10 m^2 oder andere Technikräume bis 150 m^2 vom Schutzumfang auszunehmen. Die hierfür erforderlichen Voraussetzungen können dem zugrunde liegenden Regelwerk entnommen werden. Oftmals wird eine brandschutztechnische Trennung erforderlich, die sich wiederum auf die Architektur und die Haustechnikplanung auswirken kann.

Eine besondere Herausforderung in Bezug auf die Ausnahme vom Sprinklerschutz stellen regelmäßig Systemböden und Zwischendecken dar (vgl. Kapitel 3.5.4). In bestimmten Konstellationen kann es erforderlich werden, dass die entstehenden Hohlräume durch feuerhemmende Abschottungen aus nichtbrennbaren Baustoffen auf maximal 100 m^2 begrenzt werden müssen. Diese Maßnahmen sind baukonstruktiv oftmals schwierig umzusetzen und erschweren eine spätere Nachbelegung, weswegen eine sorgfältige Abwägung im Planungsprozess empfohlen wird.

3.10.2 Nichtselbsttätige Feuerlöschanlagen

Nichtselbsttätige Feuerlöschanlagen dienen der Erfüllung des Schutzziels „Ermöglichung wirksamer Löschmaßnahmen". Maßnahmen zur Brandbekämpfung sind immer dann besonders wirksam, wenn sie bereits in der Frühphase eines Brandes durchgeführt werden. Verschiedene Sonderbauvorschriften schreiben daher Maßnahmen zur Entstehungsbrandbekämpfung vor, dies sind in der Regel nichtselbsttätige Feuerlöschanlagen wie beispielsweise Wandhydranten und tragbare oder fahrbare Feuerlöscher (vgl. Kapitel 3.10.3). Neben einer Verankerung in den meisten Sonderbauvorschriften sind Maßnahmen zur Entstehungsbrandbekämpfung auch in den Vorschriften zum Arbeitsschutz niedergelegt.

Die nichtselbsttätigen Feuerlöschanlagen dienen in erster Linie der Entstehungsbrandbekämpfung durch Laien oder durch Selbsthilfekräfte. Hierzu sind insbesondere tragbare Feuerlöscher und Wandhydranten „Typ S" geeignet.

Für die Unterstützung der Brandbekämpfungsmaßnahmen der Feuerwehr sind weitere und leistungsfähigere Wandhydranten genormt, diese entsprechen dem „Typ F" (siehe Abb. 3.48). Sie verfügen über einen Löschwasser-Volumenstrom von 100 bis 200 l/min, außerdem besteht die Möglichkeit, an Schlauchkupplungen auch das von der Feuerwehr auf den Löschfahrzeugen mitgeführte Schlauchmaterial anzuschließen und zu verwenden. Das zugrunde liegende technische Regelwerk ist die Norm DIN 14461-1 „Feuerlösch-Schlauchanschlusseinrichtungen – Teil 1: Wandhydrant mit formstabilem Schlauch" (2016).

Während Wandhydranten an nassen Steigleitungen in Bürogebäuden häufig nur oberhalb der Hochhausgrenze vorhanden sind, können Bürogebäude unterhalb der Hochhausgrenze mit sog. trockenen Steigleitungen ausgerüstet werden. Eine trockene Steigleitung ist eine fest verlegte Rohrleitung, die eine genormte Einspeisearmatur und genormte Entnahmeeinrichtungen aufweist (siehe Abb. 3.49). Das zugrunde liegende technische Regelwerk ist die Norm DIN 14461-2 „Feuerlösch-Schlauchanschlusseinrichtungen – Teil 2: Einspeiseeinrichtung und Entnahmeeinrichtung für Löschwasserleitungen ‚trocken'" (2009).

An der Einspeisearmatur wird über Schläuche der Feuerwehr das erforderliche Löschwasser eingespeist. An den Entnahmeeinrichtungen wird an der benötigten Stelle das Löschwasser entnommen und über von der Feuerwehr mitgeführte Schläuche weiter im Gebäude bis zum Brandort verteilt. Damit kann die Feuerwehr zur Durchführung eines zügigen Löschangriffes auch längere Wegstrecken zur Wasserversorgung überbrücken.

Es ist empfehlenswert, die Lage und Anordnung der Einspeise- und Entnahmestellen mit der zuständigen Brandschutzdienststelle abzustimmen. Die Entnahmestellen müssen nach einsatztaktischen Gesichtspunkten verortet werden, idealerweise in baulich geschützten Bereichen wie Treppenräumen, Sicherheitsschleusen, Vorräumen usw. Mit Blick auf die Einspeisestellen ist die Planung abzustimmen auf die der Flächen für die Feuerwehr (vgl. Kapitel 3.1).

3.10.3 Feuerlöscher

Tragbare Feuerlöscher (siehe Abb. 3.50), dienen vornehmlich der Bekämpfung von Entstehungsbränden. Eine konkrete Forderung nach der Vorhaltung von tragbaren Feuerlöschern in (Büro-)Gebäuden lässt sich aus der MBO nicht ableiten. Pauschale Vorgaben finden sich dagegen in einzelnen Sonderbauverordnungen.

Im Hinblick auf Bürogebäude greift in diesem Zusammenhang wiederum der Mechanismus, dass es sich um Arbeitsstätten handelt, in denen Vorkehrungen gegen Brände getroffen werden müssen. Diese Forderung wird durch die ASR A2.2 konkretisiert, die in aller Regel als Planungsgrundlage dient.

Art und Anzahl der Feuerlöscher richten sich nach dem brandschutztechnischen Risiko und dem eingesetzten Löschmittel bzw. nach dem Löschvermögen der Feuerlöscher. Für die Ermittlung der erforderlichen Anzahl wird durch die ASR A2.2 eine Berechnungsvorschrift bereitgestellt. Das insgesamt erforderliche Löschvermögen wird durch die Hilfsgröße der sog. Löschmitteleinheit (LE) beschrieben. Die erforderlichen Löschmitteleinheiten lassen sich anhand der Brandgefährdung und der Fläche der Geschosse ermitteln. Bei einer klassischen Büro- und Verwaltungsnutzung ist regelmäßig von einer normalen Brandgefährdung auszugehen, sodass die Vorhaltung einer Grundausstattung ausreichend ist.

Für Bürogebäude eignen sich insbesondere Wasser- oder Schaumlöscher, da überwiegend mit Bränden von festen und ggf. flüssigen oder flüssig werdenden Stoffen (Brandklasse A und B) zu rechnen ist. Weiterhin sind bei der Verwendung dieser Feuerlöscher die geringsten Folgeschäden zu erwarten.

Abb. 3.50: Tragbare Feuerlöscher inkl. Kennzeichnung

Die Verteilung der Feuerlöscher muss gleichmäßig und in jedem Geschoss eines Bürogebäudes erfolgen. Einer Anordnung im Verlauf der Rettungswege soll dabei der Vorzug gegeben werden. Bei der Anordnung ist zu beachten, dass innerhalb von 20 m ein Feuerlöscher erreichbar sein soll. Die Einbauhöhe soll zwischen 0,90 bis 1,20 m betragen. Die genaue Positionierung der einzelnen Feuerlöscher inkl. der erforderlichen Kennzeichnung erfolgt im Rahmen der Ausführungsplanung. Bezüglich der Schnittstellen zu anderen Gewerken wie der Sicherheitsbeleuchtung wird auf Kapitel 3.12.4 verwiesen.

Die Zuordnung von Löschmitteleinheiten ist produktspezifisch. Ein Standardfeuerlöscher mit einer Füllmenge von 6 kg hat ein Löschvermögen von ca. 9 Löschmitteleinheiten. Das mindestens erforderliche Löschvermögen eines Feuerlöschers beträgt gemäß ASR A2.2 6 Löschmitteleinheiten. Um eine Handhabbarkeit für alle Nutzer zu gewährleisten, ist insbesondere in Bürogebäuden zu berücksichtigen, dass die Löscher nicht zu schwer sind.

Die Gewährleistung einer sicheren Bedienung von Feuerlöschern durch Laien im Zuge der Entstehungsbrandbekämpfung ist eines der zentralen Zielsetzungen des betrieblichen und organisatorischen Brandschutzes (vgl. auch Kapitel 3.13.2).

3.11 Maßnahmen zur Rauchableitung und Rauchfreihaltung

Entsprechend den Festlegungen in dem Grundsatzpapier der Fachkommission Bauaufsicht aus dem Jahr 2008 ist im baurechtlichen Kontext in Maßnahmen zur Rauchableitung und zur Rauchfreihaltung zu unterscheiden (vgl. Famers/Messerer, 2008). Diese Differenzierung richtet sich an den zugrunde liegenden Schutzzielen der MBO aus.

Maßnahmen zur Rauchableitung dienen zunächst dem Schutzziel der Ermöglichung wirksamer Löschmaßnahmen, also der Unterstützung der Feuerwehr im Brandfall. Implizit können Maßnahmen zur Rauchableitung aber auch weitere Schutzziele (positiv) beeinflussen. So können Maßnahmen zur Rauchableitung zu einer thermischen Entlastung von Bauteilen beitragen, die Qualität der Rettungswege erhöhen oder die Ausbreitung von Feuer und

Abb. 3.51: Öffnung zur Rauchableitung am oberen Abschluss eines notwendigen Treppenraums

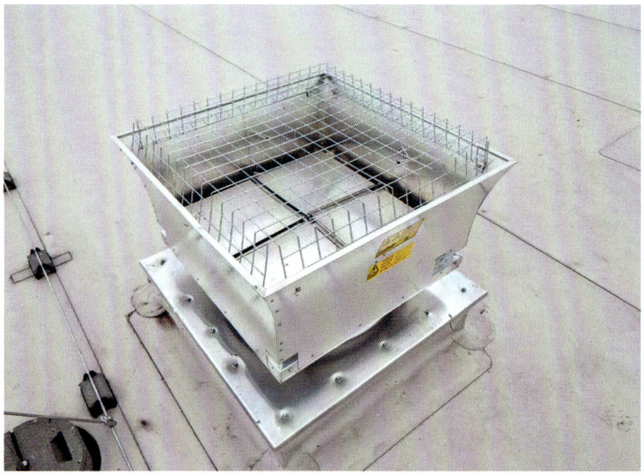

Abb. 3.52: Maschinelle Rauchabzugsanlage (Quelle: Colt International GmbH, Kleve)

Rauch begrenzen und so zum Sachwertschutz oder zum Schutz der Konstruktion beitragen.

In der MBO finden sich die folgenden Anforderungen an die Rauchableitung:

- Die Rauchableitung in notwendigen Treppenräumen erfolgt nach § 35 Abs. 8 MBO:
  - in jedem oberirdischen Geschoss über unmittelbar ins Freie führende öffenbare Fenster mit einem freien Querschnitt von mindestens 0,50 m^2 oder
  - über Öffnungen zur Rauchableitung mit einem freien Querschnitt von mindestens 1 m^2 an der obersten Stelle (siehe Abb. 3.51).
- Jedes Kellergeschoss ohne Fenster muss eine Öffnung ins Freie haben (§ 37 Abs. 4 MBO).
- Fahrschächte von Aufzügen müssen Öffnungen zur Rauchableitung haben mit einem erforderlichen Querschnitt von 2,5 % der Fahrschachtgrundfläche, mindestens jedoch von 0,1 m^2 (§ 39 Abs. 3 MBO).

An Büro- und Verwaltungsgebäude, die Sonderbauten sind, können weiter gehende Anforderungen an die Rauchableitung gestellt werden (§ 51 Nr. 11 MBO). Die Umsetzung entsprechender Maßnahmen kann grundsätzlich in natürlich wirkende Rauchabzugsanlagen (NRA) und maschinelle Rauchabzugsanlagen (MRA) unterschieden werden.

Mit der Novellierung der Sonderbauverordnungen in den Jahren 2012 und 2013 wurden die Anforderungen an die Rauchableitung in Sonderbauten konkretisiert. Generell werden dabei Maßnahmen beschrieben, die eine so wirksame Rauchableitung sicherstellen, dass die Brandbekämpfungsmaßnahmen der Feuerwehr ordnungsgemäß durchgeführt werden können bzw. ausreichend unterstützt werden.

Maschinelle Rauchabzugsanlagen (siehe Abb. 3.52) kommen immer dann zum Einsatz, wenn Maßnahmen zum natürlichen Rauch- und Wärmeabzug nicht in das Gebäude integriert werden können. Dies trifft bei mehrgeschossigen Bauteilen zu, insbesondere bei Gebäuden mit mehreren Kellergeschossen oder mit innenliegenden Gebäudeteilen. Die maschinellen Rauchabzugsanlagen bestehen aus einem System von einer oder mehreren Ansaugstellen, die entweder direkt ins Freie führen oder über ein Kanalnetz mit einem Zentralventilator verbunden sind und von dort ins Freie geführt werden. Um eine wirksame Rauchverdünnung und -ableitung zu gewährleisten, muss eine ausreichend dimensionierte Zuluft vorhanden sein; diese kann entweder ebenfalls maschinell nachgeführt werden oder die Zuluft strömt von außen über Fassadenöffnungen oder Kanäle in die zu entrauchenden Bereiche nach.

Eine Sonderform der maschinellen Rauchabzugsanlagen stellt der Weiterbetrieb von Lüftungsanlagen in gesprinklerten Gebäuden dar. So ist es beispielsweise nach § 16 Abs. 4 MVKVO erlaubt, die vorhandenen Lüftungsanlagen automatisch bei Auslösen der Brandmelde- oder Sprinkleranlage so (weiter) zu betrieben, dass diese nur entlüften und die erforderlichen Luftvolumenströme einschließlich der Zuluft erreicht werden. Dies gilt, soweit es die Zweckbestimmung der Absperrvorrichtungen gegen Brandübertragung (Brandschutzklappen) zulässt. In diesen Leitungen zum Zweck der Entlüftung dürfen Absperrvorrichtungen nur thermische Auslöser haben. Besonderes Augenmerk ist hierbei auf die Bereitstellung der erforderlichen Zuluft zu legen. Bei der Planung ist zu berücksichtigen, dass der Entlüftungsbetrieb keine unzulässigen Unterdrücke erzeugt, die z. B. die Öffnung von Türen durch die Feuerwehr erschwert.

Bei natürlich wirkenden Rauchabzugsanlagen (siehe Abb. 3.53) wird der Rauch nach dem Schwerkraftprinzip aus einer Rauchschicht über Öffnungen aus dem Gebäude geleitet. Die Öffnungen befinden sich in der Regel in den Dachflächen und werden über elektrische oder pneumatische Antriebe geöffnet. Auch hier muss eine geeignet dimensionierte Zuluft vorhanden sein, um eine ausreichende Rauchableitung zu ermöglichen. Anstelle der beschriebenen Maßnahmen zur natürlichen Rauchableitung über die Dachflächen wird in verschiedenen Sonderbauverordnungen auch die Möglichkeit der Rauchableitung über Fassadenöffnungen im oberen Raumdrittel vorgesehen (Fenster, Lamellen o. Ä.). Die erforderlichen Flächen werden dabei verdoppelt – wegen der schlechteren Wirkung von Öffnungen in der Fassade im Vergleich mit Öffnungen im Dach. Die zulässige Raumgröße ist bei dieser Art der Rauchableitung begrenzt.

Neben Anlagen zur Ableitung von Rauch und Wärme aus dem Gebäude sind für bestimmte Treppenräume Anlagen

Abb. 3.53: Natürliche Rauchabzugsanlage (Quelle: JET Tageslicht & RWA GmbH, Hüllhorst)

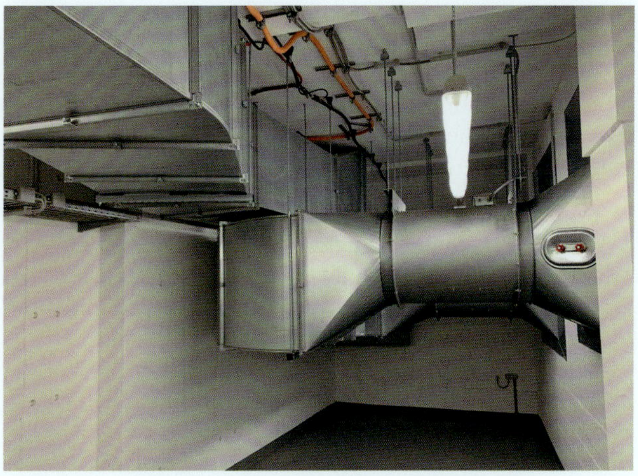

Abb. 3.54: Aufstellraum einer Druckbelüftungsanlage

erforderlich, die ein Eindringen von Feuer und Rauch verhindern. Diese Anforderung bezieht sich in der Regel auf Sicherheitstreppenräume nach § 33 Abs. 2 MBO. Es ist jedoch ebenso denkbar, bestimmte Defizite bei innenliegenden Treppenräumen oder (überlangen) Fluchtfluren zu kompensieren.

Für diese Anwendungsfälle haben sich Druckbelüftungsanlagen bewährt (siehe Abb. 3.54). Diese Anlagen fördern Luft in die zu schützenden Räume, die im Brandgeschoss gezielt abgeführt wird. Durch den entstehenden Luftstrom wird verhindert, dass Rauch in diese Räume eindringt. Neben einer Umfassung der Räume mit raumabschließenden Wänden und dem Einbau von geeigneten Feuerschutzabschlüssen/-türen sind auch Maßnahmen erforderlich, um den Überdruck in den Räumen zu begrenzen. Anderenfalls kann es beispielsweise dazu kommen, dass sich Türen nicht mehr öffnen lassen bzw. nicht mehr bestimmungsgemäß (selbsttätig) schließen. Außerdem sind Maßnahmen zur Ableitung des Überdrucks ins Freie erforderlich, um die Strömungsrichtung zwischen dem zu schützendem Raum und den angrenzenden Räumen aufrechtzuerhalten.

Ähnlich konstruierte Anlagen werden z. B. auch für Feuerwehraufzüge gefordert, damit diese für die Einsatzkräfte gefahrlos zu benutzen sind. Bauvorschriften für solche Anlagen lassen sich der MHHR entnehmen. Für weiter gehende Detaillierungen hat sich außerdem der Anwenderleitfaden des Arbeitskreises RDA bewährt (vgl. Rauchschutz-Druck-Anlagen [RDA] Anwenderleitfaden, 2018).

Mit Blick auf die Maßnahmen zur Rauchableitung und Rauchfreihaltung müssen gemäß den baurechtlichen Regelwerken und mit dem Ziel einer schlüssigen haustechnischen Planung die folgenden Informationen im Planungsprozess erarbeitet werden:

- Anforderungen gemäß Rechtsgrundlage/technischem Regelwerk, Merkblättern,
- Festlegung der zu entrauchenden Bereiche/Räume,
- Schutzziele,
- Angabe Abzugsflächen (Anzahl, Größe, Lage, Steuergruppen) bzw. Angabe Abzugsstellen (Anzahl, Volumenstrom, Lage),
- Angabe Zuluftflächen (Anzahl, Größe, Lage),
- bei MRA: Geschwindigkeit Zuluft,
- Aktivierung Abluft und Zuluft (manuell und/oder automatisch, Lage der Auslösestellen, Kennzeichnung und weitere Anforderungen),
- Art des Antriebs (pneumatisch oder elektrisch),
- bei NRA: Leistungsanforderungen gemäß MVV TB,
- bei MRA: Temperaturbeständigkeit und Betriebszeit (z. B. 600 °C, 30 Minuten).

3.12 Sonstige Anlagentechnik

3.12.1 Aufzüge

Zur Gewährleistung einer barrierefreien Nutzung, aber auch aus Gründen des Komforts und des Betriebsablaufs werden mehrgeschossige Büro- und Verwaltungsgebäude in der Regel mit Aufzugsanlagen ausgerüstet.

Die Erforderlichkeit eines Aufzuges wird in § 39 Abs. 4 MBO geregelt: Demnach müssen Bürogebäude ab einer Höhe von 13 m über Aufzüge in ausreichender Zahl verfügen. Die konkrete Anzahl ist Ergebnis der Fachplanung Fördertechnik und liegt bei Bürogebäuden regelmäßig über dem Bedarf für normale Wohngebäude. Von den vorhandenen Aufzügen muss mindestens ein Aufzug Kinderwagen, Rollstühle, Krankentragen und Lasten aufnehmen können und Haltestellen in allen Geschossen haben. Hierbei handelt es sich primär nicht um eine Anforderung, die sich auf den Brandschutz bezieht. Die Transportmöglichkeit für Krankentragen beim Patiententransport durch den Rettungsdienst ist mit dem abwehrenden Brandschutz jedoch eng verknüpft. Dies gilt für den Normalbetrieb des Gebäudes; der Brandfall ist hiervon ausgeschlossen.

Die baulichen und anlagentechnischen Brandschutzanforderungen an Aufzüge hängen von deren Verortung im Gebäude und von der Bauart ab.

Grundsätzlich geht das Baurecht davon aus, dass Aufzüge in Fahrschächten liegen, damit eine Ausbreitung von Feuer und Rauch über die Geschosse ausreichend lange verhindert wird. Die Fahrschachtwände müssen als raumabschließende Bauteile dem bekannten Schema der je nach Gebäudeklasse abgestuften Feuerwiderstandsdauer entsprechen, das auch für tragende Bauteile gilt.

Sofern Fahrschachtwände aus brennbaren Baustoffen bestehen, müssen sie eine schachtseitige Bekleidung aus nichtbrennbaren Baustoffen in ausreichender Dicke haben. Die Fahrschachttüren und -öffnungen sind so herzustellen, dass eine Brandausbreitung in andere Geschosse ausreichend lang verhindert wird.

Die Fahrschachttüren verhindern bauartbedingt nur in Verbindung mit einer Öffnung zur Rauchableitung die Übertragung von Feuer und Rauch zwischen den Geschossen. Die Öffnung zur Rauchableitung muss einen freien Querschnitt von 2,5 % der Fahrschachtgrundfläche haben, mindestens jedoch von 0,1 m² (§ 39 Abs. 3 MBO). Häufig ist eine Dauerlüftung der Schächte aus Gründen des Wärmeschutzes nicht mehr darstellbar. Neue Regelungen in der MBO sehen daher vor, dass die Rauchableitungsöffnung der Fahrschächte auch einen Abschluss haben darf, der im Brandfall selbsttägig öffnet. Diese Lösung erfordert eine automatische Rauchdetektion im Fahrschacht, die häufig durch den Aufzugsbauer beigestellt wird. Die Kombination mit einer Brandmeldeanlage (vgl. Kapitel 3.9.1) ist technisch möglich, jedoch nicht zwingend vorgeschrieben. Wegen der erforderlichen Verknüpfung mit der Zulassung der Fahrschachttüren werden hierzu derzeit in den Ländern Einzelregelungen getroffen.

Mit diesen Maßnahmen – Fahrschacht mit Feuerwiderstandsdauer und Fahrschachttüren, nichtbrennbare Aufzugskabine, keine weiteren Brandlasten im Fahrschacht, Rauchableitungsöffnung an oberster Stelle – wird im Sinne der MBO die Übertragung von Feuer und Rauch zwischen den Geschossen ausreichend verhindert. Mit Ausnahme von Hochhäusern und Garagen ist eine Anordnung von Vorräumen vor Fahrschächten deshalb in der Regel nicht erforderlich.

Auf Fahrschächte kann verzichtet werden, wenn der Aufzug innerhalb des notwendigen Treppenraumes eingebaut wird und keine Öffnungen zu anderen Nutzungen hat. Die Fahrschachtwand muss dann lediglich Anforderungen an den Unfallschutz erfüllen. In der gleichen Art kann auf Fahrschachtwände mit Anforderungen an den Feuerwiderstand verzichtet werden, wenn der Aufzug innerhalb von Räumen führt, welche Geschosse überbrücken oder wenn der Aufzug zur Verbindung von Geschossen dient, die miteinander in Verbindung stehen dürfen. In Bürogebäuden ist dies regelmäßig in geschossübergreifenden Nutzungseinheiten oder Atrien der Fall.

Ein Sonderfall stellen Aufzüge dar, die als sog. Durchlader geplant sind. Bei diesen Aufzügen sind in mindestens einem Geschoss 2 Fahrschachttüren angeordnet. Sofern hiervon Wände mit Anforderungen an den Brandschutz betroffen sind, liegt oftmals eine Unterbrechung der brandschutztechnischen Trennung innerhalb des Geschosses vor. Auch wenn diese Konstellation baurechtlich nicht geregelt ist, werden in solchen Fällen in der Regel weiter gehende Maßnahmen erforderlich.

Die Benutzung von Aufzügen im Brandfall ist unzulässig, weil – wie oben geschildert – bestimmungsgemäß eine Verrauchung der Fahrschächte auftreten kann. Daher sind entsprechende Verbotszeichen vor allen Aufzügen vorgeschrieben. In Gebäuden mit Brandmeldeanlagen, insbesondere in Sonderbauten, ist es daher sinnvoll, eine Brandfallsteuerung vorzusehen, damit der Aufzug im Brandfall in ein sicheres Geschoss fährt und dort stillgesetzt wird. Die Brandfallsteuerungen können in unterschiedlichen Komplexitäten ausgeführt werden. Weiter gehende Festlegungen sind z. B. in der Richtlinie VDI 6017 „Aufzüge – Steuerungen für den Brandfall" (2015) niedergeschrieben.

Eine besondere Form der Aufzüge stellen die sog. Feuerwehraufzüge dar, die mit zusätzlichen baulichen und anlagentechnischen Maßnahmen geschützt werden, um der Feuerwehr wirksame Löscharbeiten zu ermöglichen. Darüber hinaus ist über solche Aufzüge auch die Rettung von mobilitätseingeschränkten Personen möglich (vgl. Kapitel 3.6.10). Bei Bürogebäuden kommen diese Aufzüge in aller Regel nur in Hochhäusern zur Ausführung.

3.12.2 Blitzschutzanlagen

Bauliche Anlagen, bei denen nach Lage, Bauart oder Nutzung ein Blitzschlag leicht eintreten oder zu schweren Folgen führen kann, sind mit dauernd wirksamen Blitzschutzanlagen zu versehen (§ 46 MBO). Weitere Anforderungen können aus dem Arbeitsstättenrecht, dem Gefahrstoffrecht oder seitens der Sachversicherer gestellt werden.

Blitzschutzanlagen werden vom Gesetzgeber gefordert, weil eine Personengefährdung durch die auftretenden hohen Spannungen oder eine Brandgefahr infolge der Entzündung von Bauteilen befürchtet wird. Darüber hinaus besteht die Gefahr, dass vorhandene sicherheitstechnische Anlagen beschädigt oder unwirksam werden. Technisch gesehen werden deshalb Maßnahmen zum inneren und zum äußeren Blitzschutz unterschieden.

Für bestimmte Sonderbauten (Hochhäuser, Verkaufsstätten, Versammlungsstätten, Schulen usw.) werden in den zugehörigen Verordnungen bereits baurechtlich Blitzschutzanlagen gefordert. Bei diesen Sonderbauten kommt neben der Gefährdung einer Vielzahl von Personen durch Blitzschlag auch in Betracht, dass die in den Gebäuden vorhandenen bzw. geforderten (sicherheits)technischen Anlagen vor Blitzschlag geschützt werden müssen, um einen sicheren Betrieb der Gebäude zu erlauben.

Dem Grunde nach resultiert die Errichtung einer Blitzschutzanlage aus einer Risikoanalyse, die von der Fachplanung Haustechnik durchgeführt wird. Die hierfür veröffentlichten technischen Regelwerke DIN EN 62305-2 bzw. VDE 0185-305-2 „Blitzschutz – Teil 2: Risiko-Management" (2013) wurden bis zum Redaktionsschluss des vorliegenden Buches jedoch kontrovers in der Fachwelt diskutiert. Hintergrund ist, dass bei der Risikoanalyse bestimmte Abminderungsfaktoren zum Ansatz gebracht werden können, die nicht mit einer Reduktion des Risikos im definitorischen Sinn einhergehen. Darüber hinaus kann die Risikoanalyse in bestimmten Konstellationen dazu führen, dass baurechtlich erforderliche Blitzschutzanlagen infrage gestellt werden (vgl. AGBF-Empfehlungen 2018-3, 2018).

Unabhängig von der Frage, ob es sich um einen Standardbau oder um einen ungeregelten Sonderbau handelt, ist bei Bürogebäuden die Erforderlichkeit einer Blitzschutzanlage deshalb bis auf Weiteres im Planungsprozess individuell ab-

Abb. 3.55: Antennenkabel Gebäudefunkanlage

Abb. 3.56: Sicherheitsbeleuchtung: integrierte und autarke Leuchte

zustimmen. Als Planungshilfe können hierbei die Empfehlungen der AGBF und des Deutschen Feuerwehrverbandes zur Blitzschutz-Risikoanalyse dienen (vgl. AGBF-Empfehlungen 2018-3, 2018).

3.12.3 Gebäudefunkanlagen

Bei komplexen, großen Bürogebäuden oder bei Gebäuden mit mehreren Tiefgeschossen kann es erforderlich sein, dass eine Funkversorgung der Feuerwehreinsatzkräfte in allen Bereichen des Gebäudes nachgewiesen wird. Wenn das Gebäude eine Funkversorgung mit den Gerätschaften der Feuerwehr aufgrund seiner Ausdehnung und/oder Bauweise nicht ermöglicht, ist eine Gebäudefunkanlage zu installieren, sofern dies aus einsatztaktischer Sicht erforderlich ist.

Gebäudefunkanlagen bestehen aus ortsfesten Sende- und Empfangsanlagen, einem Antennennetzwerk (siehe Abb. 3.55), einer Stromversorgung und den Bedieneinrichtungen. Die Einschaltung erfolgt oft automatisch durch die Brandmeldeanlage. Es muss die Möglichkeit bestehen, die Gebäudefunkanlage über eine Bedieneinrichtung an der Erstinformationsstelle zu aktivieren bzw. zu deaktivieren. Da die Anlage zumeist ausschließlich zur Unterstützung der Feuerwehreinsatzkräfte dient, ist die technische Ausführung mit den zuständigen Feuerwehren abzustimmen. Vorgaben für die technische Ausführung von Gebäudefunkanlagen befinden sich beispielsweise in der „Technischen Richtlinie für BOS-Gebäudefunkanlagen" (TR-Gebäudefunk) des Arbeitskreises vorbeugender Brand- und Gefahrenschutz der AGBF sowie in den „Musteranforderungen für Objektfunk im BOS-Digitalfunk" des Fachausschusses Technik des Deutschen Feuerwehrverbands (DFV) zusammengefasst (vgl. TR-Gebäudefunk, 2010; Musteranforderungen für Objektfunk, 2012).

Typische Gebäudecharakteristika, die eine Gebäudefunkanlage erforderlich machen können, sind mehrere Tiefgeschosse, eine große Ausdehnung oder strahlungswirksame Baustoffe wie Stahlbeton, Glas oder Stahl. In großen Bürogebäuden als nicht geregelte Sonderbauten kann auf solche Anlagen regelmäßig nur dann verzichtet werden, wenn durch entsprechende Funkfeldmessungen nachgewiesen wird, dass ein Funkverkehr in allen Gebäudeteilen möglich ist. Diese Randbedingung stellt häufig ein Planungsrisiko dar, weshalb es empfehlenswert ist, zumindest die Vorrüstung für eine Gebäudefunkanlage einzuplanen. Diese betrifft die Vorhaltung entsprechender Reserveflächen für Betriebsräume sowie für die Führung des Antennennetzwerkes. Die Verlegung und brandschutztechnische Abschottung der Antennenkabel ist aufgrund der erforderlichen Biegeradien und Abstandshalter häufig nicht trivial.

Wegen der Einführung des Digitalfunks, die zum Redaktionsschluss des vorliegenden Buches bereits größtenteils erfolgt ist, sind weiter gehende und frühzeitige Abstimmungen mit den sog. autorisierten Stellen der Bundesländer erforderlich. Der Genehmigungs- und Realisierungsprozess ist zeitlich nicht zu unterschätzen.

3.12.4 Sicherheitsbeleuchtung

Sicherheitsbeleuchtungsanlagen dienen dazu, die Beleuchtung bei Ausfall der allgemeinen Stromversorgung der Beleuchtungsanlage unverzüglich, automatisch und für eine vorgegebene Zeit in einem festgelegten Bereich zur Verfügung zu stellen. Eine Sicherheitsbeleuchtungsanlage besteht mindestens aus einer Stromversorgung und den Sicherheitsleuchten (siehe Abb. 3.56). Eine Sicherheitsbeleuchtung ist nicht ausschließlich auf den Brandfall ausgerichtet und muss folgende Funktionen erfüllen:

- Beleuchtung bzw. Hinterleuchtung der Sicherheitszeichen für Rettungswege,
- Beleuchtung der Rettungswege,
- ausreichende Beleuchtung der Brandbekämpfungseinrichtungen und/oder Meldeeinrichtungen entlang der Rettungswege,
- Ermöglichung von Rettungsmaßnahmen.

Sicherheitsbeleuchtungsanlagen müssen den Vorschriften der Normenreihe DIN VDE 0100 „Errichten von Niederspannungsanlagen" (mit Ausnahme der Normenteile 801 ff.), der Vornorm DIN VDE V 0108-100-1 „Sicherheitsbeleuchtungsanlagen – Teil 100-1: Vorschläge für ergänzende Festlegungen zu EN 50172" (2018) sowie der Norm DIN EN 1838 „Angewandte Lichttechnik – Notbeleuchtung" (2019) entsprechen.

In der MBO werden an 2 Stellen Anforderungen an die Einrichtung einer Sicherheitsbeleuchtungsanlage gestellt. Zum einen wird diese in § 35 Abs. 7 MBO gefordert für innenliegende notwendige Treppenräume, also solche ohne Fenster. Darüber hinaus besteht die Möglichkeit, diese als besondere Anforderung in Sonderbauten vorzusehen (§ 51 Nr. 10 MBO).

Da es sich bei Bürogebäuden um Arbeitsstätten handelt, sind die Anforderungen der technischen Regeln für Arbeitsstätten ebenfalls zu beachten. Entsprechend der ASR A2.3 werden Sicherheitsbeleuchtungsanlagen in Bürogebäuden oftmals dann erforderlich, wenn große Räume mit geringen Tageslichtbezügen wie z. B. Großraumbüros oder Untergeschosse vorhanden bzw. geplant sind, eine Gefährdung für eine Vielzahl von Personen anzunehmen ist oder wenn eine besondere Art der Rettungswegführung vorliegt. Ergänzend hierzu nennt die ASR A3.4/7 „Sicherheitsbeleuchtung, optische Sicherheitsleitsysteme" (2009) weitere Indikatoren, die aber insbesondere auf Arbeitsbereiche mit besonderen Gefährdungen abstellen. Diese werden bei Bürogebäuden in aller Regel nicht vorliegen. Für den Sonderfall einer direkten Anbindung von verwaltungsfremden Nutzungen wie z. B. Labor, Technikum o. Ä. kann das genannte Regelwerk jedoch herangezogen werden.

Das baurechtliche Anforderungsniveau an geregelte Sonderbauten kann aus den bekannten Sonderbauvorschriften abgeleitet werden (vgl. u. a. MVKVO, MVStättVO, MHHR). Zusammengefasst ist in folgenden Teilen dieser Sonderbauten eine Sicherheitsbeleuchtung erforderlich:

- Verkaufsräume und Räume mit Kunden- und Besucherverkehr,
- Versammlungsräume sowie alle übrigen Räume für Besucher (z. B. Foyers, Garderoben, Toiletten),
- Treppenräume, Treppenraumerweiterungen und Ladenstraßen sowie notwendige Flure,
- Rettungswege auf dem Dach und Außentreppen,
- Vorräume von Aufzügen,
- Arbeits- und Pausenräume, Mitarbeiterräume,
- Räume für Mitwirkende und Beschäftigte mit mehr als 20 m^2 Grundfläche (ausgenommen Büroräume),
- Toilettenräume mit einer Fläche von mehr als 50 m^2,
- Werkstätten und Lagerbereiche,
- elektrische Betriebsräume und Räume für haustechnische Anlagen,
- Bereiche der Anlieferung und deren Vordächer,
- Sicherheitszeichen und Stufenbeleuchtung.

Mit dem Hinweis, dass einzelne Festlegungen in den Sonderbauvorschriften nicht deckungsgleich sind, kann es bei der Planung komplexer Bürogebäude im Einzelfall empfehlenswert sein, sich an diesem Anforderungsniveau zu orientieren.

In der MVKVO wird zudem die Anforderung definiert, dass sich die Nutzer bis zu öffentlichen Verkehrsflächen gut zurechtfinden können. Ein ähnlicher Wortlaut ist auch in der MVStättVO niedergelegt. Im Einzelfall ist somit zu prüfen, ob z. B. auch in den Außenanlagen eine Sicherheitsbeleuchtung vorgesehen werden muss. Dies richtet sich im Wesentlichen nach der Lage des Sammelplatzes, dessen Festlegung eine Schnittstelle zum betrieblichen und organisatorischen Brandschutz darstellt (vgl. Kapitel 3.13.2).

Eine wiederkehrende Problemstellung bei der Planung von Bürogebäuden ist die normativ geforderte Sicherheitsbeleuchtung für Brandbekämpfungseinrichtungen und/oder Meldeeinrichtungen entlang der Rettungswege. Da die Anordnung von nicht automatischen Meldern ebenfalls im Planungsumfang der Haustechnik enthalten ist, stellt dies regelmäßig kein Problem dar. Dahingegen erfordert die Anordnung der Brandbekämpfungseinrichtungen eine frühzeitige Koordination und Planung. Das bedeutet, dass die Standorte der tragbaren Feuerlöscher spätestens zur Ausführungsplanung der Sicherheitsbeleuchtung festgelegt sein müssen. Insbesondere für Vermietungsobjekte ohne konkrete Einrichtungsplanung stellt dies nicht selten eine Herausforderung dar.

3.12.5 Sicherheitsstromversorgung

Die Sicherheitsstromversorgung versorgt bei Störung der allgemeinen Stromversorgung wie z. B. bei Netzausfall, Anlagenstörung oder Brand die notwendigen Sicherheitseinrichtungen nach einer zulässigen Umschaltzeit weiter mit elektrischer Energie. Die Sicherheitsstromversorgung ist damit vom Funktionserhalt elektrischer Leitungsanlagen zu unterscheiden (vgl. dazu Kapitel 3.7). Ebenso erforderlich ist eine begriffliche Abgrenzung zur Ersatzstromversorgung, die in bestimmten Fällen aus betriebstechnischen Gründen erforderlich wird (z. B. EDV).

Die bei der Planung zu berücksichtigenden technischen Regelwerke sind insbesondere die Normenreihe DIN VDE 0100 sowie die Norm DIN EN 61936-1 bzw. VDE 0101-1 „Starkstromanlagen mit Nennwechselspannungen über 1 kV – Teil 1: Allgemeine Bestimmungen" (2014).

Eine Sicherheitsstromversorgungsanlage besteht mindestens aus einer ausreichend bemessenen Stromquelle (Einzel- oder Zentralbatterien, Aggregat), den zugehörigen Schaltanlagen sowie den elektrischen Leitungsanlagen zur Versorgung der notwendigen Sicherheitseinrichtungen.

Notwendige Sicherheitseinrichtungen sind Einrichtungen, die im Gefahrenfall – insbesondere im Brandfall – der Sicherheit von Personen dienen und die aufgrund bauordnungsrechtlicher Vorschriften oder aufgrund einer schutzzielorientierten Planung für ein Bürogebäude vorzusehen sind und einer Sicherheitsstromversorgung bedürfen. Folgende Einrichtungen sind in der Regel mit einer Sicherheitsstromversorgung auszuführen:

- Brandmeldeanlagen,
- Alarmierungsanlagen,
- automatische Löschanlagen,
- Anlagen zur Rauchableitung bzw. Rauchfreihaltung,
- Sicherheitsbeleuchtung,
- Stufenbeleuchtung und Hinweisschilder auf Ausgänge,
- Schließeinrichtungen von Feuerschutzabschlüssen,
- Brandfallsteuerungen von Aufzügen,
- Feuerwehraufzüge,
- Gebäudefunkanlagen.

Tabelle 3.4: Nicht vom Baurecht abgedeckte Prüffristen aus verschiedenen Regelwerken

Einrichtung	Vorschrift	Prüffrist in Jahren	Qualifikation
Feuerlöscher	• ASR A2.2 • DIN 14406-4	2 2	SK SK
automatische Schiebtüren in Rettungswegen	• AutSchR • ASR A1.7 • BGR 232	 1	 SK
Einrichtungen zum selbsttätigen Schließen von Feuerschutzabschlüssen	• DIBt-Richtlinien für Feststellanlagen • ASR A1.7 • bauaufsichtlicher Verwendbarkeitsnachweis • Herstellerangaben	1	FK/SK
kraftbetätigte Tore	• ASR A1.7 • BGR 232	1	SK
elektrische Verriegelungen von Türen in Rettungswegen	• EltVTR • Betriebsanleitung der Hersteller	1	SK
Blitzschutzanlagen	• DIN EN 62305-3 • VdS 2010	1–5	SK
Rauchabzüge in Treppenräumen	• VdS 2221 • Herstellerangaben	1	FK

SK sachkundige Person
FK fachkundige Person

Für Ventilatoren von Lüftungsanlagen, die der Rauchableitung dienen (vgl. Kapitel 3.11), werden in der Regel keine Maßnahmen zur Sicherheitsstromversorgung erforderlich.

Darüber hinaus kann bei beweglichen Bauteilen wie Feuerschutzabschlüssen, Jalousieklappen o. Ä. auf eine Sicherheitsstromversorgung verzichtet werden, wenn diese bei einem Netzausfall selbsttätig in den bestimmungsgemäß sicheren Zustand wechseln („stromlos zu bzw. auf").

3.13 Organisatorischer Brandschutz

3.13.1 Prüfung von technischen Anlagen

Um zu gewährleisten, dass die in Gebäuden angeordneten (sicherheits)technischen Anlagen betriebssicher und wirksam sind, schreibt der Verordnungsgeber in bestimmten Gebäuden für eine Vielzahl von Anlagen Prüfungen vor. Die Rechtsgrundlage ist die Muster-Prüfverordnung (MPrüfVO).

Der Anwendungsbereich der Verordnung wurde vom Gesetzgeber auf wenige Gebäude- bzw. Nutzungsarten beschränkt. Mit Blick auf Bürogebäude ist die MPrüfVO daher konkret in folgenden Fällen anzuwenden:

- Versammlungsstätten,
- Hochhäuser.

Für alle übrigen Bürogebäude gilt die MPrüfVO somit zunächst nicht. Damit sind auch die in ihnen verbauten sicherheitstechnischen Anlagen zunächst einmal nicht prüfpflichtig, auch wenn diese zur Erreichung der baurechtlichen Schutzziele erforderlich sind. Hiervon unberührt bleiben jedoch die allgemeinen Betreiberpflichten entsprechend § 3 MBO. Darüber hinaus obliegt es den Genehmigungsbehörden, im Einzelfall bzw. bei Sonderbauten weiter gehende Anforderungen zu stellen.

Die nach MPrüfVO erforderlichen Prüfungen müssen zum einen vor der ersten Inbetriebnahme erfolgen. Zum anderen muss sichergestellt werden, dass diese Anlagen über die gesamte Lebensdauer des Gebäudes ordnungsgemäß funktionieren; zusätzlich zu den erforderlichen Instandhaltungsarbeiten werden daher auch Wiederholungsprüfungen durch technische Sachverständige gefordert.

Fällt ein Bürogebäude in den Anwendungsbereich der Prüfverordnung, muss der Betreiber nach § 2 MPrüfVO Prüfungen für die folgenden technischen Anlagen vor der ersten Inbetriebnahme, nach einer wesentlichen Änderung der technischen Anlage oder Einrichtung sowie jeweils innerhalb einer Frist von 3 Jahren (wiederkehrende Prüfungen) durchführen lassen:

- Lüftungsanlagen, die mehrere Geschosse oder Brandabschnitte versorgen,
- CO-Warnanlagen (in geschlossenen Großgaragen),
- Rauchabzugsanlagen sowie maschinelle Anlagen zur Rauchfreihaltung von Rettungswegen,
- selbsttätige Feuerlöschanlagen wie Sprinkleranlagen, Sprühwasserlöschanlagen und Wassernebellöschanlagen,
- nichtselbsttätige Feuerlöschanlagen mit nassen Steigleitungen und Druckerhöhungsanlagen einschließlich des Anschlusses an die Wasserversorgungsanlage,
- Brandmelde- und Alarmierungsanlagen,
- Sicherheitsstromversorgungen.

Nicht alle (sicherheits)technischen Anlagen sind von den oben genannten Prüfungen durch Prüfsachverständige umfasst. Hierfür obliegt es dem Betreiber, das Bürogebäude instand zu halten (§ 3 MBO). Diese Anforderung betrifft auch alle technischen Anlagen. Bei der Instandhaltung sind die allgemein anerkannten Regeln der Technik zu beachten. Die in Tabelle 3.4 aufgeführten Sicherheitseinrichtungen sind in regelmäßigen Zeitabständen, nach technischen Regelwerken (z. B. Normen und Richtlinien) sowie Prüf- und Wartungsvorschriften der Hersteller auf ihre Wirksamkeit und ihre Betriebssicherheit zu prüfen.

Der Betreiber hat die bei den Prüfungen festgestellten Mängel, die eine konkrete Gefahr für die Sicherheit darstellen, unverzüglich und die sonstigen Mängel in angemessener Frist beseitigen zu lassen.

3.13.2 Betrieblicher und organisatorischer Brandschutz

In Brandschutznachweisen für moderne Bürogebäude nehmen Maßnahmen zum betrieblichen und organisatorischen Brandschutz einen zunehmend größeren Raum ein. Dies resultiert aus der Erkenntnis, dass Maßnahmen durch Selbsthilfekräfte wesentlich zur Verringerung von Brandschäden und zur Erhöhung der Personensicherheit beitragen können. Die Anforderungen, die sich aus dem Brandschutznachweis für ein Bürogebäude ergeben, müssen in geeigneter Weise mit dem betrieblichen und organisatorischen Brandschutz verknüpft werden.

Als präventiver Notfallplan und zur Dokumentation des betrieblichen Brandschutzes wird deshalb für viele Bürogebäude eine Brandschutzordnung nach DIN 14096 „Brandschutzordnung – Regeln für das Erstellen und das Aushängen" (2014) erforderlich. Je nach Komplexität des Bürogebäudes kann diese in einem abgestuften Zusammenspiel von 3 verschiedenen Teilen A, B und C vorgesehen werden.

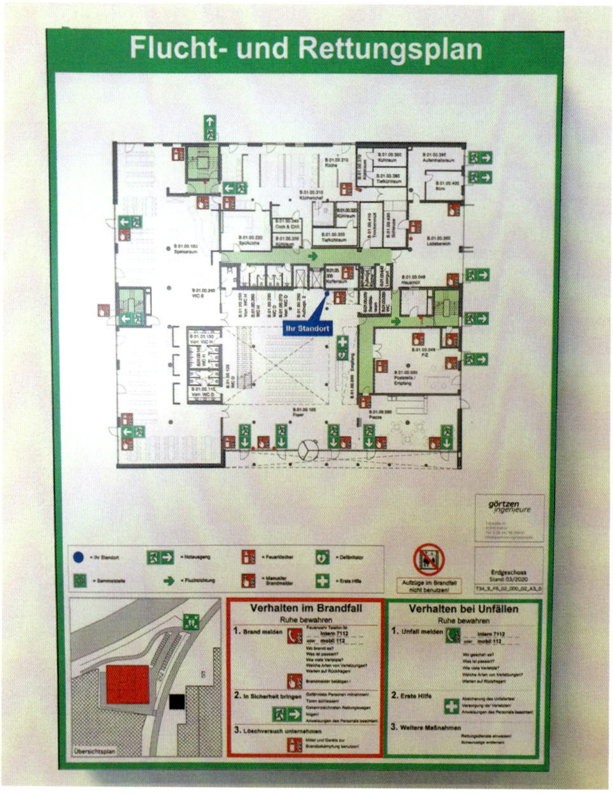

Abb. 3.57: Flucht- und Rettungsplan

Bei Teil A der Brandschutzordnung handelt es sich um Aushänge mit allgemeinen Schlagworten zur Brandverhütung und zum Verhalten im Brandfall für alle Personen im Objekt. Diese müssen in ausreichender Zahl im Objekt ausgehangen werden. Häufig ist die Brandschutzordnung Teil A zugleich Bestandteil der Flucht- und Rettungspläne.

Bei Teil B der Brandschutzordnung handelt es sich um eine Broschüre mit detaillierten Regelungen zur Brandverhütung und zum Verhalten im Brandfall. Diese muss an die Mitarbeiter im Objekt verteilt werden.

Teil C der Brandschutzordnung dient der Dokumentation der erforderlichen betrieblichen Brandschutzorganisation. Notwendige Inhalte und Themenbereiche sind z. B.:

- Aufgaben und Zuständigkeiten von im Brandfall aktiv handelnden Personen (Brandschutzhelfer, Räumungshelfer usw.),
- Alarmierungskonzept,
- Räumungsplan,
- objektspezifische Schutzmaßnahmen und Risiken,
- Festlegungen für den Einsatz der Feuerwehr,
- Dokumentation aller Maßnahmen in Form einer Brandschutzakte,
- Regelungen für die Schulung und Unterweisung der Personen im Objekt.

Aufgrund der inhaltlichen Verknüpfung von Brandschutznachweis und Brandschutzordnung ist vor Inbetriebnahme zu prüfen, ob alle objektspezifischen Belange des Brandschutznachweises von der betrieblichen Brandschutzorganisation berücksichtigt werden. Häufig werden die Brandschutzordnungen zu diesem Zweck mit den Brandschutzdienststellen bzw. den Feuerwehren vor Inbetriebnahme des Gebäudes durchgesprochen.

Aus den Anforderungen des Arbeitsschutzrechts heraus sind Betriebsangehörige in der Regel jährlich zu unterweisen. In Abhängigkeit von der Gefährdungssituation können im Rahmen der Gefährdungsbeurteilung kürzere Abstände gefordert werden. Durch die verschiedenen Sonderbauvorschriften wird gefordert, dass Betriebsangehörige bei Beginn des Arbeitsverhältnisses und danach in Abständen von höchstens 2 Jahren zu unterweisen sind in der Bedienung (und Lage) der Feuerlöschgeräte, der Brandmeldeeinrichtungen sowie in der Brandschutzordnung. Außerdem ist es wichtig, die Betriebsangehörigen z. B. über die Freihaltung von Flucht- und Rettungswegen, ausgewiesene Flächen für die Feuerwehr, den Betrieb von elektrischen Geräten oder den Umgang mit offenem Feuer zu informieren.

Um den Beschäftigten Informationen über die Flucht- und Rettungswege, die Sammelplätze, die Brandmeldeeinrichtungen, die Selbsthilfeeinrichtungen und die Maßnahmen zur Ersten Hilfe zu geben, werden in Bürogebäuden entsprechend den Vorschriften des Arbeitsschutzrechtes häufig Flucht- und Rettungspläne erforderlich (siehe Abb. 3.57), die an gut sichtbareren Stellen angebracht werden müssen. Die Grundsätze für die Erstellung der Flucht- und Rettungspläne sind in der technischen Regel DIN ISO 23601 „Sicherheitskennzeichnung – Flucht- und Rettungspläne" (2010) niedergelegt. Die Flucht- und Rettungspläne sind sowohl von den Brandschutzplänen eines Brandschutz-

Abb. 3.58: Feuerwehrplan (Quelle: Feuerwehr Bocholt, Bocholt)

nachweises abzugrenzen wie auch von den Feuerwehrplänen (vgl. Kapitel 3.13.3).

3.13.3 Feuerwehrpläne und Feuerwehrlaufkarten

Für die Einsatzdurchführung der Feuerwehr sind bei großen und ausgedehnten Bürogebäuden sog. Feuerwehrpläne nach DIN 14095 „Feuerwehrpläne für bauliche Anlagen" (2007) anzufertigen, wenn dies die Art und Nutzung des Gebäudes erfordert. Darüber hinaus müssen Feuerwehrpläne grundsätzlich dann erstellt werden, wenn ein Bürogebäude über eine zur Feuerwehr aufgeschaltete Brandmeldeanlage verfügt (vgl. Kapitel 3.9.1), um eine selbstständige und rasche Orientierung im Objekt zu ermöglichen.

Feuerwehrpläne sind Führungsmittel der Feuerwehr (siehe Abb. 3.58). Sie bestehen im Wesentlichen aus Objektinformationen sowie Übersichts- und Geschossplänen und beinhalten die für den Feuerwehreinsatz wesentlichen Informationen zu dem jeweiligen Objekt wie z. B. Zugänglichkeiten, sicherheitstechnische Einrichtungen oder Räume mit besonderen Gefahren. Sie sind somit von Flucht- und Rettungsplänen (vgl. Kapitel 3.13.2) sowie von den Brandschutzplänen eines Brandschutznachweises zu unterscheiden.

Die notwendigen Festlegungen für die Erstellung der Feuerwehrpläne sind in DIN 14095 niedergeschrieben. Regelmäßig sind jedoch weiter gehende Anforderungen und Konkretisierungen der örtlich zuständigen Brandschutzdienststellen bzw. Feuerwehren zu berücksichtigen.

Neben den Feuerwehrplänen sind für Bürogebäude mit einer automatischen Brandmeldeanlage außerdem sog. Feuerwehrlaufkarten erforderlich. Diese dienen bei der Lageerkundung dazu, dass die Einsatzkräfte einen ausgelösten Melder schnell auffinden können. Der Umfang der Laufkarten kann je nach Komplexität des Bürogebäudes große Ausmaße annehmen. Dies hat zunächst Rückwirkungen auf die Objektplanung, da die Laufkarten an der Erstinformationsstelle für die Feuerwehr bereitgehalten werden müssen. Reichen wie z. B. in Abb. 3.45 dargestellte Standardlösungen nicht aus, werden separate Schränke erforderlich, für die entsprechende Flächen vorgehalten werden müssen.

Neben den Aspekten der Vorhaltung sind auch die nennenswerten Zeitaufwände zu berücksichtigen, die im Zusammenhang mit der Erstellung der Feuerwehrpläne und -laufkarten, der Abstimmung mit der Brandschutzdienststelle sowie der Freigabe entstehen können.

Nicht vollständig oder nicht sachlich richtig vorliegende Feuerwehrpläne und/oder Feuerwehrlaufkarten führen in vielen Fällen dazu, dass eine Brandmeldeanlage nicht aufgeschaltet werden kann. Dies schließt eine Inbetriebnahme in aller Regel aus. Die Art und der Umfang der Feuerwehrpläne sowie der Feuerwehrlaufkarten müssen deshalb frühestmöglich mit der Brandschutzdienststelle bzw. der Feuerwehr abgestimmt werden, damit diese rechtzeitig zur Inbetriebnahme des Gebäudes vorliegen.

3.14 Ingenieurtechnische Verfahren

Die bisher aufgeführten Elemente des baulichen, anlagentechnischen und organisatorischen Brandschutzes bilden das Grundgerüst für die Brandschutznachweise von Bürogebäuden. Der Nachweis, dass die baurechtlichen Schutzziele erfüllt werden, erfolgt dabei über die Erfüllung der präskriptiven Anforderungen aus den zugrunde liegenden Regelwerken.

Immer wieder sind bei Bürogebäuden einzelne Entwurfscharakteristika oder Situationen im Bestand nicht unmittelbar durch das Baurecht beschrieben oder es liegt eine Abweichung vor. In solchen Fällen kann der Planungsprozess durch ingenieurtechnische Verfahren unterstützt werden.

Häufig werden hierbei Rechenverfahren unterschiedlicher Komplexität angewendet, um bestimmte Ereignisse bzw. Zustände (z. B. Brand, Räumung, Tragverhalten usw.) einzelfallbezogen für ein Gebäude zu untersuchen. Der Fokus des vorliegenden Buches liegt dabei auf der Betrachtung von Brand- und Räumungsszenarien.

3.14.1 Grundzüge der Nachweisführung

Grundsätze und Regeln für die Anwendung des Brandschutzingenieurwesens sind in Deutschland seit Veröffentlichung der DIN 18009-1 „Brandschutzingenieurwesen – Teil 1: Grundsätze und Regeln für die Anwendung" (2016) genormt. Die in der Norm beschriebene Einbettung inge-

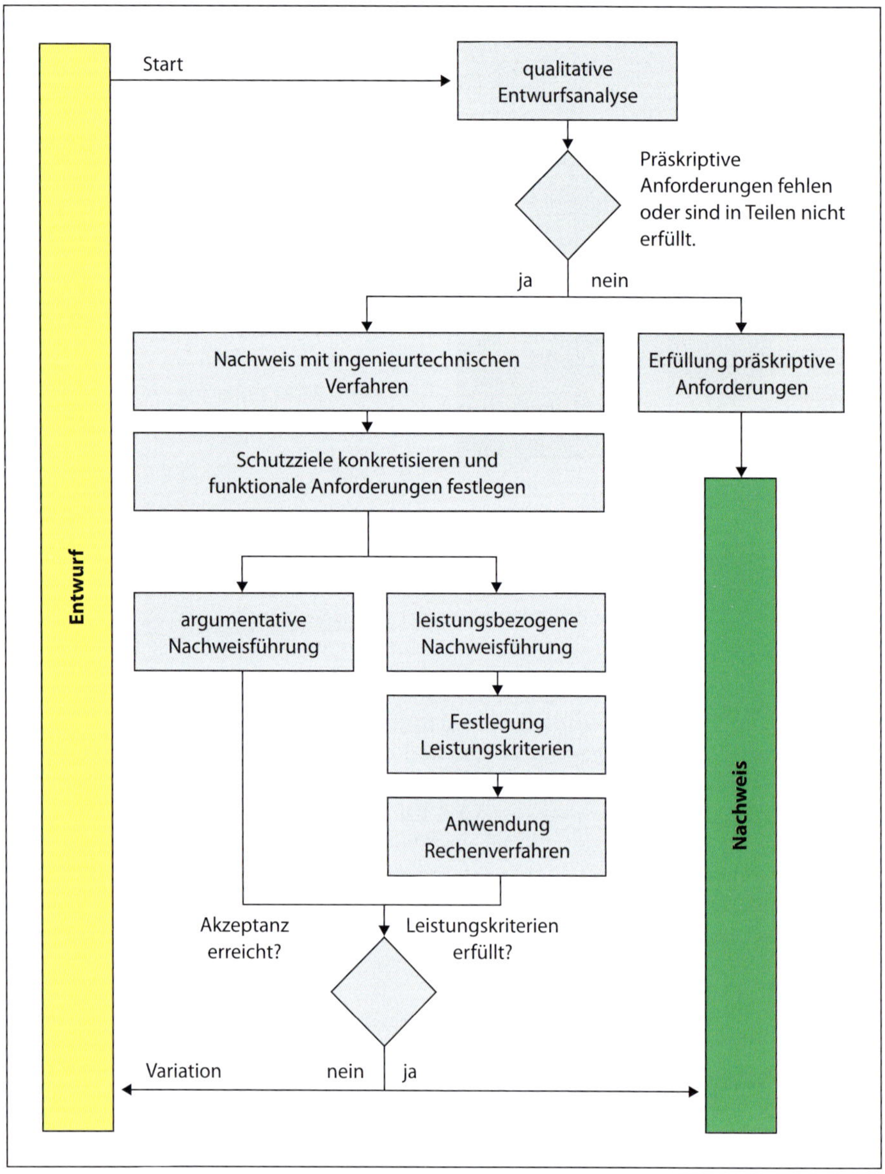

Abb. 3.59: Einbettung ingenieurtechnischer Verfahren in die Brandschutzplanung

nieurtechnischer Verfahren in die Brandschutzplanung ist als Regelkreis zu verstehen und kann Abb. 3.59 entnommen werden.

Ausgangspunkt eines Sondernachweises mithilfe von ingenieurtechnischen Verfahren kann die Analyse eines Gebäudeentwurfs oder einer Bestandssituation sein, aus der sich eine Fragestellung ableitet, die baurechtlich nicht geregelt ist oder die erheblich abweicht von den präskriptiven Anforderungen des Baurechts oder anderer Regelungsbereiche (z. B. Arbeitsstättenrecht).

Im ersten Schritt ist festzulegen, welche Schutzziele von der Fragestellung betroffen sind. In der Regel erfolgt so unmittelbar die Verzahnung mit den relevanten baurechtlichen Schutzzielen des Brandschutzes (vgl. Kapitel 2.2.1). Folgende Schutzziele sind im Kontext von ingenieurtechnischen Verfahren regelmäßig von Bedeutung:

- Behinderung der Ausbreitung von Feuer und Rauch,
- Rettung von Personen,
- Ermöglichung wirksamer Löscharbeiten.

Darüber hinaus können weitere Schutzziele wie z. B. der Sachwertschutz, der Denkmalschutz oder Fragestellungen des Arbeitsschutzes Gegenstand der Betrachtungen sein.

Nach Festlegung der relevanten Schutzziele sind diese weiter gehend mit funktionalen Anforderungen zu konkretisieren. Losgelöst von den oben genannten Schutzzielen können funktionale Anforderungen z. B. wie folgt formuliert werden:

- Gebäudenutzer können gefährdete Bereiche verlassen, ehe die Auswirkungen eines Brandes zu nicht mehr vertretbaren Bedingungen führen.
- Während der Selbstrettungsphase treten keine kritischen Staus auf.
- Die Selbstrettungsphase ist weitestgehend abgeschlossen, wenn die Feuerwehr an der Einsatzstelle eintrifft.
- Das Gebäude bleibt für einen definierten Zeitraum standsicher.

Ausgehend von diesen Überlegungen liegt den ingenieurtechnischen Verfahren immer eine Szenarienbetrachtung zugrunde. Der methodische Anspruch des Brandschutzin-

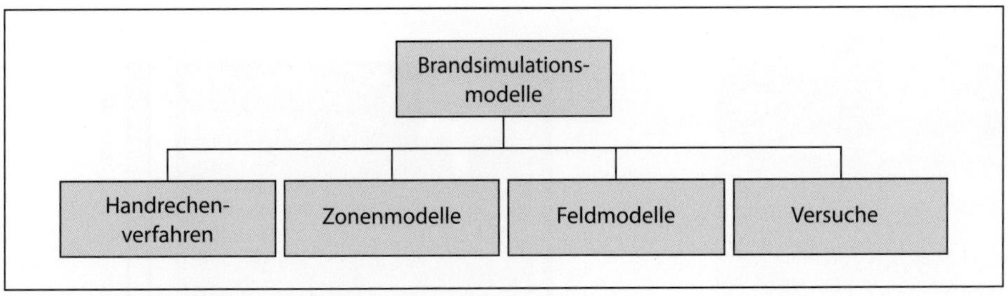

Abb. 3.60: Übersicht Brandsimulationsmodelle

genieurwesens liegt darin, den unbegrenzten Szenarienraum möglicher Gefahrenereignisse im Lebenszyklus eines Gebäudes auf ein handhabbares Maß zu reduzieren. Die Gesamtheit von denkbaren Szenarien ist deshalb zunächst in eine Teilmenge von maßgeblichen Szenarien und im Weiteren in eine nochmals reduzierte Anzahl von Bemessungsszenarien zu überführen. Dieses Vorgehen ist universell auf Brand- und/oder Räumungsszenarien übertragbar.

Aus methodischer Sicht werden die ingenieurtechnischen Verfahren grundsätzlich in die argumentative Nachweisführung und die leistungsbezogene Nachweisführung unterschieden. Während beide Verfahren eine vergleichbare Anwendungssystematik aufweisen, heben sich die leistungsbezogenen Nachweisverfahren von der argumentativen Nachweisführung dahin gehend ab, dass Rechenverfahren zur Anwendung gebracht werden. Ausgehend von der Festlegung der funktionalen Anforderungen muss der Anwender deshalb entscheiden, ob die Fragestellung argumentativ beantwortet werden kann oder ob ein leistungsbezogener Nachweis angemessen ist. Im Zuge dessen ist zudem eine Entscheidung zu treffen, welche Komplexität das Rechenmodell zur Beantwortung der Fragestellung aufweisen muss.

Bei einem leistungsbezogenen Nachweis müssen die zuvor definierten funktionalen Anforderungen durch sog. Leistungskriterien quantifiziert werden. Ausgehend von den durchzuführenden Berechnungen bedeutet dies, dass durch den Nachweisersteller konkrete, messbare Größen festgelegt werden. Gängige Leistungskriterien sind beispielsweise:

- Sichtbedingungen (u. a. optische Dichte), Gastemperaturen und Gaskonzentrationen zur Bestimmung verfügbarer Räumungszeiten,
- erforderliche Räumungszeiten,
- Räumungszeitdifferenz (Abgleich zwischen verfügbarer und erforderlicher Räumungszeit),
- Stauzeiten,
- Anzahl der Personen innerhalb eines Staus,
- Bauteiltemperaturen.

Die beschriebene Konkretisierung der funktionalen Anforderungen und Leistungskriterien ist untrennbar mit der Auswahl eines geeigneten Modells verbunden. Dabei muss sich die Modellauswahl nach der Fragestellung und den über die Schutzziele abgeleiteten funktionalen Anforderungen richten.

Die charakteristischen Merkmale der Szenarien sowie die erforderlichen Variationen und Annahmen werden zu einem Ensemble von maßgeblichen Brand- und/oder Räumungsszenarien zusammengeführt.

Die Auswertung und Interpretation der berechneten Leistungskriterien erfolgt in Verbindung mit Beurteilungswerten, die im Einzelfall festzulegen sind. Eine Einhaltung der Beurteilungswerte korrespondiert mit der Erfüllung der funktionalen Anforderung und damit des zugrunde liegenden Schutzziels. Auf Grundlage der Bemessungsszenarien erfolgt abschließend die Nachweisdokumentation.

Die dargelegte Vorgehensweise kann zur Begründung von Abweichungen und/oder Erleichterungen von den präskriptiven Anforderungen des Baurechts oder anderer Regelungsbereiche herangezogen werden.

Die Dokumentation solcher Nachweise erfolgt in der Regel in Form von eigenständigen Berichten, die als Anlage zum Brandschutznachweis fungieren.

3.14.2 Brandsimulation

Mit Brandsimulationsmodellen können die Auswirkungen eines Brandereignisses innerhalb von Bürogebäuden in unterschiedlichen Detaillierungsgraden untersucht werden (siehe Abb. 3.60).

Mit **Handrechenverfahren** können wesentliche Brandwirkungen wie z. B. Massenströme oder Temperaturen im Auftriebsstrahl (Plume) vereinfacht berechnet werden. Die Verfahren basieren in der Regel auf empirisch abgeleiteten Korrelationen und eignen sich insbesondere für erste Abschätzungen und/oder Vordimensionierungen, in der Regel unter Zugrundelegung stationärer Zustände.

Eine gesteigerte Komplexität weisen **Zonenmodelle** auf, die einzelne Räume oder auch einen Verbund von Räumen in mehrere Zonen unterteilen. Hierzu zählen die obere Rauchgasschicht, die untere, raucharme Schicht sowie der Plume, über den die heißen Rauchgase in die obere Schicht transportiert werden. Die Ausbildung der Zonen erfolgt vor allem in der Brandentstehungsphase sowie in ausgedehnten Räumen. Innerhalb der Zonen wird eine gleichförmige (mittlere) Temperatur- sowie Druckverteilung unterstellt. Ein Massenaustausch zwischen den Zonen erfolgt ausschließlich über den Plume-Massenstrom. Da insbesondere auch instationäre Zustände betrachtet werden können, erfolgt die Berechnung rechnergestützt. Der Aufwand ist jedoch im Hinblick auf Hardwareressourcen und Rechenzeiten moderat.

Feldmodelle stellen die Modelluntergruppe mit der derzeit größten Komplexität dar. Grundlage sind die strömungs- und thermodynamischen Erhaltungsgleichungen für Masse, Impuls und Energie sowie für den Transport von Stoffkomponenten, die mithilfe von partiellen Differenzialgleichungen beschrieben werden. Die Approxi-

Abb. 3.61: Brandsimulation in einem Bürogebäude mit einem geschossübergreifenden Luftraum (links: Visualisierung Feldmodell; rechts: Analyse der verfügbaren Räumungszeiten)

mation dieser Gleichungen erfolgt mit numerischen Lösungsverfahren, denen eine räumliche und eine zeitliche Diskretisierung (Unterteilung in eine endliche Anzahl von Elementen) zugrunde liegt. Damit können brandschutztechnisch relevante Leistungskriterien wie optische Dichte, Temperatur, Strahlung, Gaskonzentrationen usw. räumlich und zeitlich vergleichsweise fein aufgelöst werden (vgl. Abb. 3.61). Die Berechnung erfolgt rechnergestützt, da der Aufwand hinsichtlich der Hardwareressourcen und Rechenzeiten erhebliche Ausmaße annehmen kann. In vielen Fällen wird sogar die Nutzung von Rechenclustern erforderlich.

Immer wieder dienen im Einzelfall auch **Versuche** als Nachweisverfahren. Mit Blick auf brandtechnologische Fragestellungen sind hier beispielhaft Heißrauchversuche (vor Ort) oder Laborversuche zu nennen.

Bei der Modellauswahl müssen die maßgeblichen Brandszenarien und deren zu erwartenden Eigenschaften einbezogen werden. Zu den charakteristischen Eigenschaften von Brandszenarien zählen insbesondere Angaben zu dem betrachteten Gebäude, der geplanten Nutzung, möglichen Brandorten, Brandverläufen und Brennstoffen, anlagentechnische Aspekte sowie die Chronologie oder auch die Einflussnahme durch anwesende Gebäudenutzer und/oder die Feuerwehr. Daneben können aber auch die Erkenntnisse aus Parallelbetrachtungen zur Gebäuderäumung von Bedeutung sein.

Die Ausgabegrößen von Brandsimulationsmodellen können – je nach Modellart – unterschiedliche Komplexitäten annehmen. Die Spanne reicht von lokal-stationären Größen bis hin zu dreidimensional-dynamischen Größen.

3.14.3 Räumungssimulation

Mittels Räumungssimulation ist es möglich, die Bewegung von Personenströmen innerhalb von Büro- und Verwaltungsgebäuden zu modellieren. Im Kontext des Brandschutzingenieurwesens wird üblicherweise eine gerichtete Personenbewegung in Richtung der Ausgänge – also die Gebäuderäumung – untersucht. Abb. 3.62 stellt die Unterscheidung in Modelluntergruppen im Überblick dar.

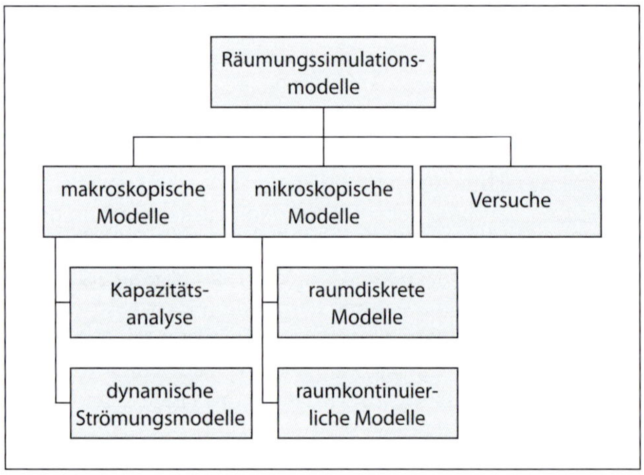

Abb. 3.62: Übersicht Räumungssimulationsmodelle

Im Vergleich mit den Brandsimulationsmodellen ist die Diversität bei den verfügbaren Modellen für die Räumungssimulation relativ groß. Das wesentliche Unterscheidungsmerkmal ist die Art und Weise, wie die Personen repräsentiert werden.

Bei **makroskopischen Modellen** werden die Personen als geschlossene Personenströme betrachtet, die sich nach den Gesetzmäßigkeiten der Hydraulik durch ein abstrahiertes Rettungswegsystem bewegen. Neben einer nutzungsspezifischen Personenzahl wird ein Personenstrom durch gemittelte Größen für die Personendichte und die Bewegungsgeschwindigkeit beschrieben. Die Abstraktion des Rettungswegsystems erfolgt als Graph, dessen Knoten und Kanten in Abstandsbeziehungen stehen und unterschiedliche Durchlasskapazitäten aufweisen. Je nach Komplexität der Fragestellung können makroskopische Verfahren als vereinfachte Kapazitätsanalysen oder mit dynamischen Bedingungen zur Anwendung gebracht werden. Die Berechnung der Bewegungsabläufe geht üblicherweise mit moderaten Aufwänden einher und erfolgt per Hand oder mithilfe von Tabellenkalkulationsverfahren. Kapazitätsanalysen eignen sich insbesondere für einfache Anwendungsfälle, Vordimensionierungen oder Plausibilitätsbetrachtungen. Mit dynamischen Strömungsmodellen können auch

Abb. 3.63: Mikroskopische Räumungssimulation für ein Bürogebäude (oben: Visualisierung Seitenansicht; unten: Analyse der erforderlichen Räumungszeiten)

komplexere Räumungsprozesse abgebildet werden, wobei die Anwendungsgrenzen durch komplexe Geometrien, heterogene Personeneigenschaften oder die zeitlich versetzte Vereinigung von Personenströmen zu berücksichtigen sind.

Bei der Verwendung **mikroskopischer Modelle** (siehe Abb. 3.63) werden die Personen als sog. Agenten betrachtet, die allesamt individuelle Eigenschaften wie z. B. Körpermaße, Gehgeschwindigkeiten oder Reaktionszeiten aufweisen. Die nutzungsspezifische Belegung eines Bürogebäudes ergibt sich somit als Kollektiv unterschiedlicher Agenten. Die Repräsentation des Gebäudes bzw. Rettungswegsystems und der Agenten erfolgt im Wesentlichen nach 2 verschiedenen Ansätzen:

- Bei raumdiskreten Modellen wird das Berechnungsgebiet in eine endliche Anzahl von Zellen zerlegt. Eine Zelle kann entweder gänzlich frei oder aber durch ein Bauteil oder eine Person belegt sein. Die Berechnung der Personenbewegungen erfolgt mit sog. Update-Algorithmen. Die Berechnungsaufwände sind vergleichsweise moderat.
- Darüber hinaus erlauben raumkontinuierliche Modelle eine deutlich filigranere Modellierung des Gebäudes bzw. Rettungswegsystems. Die Bewegungsgleichungen werden – der Bezeichnung folgend – im kontinuierlichen Raum gelöst und resultieren üblicherweise aus Kräftebilanzen oder Regeldefinitionen. Aufgrund der numerischen Lösung von Differenzialgleichungen ist der Berechnungsaufwand in der Regel höher als bei den raumdiskreten Modellen.

Neben rechnerischen Betrachtungen zur Bewegung von Personen(strömen) in Bürogebäuden können im Einzelfall auch **Versuche** als Nachweisverfahren dienen. Für Fragestellungen rund um die Personendynamik sind hier beispielhaft Räumungsübungen oder die Ermittlung von Durchflüssen an einzelnen Wegelementen zu nennen.

Die Auswahl der oben genannten Modellarten muss mit den maßgeblichen Räumungsszenarien und deren zu erwartenden Eigenschaften korrespondieren. Zu den charakteristischen Eigenschaften von Räumungsszenarien zählen insbesondere das Gebäude mit der zugehörigen Ausprägung der Rettungswege, die Nutzung mit spezifischen Nutzungsfällen und Nutzercharakteristiken, mögliche Räumungsanlässe sowie weiter gehende Sicherheitsmaßnahmen.

Die Ausgabegröße eines Räumungssimulationsmodells ist in der einfachsten Ausprägung eine globale Räumungszeit. Mit steigender Modellkomplexität steigt jedoch auch der Informationsgehalt der Ausgabegrößen. Beginnend mit dynamischen Strömungsmodellen ist es beispielsweise bereits möglich, Teilräumungszeiten einzelner Gebäudeteile zu ermitteln sowie potenzielle Staustellen und Stauzeiten zu prognostizieren. Darüber hinaus können mit mikroskopischen Modellen zusätzlich Aussagen zu individuellen Bewegungs- und Stauzeiten getroffen werden.

4 Praxisbeispiele

Die Bausteine der Brandschutzplanung aus Kapitel 3 sollen im Folgenden anhand von 11 verschiedenen Praxisbeispielen veranschaulicht werden. Das Spektrum reicht dabei von kleinen Bürogebäuden bis hin zum multifunktional genutzten Hochhaus.

Um die Orientierung zu erleichtern, greifen die Titel der Kapitel 4.1 bis 4.11 die baurechtliche Einstufung und die Besonderheit des jeweiligen Praxisbeispiels auf.

Die Untergliederung der einzelnen Praxisbeispiele folgt immer dem gleichen Schema: In einer einleitenden Gebäudebeschreibung werden zunächst wesentliche Informationen zum Gebäude vermittelt. Im Anschluss erfolgt die Gebäudeeinstufung vor dem Hintergrund der anzuwendenden baurechtlichen Regelwerke. Darauf aufbauend werden die Kernpunkte der zugrunde liegenden Brandschutzkonzeption erläutert, um dann ausgewählte Problemstellungen bei der Brandschutzkonzeption und die gewählten Lösungswege jeweils eigenständig zu erörtern.

Es wird darauf hingewiesen, dass die nachfolgenden Praxisbeispiele grundsätzlich keine vollumfängliche brandschutztechnische Beurteilung darstellen. Es handelt sich also nicht um ganzheitliche Brandschutznachweise, sondern um ausgewählte Teilaspekte der brandschutztechnischen Beurteilung. Ebenso wird bei den gezeigten Brandschutzskizzen zur Wahrung der Übersichtlichkeit nicht die Gesamtheit aller Brandschutzmaßnahmen dargestellt.

4.1 Gebäudeklasse 1 mit einer Nutzungseinheit

Das erste Praxisbeispiel beschreibt ein kleines Bürogebäude, das aus brandschutztechnischer Sicht einer vereinfachten Beurteilung unterliegt. Der Nachweis über die Erfüllung der baurechtlichen Brandschutzanforderungen erfolgt in diesem Praxisbeispiel durch Eintragungen im Lageplan und in den Bauzeichnungen sowie über die Baubeschreibung. Dies steht in Einklang mit den Regelungen aus § 11 Abs. 1 der Musterbauvorlagenverordnung (MBauVorlV). Ein eigenständiger Brandschutznachweis nach § 11 Abs. 2 Satz 3 MBauVorlV ist als Bauvorlage nicht erforderlich. Auch die Hinzuziehung eines Fachplaners zur Erstellung des Brandschutznachweises ist damit entbehrlich. Der Entwurfsverfasser führt durch eine sorgfältige Gestaltung der o. g. Unterlagen selbst den Nachweis, dass den Anforderungen an den Brandschutz ohne Weiteres Genüge getan wird.

Da sich das vorliegende Buch aber auch ausdrücklich an Architekten richtet und weil ein möglichst breites Spektrum von Bürogebäuden Berücksichtigung finden soll, werden auch für dieses einfache Gebäude die brandschutztechnischen Grundzüge beschrieben. Die Unterkapitel „Ausgewählte Problemstellungen“ und „Lösungswege“ entfallen aber konsequenterweise für Kapitel 4.1.

4.1.1 Gebäudebeschreibung

Das Gebäude ist freistehend errichtet und grenzt über eine Zufahrt mit zugehörigem Parkplatz unmittelbar an eine öffentliche Straße.

Die Abmessungen des Baukörpers betragen ca. 15,10 m in der Länge und 11,20 m in der Breite. Die überbaute Grundfläche beträgt ca. 170 m^2. Das Gebäude ist zweigeschossig ausgeführt. Die Fußbodenoberkante im ersten Obergeschoss liegt ca. 3 m über dem mittleren Geländeniveau. Der obere Abschluss des Gebäudes (Attika) befindet sich auf einer Höhe von ca. 6,30 m.

Das Gebäude nimmt ausschließlich eine Büro- und Verwaltungsnutzung auf. Es sind insgesamt 13 feste Arbeitsplätze vorhanden.

Die vertikale Erschließung des Gebäudes erfolgt über eine mittig angeordnete offene Treppe.

Die tragenden und aussteifenden Bauteile bestehen aus Mauerwerk. Die Außenwände sind massiv ausgeführt und mit hinterlüfteten Fassadenplatten bekleidet. Das Dach ist als Flachdach ausgeführt.

4.1.2 Baurechtliche Einordnung

Das Gebäude ist entsprechend § 2 Abs. 3 MBO der Gebäudeklasse 1 zuzuordnen, da es freistehend errichtet ist, eine Höhe von weniger als 7 m aufweist und eine Fläche von weniger als 400 m^2 umfasst. Das Gebäude bildet eine einzige Nutzungseinheit.

Ein Sonderbautatbestand entsprechend § 2 Abs. 4 MBO wird nicht erfüllt. Es handelt sich um einen Standardbau.

4.1.3 Konzept

Das Gebäude befindet sich unmittelbar an einer öffentlichen Straße innerhalb eines Misch- und Gewerbegebietes. Der Lageplan ist in Abb. 4.1 dargestellt. Damit ist das Gebäude für die Feuerwehr ausreichend erreichbar. Befahrbare Flächen für die Feuerwehr auf dem Grundstück sind nicht erforderlich. Die Zugänglichkeit erfolgt über den Haupteingang in Richtung der öffentlichen Straße.

Gemäß dem vorliegenden Brandrisiko ist für das Gebäude eine Löschwasserversorgung von 48 m^3/h über einen Zeitraum von 2 Stunden erforderlich. Dieser Volumenstrom

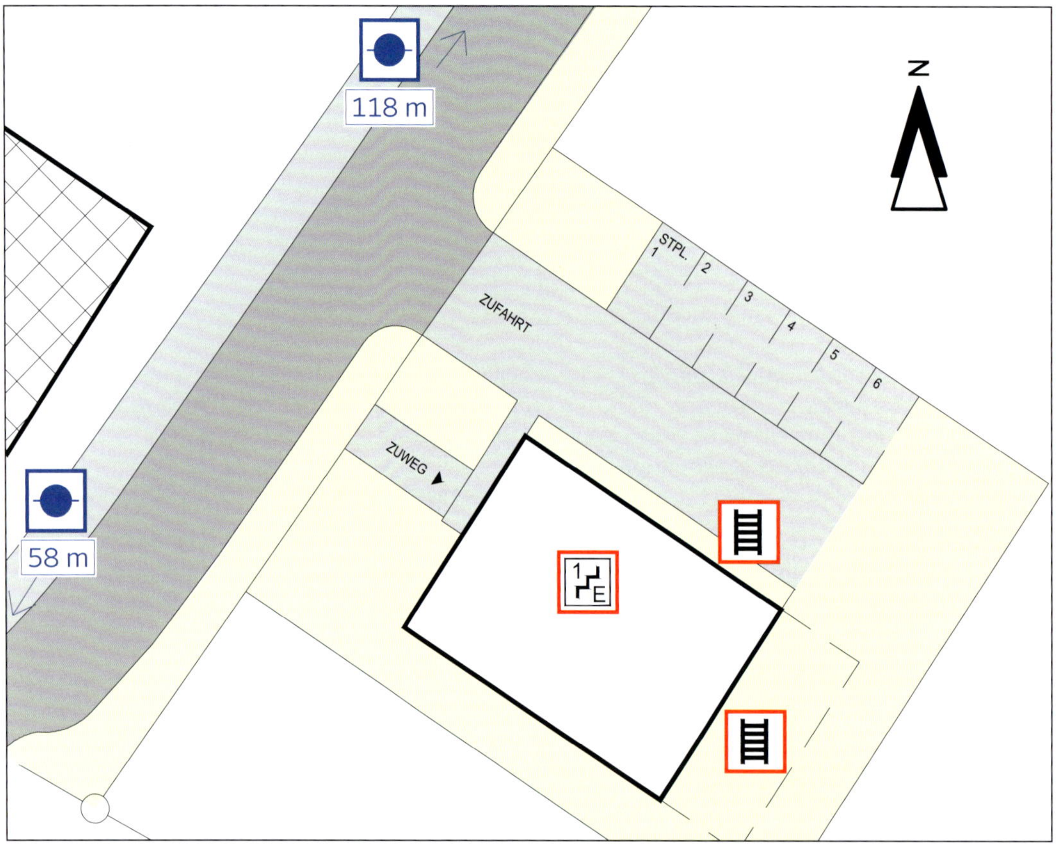

Abb. 4.1: Lageplan mit Flächen für die Feuerwehr und Löschwasserversorgung

wird über das öffentliche Leitungsnetz in Form von Unterflurhydranten sichergestellt. Der nächstgelegene Hydrant befindet sich in einer Entfernung von ca. 60 m.

Im Einklang mit der baurechtlichen Einordnung ist das Gebäude in einem Abstand von mindestens 2,50 m zu den Grundstücksgrenzen bzw. mindestens 5 m zu anderen Gebäuden errichtet. Das Gebäude bildet zudem einen Brandabschnitt mit einer maximalen Länge von 15,10 m. Weder Gebäudeabschlusswände noch innere Brandwände sind in der Gebäudeklasse 1 konzeptionell vorgesehen und somit auch nicht vorhanden.

An die tragenden und aussteifenden Bauteile werden in der Gebäudeklasse 1 keine weiter gehenden Anforderungen an den Feuerwiderstand gestellt. Das Tragwerk des Gebäudes ist massiv in Mauerwerk erstellt. Die Verwendung mindestens normalentflammbarer Baustoffe stellt das baurechtliche Mindestniveau dar, was hiermit übertroffen wird. Auch an die Decken werden in der Gebäudeklasse 1 keine Anforderungen an den Feuerwiderstand gestellt. Im vorliegenden Fall ist die Decke über dem Erdgeschoss massiv in Stahlbeton ausgeführt. Auch hier wird das baurechtliche Anforderungsniveau übertroffen.

Aufgrund der Abstände zu den Grenzen der benachbarten Grundstücke ist für das Gebäude eine harte Bedachung erforderlich. Das Dach besteht aus Holzbindern, einer Holzschalung mit einer Dämmschicht und einer daraufliegenden Abdichtungsbahn. Der Dachaufbau erfüllt die Anforderungen an eine harte Bedachung.

An die Außenwände wird in der Gebäudeklasse 1 lediglich die Anforderung gestellt, diese so auszubilden, dass eine Brandausbreitung auf und in diesen Bauteilen ausreichend lange begrenzt ist. Dies wird im vorliegenden Fall durch eine Fassadenkonstruktion aus Hochdruck-Schichtpressstoffplatten (HPL-Platten) erreicht, die aus normalentflammbaren Baustoffen besteht.

Die innere Erschließung des Gebäudes erfolgt über eine zentral angeordnete Treppe (siehe Abb. 4.2). Diese Treppe stellt eine notwendige Treppe im Sinne der MBO dar. In Übereinstimmung mit den Anforderungen an die Gebäudeklasse 1 ist ein notwendiger Treppenraum nicht erforderlich.

Da das Gebäude eine einzige Nutzungseinheit umfasst, sind keine brandschutztechnisch bemessenen Trennwände vorhanden.

Die Rettungswegkonzeption fußt darauf, dass in jedem Geschoss 2 voneinander unabhängige Rettungswege vorhanden sind. Dabei wird der erste Rettungsweg baulich sichergestellt, während der zweite Rettungsweg über anleiterbare Fenster führt. Sowohl für das Erdgeschoss als auch für das Obergeschoss führt der erste Rettungsweg über die Eingangstür im Erdgeschoss, im Fall des Obergeschosses vorgelagert noch über die notwendige Treppe. Im Erdgeschoss dient ein bodentiefes Fenster als zweiter Rettungsweg. Hier ist kein Einsatz von Rettungsgeräten der Feuerwehr erforderlich. Im Obergeschoss ist eine anleiterbare Stelle vorhanden, die mit tragbaren Leitern der Feuerwehr erreicht werden kann.

Die zulässige Rettungsweglänge von 35 m bis zum Erreichen des Freien wird eingehalten. Die größte Rettungsweglänge liegt mit 24 m im Obergeschoss vor. Entsprechend

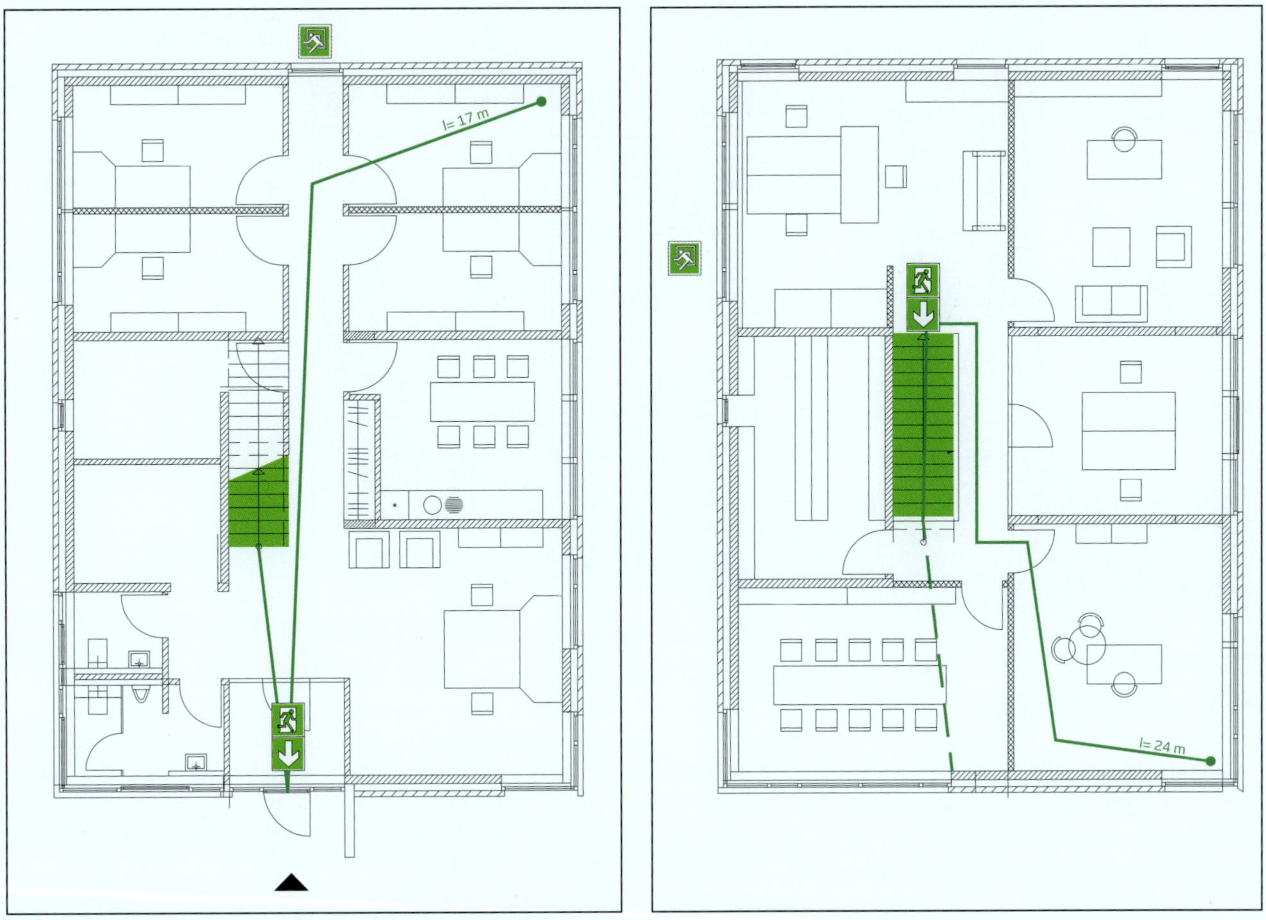

Abb. 4.2: Brandschutzvisualisierung Erdgeschoss (links) und Obergeschoss (rechts)

§ 35 Abs. 2 MBO ist die zulässige Lauflänge von 35 m entweder bis ins Freie oder bis zu einem notwendigen Treppenraum zu messen. Da im vorliegenden Fall kein Treppenraum ausgebildet ist, muss die Lauflänge über 2 Geschosse bis ins Freie ermittelt werden (siehe Abb. 4.2 [rechts]). Daher ist zu den Lauflängen im Ober- und Erdgeschoss auch die Lauflänge der Treppe zu addieren. Vereinfachend kann hier – in Anlehnung an die Regelung der MIndBauRL – die doppelte Geschosshöhe angenommen werden.

Eine spezielle Kennzeichnung der Rettungswege mit Sicherheitszeichen ist aufgrund der Gebäudegröße aus baurechtlicher Sicht entbehrlich. Eine Sicherheitsbeleuchtung ist ebenfalls nicht erforderlich.

Für die Entstehungsbrandbekämpfung durch Laien stehen tragbare Feuerlöscher in ausreichender Anzahl zur Verfügung.

Maßnahmen zur Rauchableitung sind nicht vorhanden. Im Brandfall kann durch die Feuerwehr Rauch über die Fenster und Türen abgeführt werden.

Da in dem Gebäude ausschließlich von wachen Personen auszugehen ist, sind Rauchwarnmelder baurechtlich nicht erforderlich.

Mit Ausnahme der regelmäßigen Unterweisung der Beschäftigten sind keine weiter gehenden Anforderungen an den organisatorischen Brandschutz zu stellen. Die Erstellung von Flucht- und Rettungsplänen bzw. einer Brandschutzordnung ist aufgrund der Gebäudegröße und der Nutzungscharakteristik nicht erforderlich.

4.2 Gebäudeklasse 3 mit einem baulichen Rettungsweg

Das Praxisbeispiel behandelt ein kleineres Bürogebäude mit insgesamt 4 Mieteinheiten im Erd- und Obergeschoss, das sich in einem Gewerbegebiet befindet.

4.2.1 Gebäudebeschreibung

Das Gebäude ist freistehend errichtet und grenzt mit Stellplätzen und einem Fußweg unmittelbar an eine öffentliche Straße. Die Hauptzugänglichkeit erfolgt auf der Nordseite des Gebäudes.

Die Abmessungen des Baukörpers betragen ca. 36,70 m in der Länge und 12,70 m in der Breite. Die überbaute Grundfläche beträgt ca. 455 m^2. Das Gebäude verfügt über ein Untergeschoss, ein Erdgeschoss und ein Obergeschoss. Der Fußboden im ersten Obergeschoss liegt ca. 3,30 m über dem mittleren Geländeniveau. Der obere Abschluss des Gebäudes (Attika) befindet sich auf einer Höhe von ca. 7,25 m.

Das Gebäude nimmt in den beiden oberirdischen Geschossen ausschließlich Büro- und Verwaltungsnutzungen auf. Die 4 Mieteinheiten sind als Zellenbüros organisiert und nehmen insgesamt ca. 40 feste Arbeitsplätze auf. Im Untergeschoss befinden sich Lagerräume und Flächen für die Haustechnik.

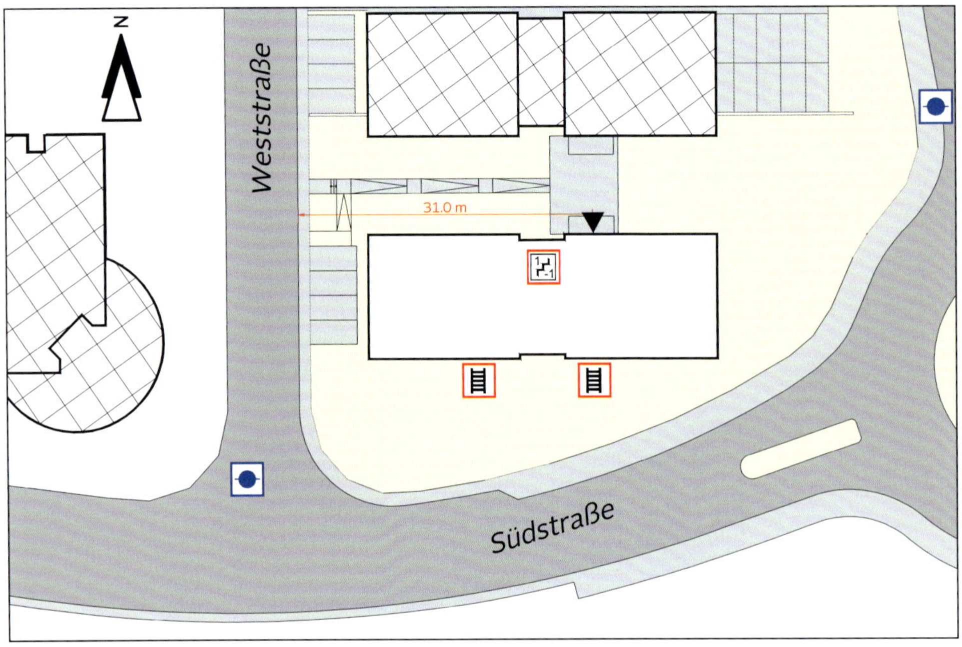

Abb. 4.3: Lageplan mit Flächen für die Feuerwehr und Löschwasserversorgung

Die vertikale Erschließung des Gebäudes erfolgt über einen zentral angeordneten Treppenraum, der im Erdgeschoss zugänglich ist. Innerhalb der Büroflächen ist eine Aufzugsanlage vorhanden.

Die tragenden und aussteifenden Bauteile bestehen aus Stahlbeton und Mauerwerk. Die Decken sind massiv in Stahlbeton ausgeführt. Im Haupteingang ist außerdem ein kleines Foyer vorhanden, das bis in das Obergeschoss reicht. Die Außenwände sind massiv ausgeführt und mit einem Wärmedämm-Verbundsystem (WDVS) bekleidet. Das Dach ist als Flachdach errichtet.

4.2.2 Baurechtliche Einordnung

Die Höhe der Aufenthaltsräume im Obergeschoss liegt 3,30 m über dem mittleren Geländeniveau. Das Gebäude nimmt darüber hinaus 4 Nutzungseinheiten auf, die insgesamt größer als 400 m^2 sind. Dementsprechend wird das Gebäude gemäß § 2 Abs. 3 MBO in die Gebäudeklasse 3 eingestuft.

Entsprechend § 2 Abs. 4 Nr. 5 MBO sind Gebäude mit Räumen, die einer Büro- oder Verwaltungsnutzung dienen und einzeln eine Grundfläche von mehr als 400 m^2 haben, als Sonderbauten einzustufen. Im vorliegenden Fall werden keine einzelnen Räume mit mehr als 400 m^2 Fläche ausgebildet (vgl. Entscheidungshilfen der obersten Bauaufsicht, 2016, FAQ Nr. 27 [Stand 04-2012]). Das betrachtete Gebäude erfüllt somit keinen Sonderbautatbestand.

4.2.3 Konzept

Das Gebäude wird über eine öffentliche Straße erschlossen (siehe Abb. 4.3). Der Hauptzugang befindet sich auf der Nordseite des Gebäudes. Die Entfernung zwischen öffentlicher Verkehrsfläche und dem Hauptzugang beträgt ca. 30 m. Auf dem Grundstück sind aus diesem Grund keine zusätzlichen Flächen für die Feuerwehr erforderlich.

In dem betrachteten Bürogebäude wird der zweite Rettungsweg aus dem Erd- und Obergeschoss über Rettungsgeräte der Feuerwehr sichergestellt. Aufgrund der maximalen Brüstungshöhe von ca. 4,50 m kann hierfür die Steckleiter zum Einsatz gebracht werden (vgl. Kapitel 3.6.9). Ein Aufstellen der Steckleiter ist auf der Südseite des Gebäudes möglich, hierfür stehen in den Außenanlagen ausreichende Flächen zur Verfügung.

Für die Löschwasserversorgung ist bei dem vorliegenden Brandrisiko ein Volumenstrom von 96 m^3/h über einen Zeitraum von 2 Stunden erforderlich. Die erforderliche Löschwassermenge kann im vorliegenden Fall aus dem öffentlichen Leitungsnetz über 2 Unterflurhydranten entnommen werden. Der nächstgelegene Hydrant befindet sich in einem Abstand von ca. 30 m zum Grundstückszugang.

Das betrachtete Bürogebäude weist Abstände von mehr als 2,50 m zu den Grundstücksgrenzen sowie Abstände von mehr als 5 m zu anderen Gebäuden auf. Gebäudeabschlusswände sind somit nicht erforderlich.

Die größte Ausdehnung des Gebäudes beträgt in Ost-West-Richtung ca. 36,70 m. Das Gebäude bildet einen Brandabschnitt; die Ausbildung innerer Brandwände ist nicht erforderlich.

Die tragenden und aussteifenden Bauteile sowie die Decken sind in Stahlbeton errichtet. Das baurechtliche Anforderungsniveau an den Feuerwiderstand ist im vorliegenden Fall „feuerhemmend“, was mit der massiven Bauweise gewährleistet ist. Die Geschossdecken sind aus Stahlbeton hergestellt und entsprechen mindestens einer feuerhemmenden Bauart. Im Haupteingang gibt es eine Deckenöffnung; hier erstreckt sich ein Luftraum vom Erdgeschoss bis zum Obergeschoss.

Das Flachdach ist mit normalentflammbaren Dämmstoffen und einer Dachabdichtungsbahn ausgeführt. Des Weiteren ist eine Grobkiesauflage vorhanden. Der Dachaufbau erfüllt die Anforderungen an eine harte Bedachung.

Die Außenwände bestehen aus massiven Wandscheiben, die mit einem WDVS versehen sind. Große Anteile der

Abb. 4.4: Brandschutzvisualisierung Erdgeschoss (oben) und Obergeschoss (unten)

Fassade sind mit öffenbaren Fenstern und fest stehenden Verglasungen ausgeführt.

Die vertikale Erschließung des Gebäudes erfolgt über eine notwendige Treppe in der Gebäudemitte. Die notwendige Treppe wird in einem eigenen notwendigen Treppenraum geführt. Die Umfassungswände des Treppenraumes sind feuerhemmend. Weiterhin ist eine Aufzugsanlage vorhanden, die die Bürogeschosse mit dem Untergeschoss verbindet. Dementsprechend ist ein Fahrschacht mit feuerhemmenden Fahrschachtwänden vorhanden.

Sowohl im Erdgeschoss als auch im Obergeschoss werden je Geschoss 2 Nutzungseinheiten ausgebildet (siehe Abb. 4.4). Die Trennwände zur Ausbildung der Nutzungseinheiten sind feuerhemmend. Die Nutzungseinheiten haben eine maximale Brutto-Grundfläche (BGF) von ca. 238 m². Notwendige Flure werden nicht ausgebildet.

Die Rettungswegkonzeption folgt in beiden Geschossen demselben Prinzip: Aus jeder Nutzungseinheit steht ein Ausgang in den Treppenraum bzw. eine Ausgang direkt ins Freie als erster Rettungsweg zur Verfügung. Der zweite Rettungsweg wird jeweils über tragbare Leitern sichergestellt. Die anleiterbaren Stellen befinden sich an der Südfassade des Gebäudes. Diese Verortung ist günstig, da die anleiterbaren Stellen somit in Richtung der öffentlichen Verkehrsflächen zeigen. Personen können sich so in geeigneter Weise bemerkbar machen. Die Rettungsweglängen betragen im Gebäudeinneren maximal 25 m. Die Ausgänge in den Treppenraum bzw. ins Freie sowie die notwendige Treppe sind mit einer Rettungswegbreite von 1 m im Lichten dimensioniert.

Alle Rettungswege sowie Ausgänge direkt ins Freie sind mit nachleuchtenden Sicherheitszeichen ausgestattet.

Für die Bekämpfung von Entstehungsbränden werden in allen Mieteinheiten sowie im Untergeschoss tragbare Feuerlöscher an gut sichtbaren Stellen angebracht und gekennzeichnet.

Der zentrale Treppenraum wird aus gestalterischen Gründen mit einer geschlossenen Außenwandscheibe ausgebildet, sodass es sich um einen Treppenraum ohne Fenster handelt. Zur Unterstützung wirksamer Löscharbeiten ist an oberster Stelle eine Öffnung zur Rauchableitung vorhanden. Die Bedieneinrichtungen befinden sich im Erdgeschoss sowie im Obergeschoss. Sowohl in den Nutzungseinheiten als auch im Kellergeschoss sind Fenster vorhanden, über die Rauch abgeführt werden kann.

Das notwendige Maß für den organisatorischen Brandschutz beschränkt sich auf eine Brandschutzordnung Teil A sowie Flucht- und Rettungspläne. Diese sind in kombinierter Art an den Treppenraumzugängen ausgehängt.

4.2.4 Ausgewählte Problemstellungen

Trotz des überschaubaren Umfangs weist dieses Praxisbeispiel 2 Problemstellungen auf, die charakteristisch für Bürogebäude sind. Betroffen sind sowohl der bauliche Brandschutz als auch die Sicherstellung der Rettungswege:

- Zur Schaffung eines repräsentativen Eingangsbereiches werden das Erdgeschoss und das Obergeschoss durch ein geschossübergreifendes Foyer verbunden (siehe Abb. 4.4). Hierdurch entsteht eine Deckenöffnung, die nach § 31 Abs. 4 MBO in unterschiedlicher Weise behandelt werden kann: Einerseits können Abschlüsse mit der Feuerwiderstandsfähigkeit der Decke vorgesehen werden. Andererseits sind Öffnungen in feuerwiderstandsfähigen Decken zulässig, wenn diese innerhalb derselben Nutzungseinheit mit nicht mehr als insgesamt 400 m² Fläche in nicht mehr als 2 Geschossen liegen.
- Eine weitere Problemstellung ist im vorliegenden Fall die Sicherstellung des zweiten Rettungsweges aus dem Obergeschoss über tragbare Leitern. Da das Gebäude im Zuständigkeitsbereich einer freiwilligen Feuerwehr liegt, ist besonderes Augenmerk auf die Einsatzgrenzen hinsichtlich der zu rettenden Personenzahlen zu legen.

4.2.5 Lösungswege

Für die Realisierung der Deckenöffnung in der Nutzungseinheit NE 2 kann auf eine Abweichung von § 31 Abs. 4 MBO verzichtet werden. Im konkreten Fall ist eine Deckenöffnung über 2 Geschosse vorhanden und die zusammenhängende Fläche beträgt über beide Geschosse insgesamt ca. 193 m². Die brandschutztechnische Trennung gegenüber der Nutzungseinheit NE 4 erfolgt durch eine feuerhemmende Verglasung entlang der Galerie im Obergeschoss. Vor dem Hintergrund von § 31 Abs. 4 MBO wäre sogar ein Entfall der feuerhemmenden Verglasung und damit einhergehend eine einzige geschossübergreifende Nutzungseinheit mit 373 m² (NE 2 und NE 4) denkbar. Dieser Ansatz wird im vorliegenden Praxisbeispiel jedoch nicht weiterverfolgt, da ein kleinteiliger Zuschnitt der Nutzungseinheiten mit Blick auf die Sicherstellung der Rettungswege günstiger ist.

Die Sicherstellung des zweiten Rettungsweges über tragbare Leitern der Feuerwehr erfordert eine Begrenzung der Personenbelegung. Entsprechend den Ausführungen in Kapitel 3.6.9 ist dabei insbesondere die Leistungsfähigkeit der Feuerwehr zu beachten. Eine Rettung von bis zu 10 Personen aus einer nicht zu ebener Erde liegenden Nutzungseinheit ist in der Regel möglich. Die obere Schwelle von 30 Personen ist nur bei besonders leistungsfähigen Feuerwehren zugrunde zu legen (vgl. AGBF-Sitzungsergebnis Nr. 3/2000, 2000). Die Höhenlage der Geschosse und die Zahl der Nutzungseinheiten werden dabei nicht weiter differenziert. Das Gebäude befindet sich im Zuständigkeitsbereich einer großen freiwilligen Feuerwehr. Da bei der Rettung nur ein Geschoss zu überwinden ist, wird eine Begrenzung auf 15 Personen im Obergeschoss als sachgerecht erachtet.

4.3 Gebäudeklasse 3 mit Führung des zweiten Rettungsweges über benachbarte Nutzungseinheiten

4.3.1 Gebäudebeschreibung

Dieses Praxisbeispiel behandelt ein mittelgroßes Bürogebäude, das sich auf dem Gelände eines Logistikzentrums befindet. Das Gebäude ist freistehend errichtet. Der Grundriss ist rechteckig und weist Abmessungen von ca. 54 m in der Länge und ca. 19 m in der Breite auf. Die überbaute Grundfläche beträgt ca. 1.012 m². Das Gebäude verfügt über ein Erdgeschoss und 2 Obergeschosse. Die Fußbodenoberkante des zweiten Obergeschosses liegt 6,95 m über dem mittleren Geländeniveau. Auf dem Dach befindet sich eine Technikzentrale, in der keine Aufenthaltsräume möglich sind. Die Attika des Gebäudes schließt in einer Höhe von 12,80 m über dem Gelände ab.

Für die vertikale Erschließung des Gebäudes sind 2 Treppenräume an den kurzen Außenseiten des Baukörpers angeordnet. Beide Treppenräume verfügen über direkte Ausgänge ins Freie.

Im Erdgeschoss befindet sich ein Mitarbeitercasino mit ca. 130 Sitzplätzen. Die Essensausgabe sowie die Küchen- und Funktionsflächen schließen unmittelbar an das Casino an. Weiterhin befinden sich hier Lager-, Technik- und WC-Räume sowie das Büro und der Wareneingang der Küche. Die beiden Obergeschosse nehmen ausschließlich eine

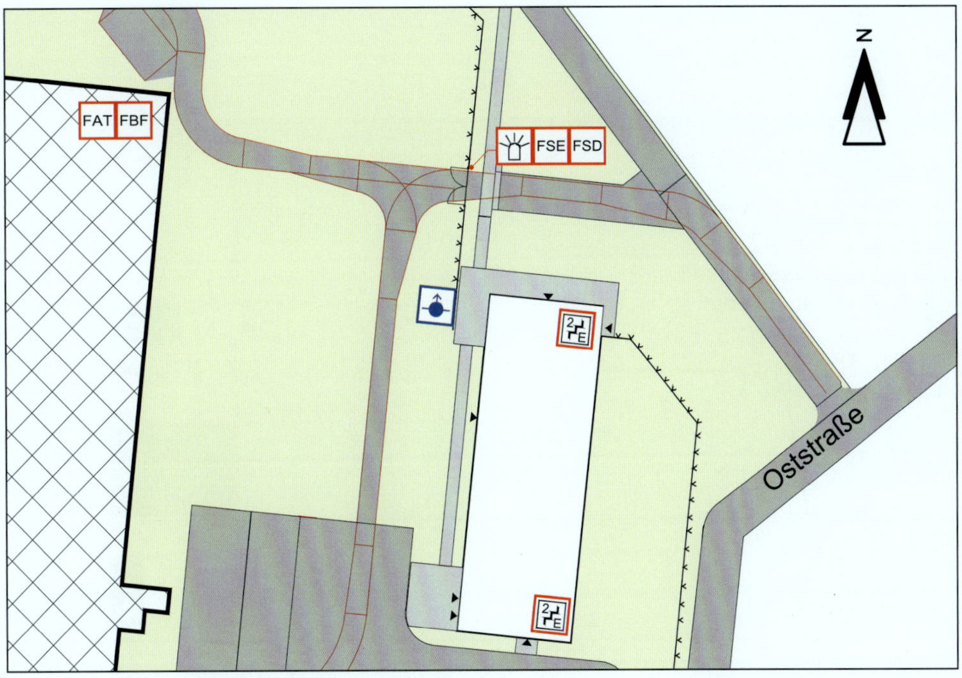

Abb. 4.5: Lageplan mit Flächen für die Feuerwehr und Löschwasserversorgung

Büro- und Verwaltungsnutzung auf. Hierfür werden je Geschoss sog. Gruppenbüros mit einer Fläche von ca. 880 m² ausgebildet.

Das Tragwerk des Gebäudes ist in massiver Bauweise in Stahlbeton errichtet. Auch die Decken sind massiv in Stahlbeton ausgebildet. Die Außenwände sind aus Stahlbetonfertigteilen mit einem aufgebrachten WDVS hergestellt. Großflächige Fensterelemente sorgen für die natürliche Belichtung der Büroflächen.

4.3.2 Baurechtliche Einordnung

Das Bürogebäude verfügt über ein Erdgeschoss und 2 Obergeschosse. Die Höhe der Aufenthaltsräume im zweiten Obergeschoss liegt 6,95 m über dem mittleren Geländeniveau. Das Gebäude nimmt darüber hinaus insgesamt mehr als 2 Nutzungseinheiten auf, die in Teilen auch größer als 400 m² sind. Dementsprechend wird das Gebäude gemäß § 2 Abs. 3 MBO in die Gebäudeklasse 3 eingestuft.

Für das Casino im Erdgeschoss ist darüber hinaus die Anwendung der MVStättVO zu prüfen. Gemäß § 1 Abs. 1 MVStättVO gilt diese erst für Versammlungsräume, die einzeln mehr als 200 Besucher fassen. Aus den Bauvorlagen ergibt sich, dass maximal 130 Sitzplätze angeordnet werden. Die MVStättVO ist dementsprechend im vorliegenden Fall nicht anzuwenden.

Des Weiteren ist zu prüfen, ob es sich um einen Sonderbau handelt. Mit Blick auf Bürogebäude sind entsprechend § 2 Abs. 4 Nr. 5 MBO nur Gebäude mit Räumen, die einer Büro- oder Verwaltungsnutzung dienen und einzeln eine Grundfläche von mehr als 400 m² haben, als Sonderbauten einzustufen. Im vorliegenden Fall werden zwar Nutzungseinheiten, aber keine einzelnen Räume mit einer Größe von mehr als 400 m² ausgebildet (vgl. Entscheidungshilfen der obersten Bauaufsicht, 2016, FAQ Nr. 27 [Stand 04-2012]). Das betrachtete Gebäude erfüllt somit keinen Sonderbautatbestand.

4.3.3 Konzept

Die Hauptzufahrt für die Feuerwehr befindet sich auf der Nordseite des betrachteten Bürogebäudes. Entlang der vorhandenen Feuerwehrumfahrt kann die Feuerwehr ihre Fahrzeuge für einen Lösch- und Rettungseinsatz positionieren.

Da das gesamte Logistikzentrum mit einer Brandmeldeanlage ausgestattet ist und das Gelände vollständig eingezäunt ist, befindet sich am Haupttor ein Feuerwehrschlüsseldepot (FSD Klasse 3). Hier werden mehrere Generalschlüssel bevorratet, mit denen sich sowohl alle Tore und Schranken im Außenzaun als auch alle Türen im Gebäudekomplex entriegeln lassen. In der Nähe des FSD sind ein Freischaltelement (FSE) und eine Blitzleuchte angebracht. Zentrale Anlaufstelle für die Feuerwehr auf dem Gelände ist die Erstinformationsstelle im benachbarten Logistikzentrum. Hier ist auch die Brandmeldetechnik für das Bürogebäude angebunden (siehe Abb. 4.5).

Aufgrund der Geländeausdehnung, der Bebauung und der großen Abstände zu den öffentlichen Verkehrsflächen ist auf dem Grundstück eine Löschwasser-Ringleitung vorhanden. Auf der Nordwestseite des Gebäudes ist ein Überflurhydrant angeordnet, über den die Löschwasserversorgung für das betrachtete Bürogebäude sichergestellt wird.

Das betrachtete Bürogebäude weist zu den Grundstücksgrenzen Abstände von mehr als 2,50 m sowie zu anderen Gebäuden auf demselben Grundstück Abstände von mehr als 5 m auf. Gebäudeabschlusswände sind somit nicht erforderlich.

Die größte Ausdehnung des Gebäudes beträgt in Nord-Süd-Richtung ca. 54 m. Auf die nach § 30 Abs. 2 MBO erforderliche Ausbildung einer inneren Brandwand – also auf eine Unterteilung des Gebäudes in 2 Brandabschnitte – wird verzichtet.

Die tragenden und aussteifenden Bauteile sowie die Decken sind in Stahlbeton errichtet. Das baurechtliche Anforde-

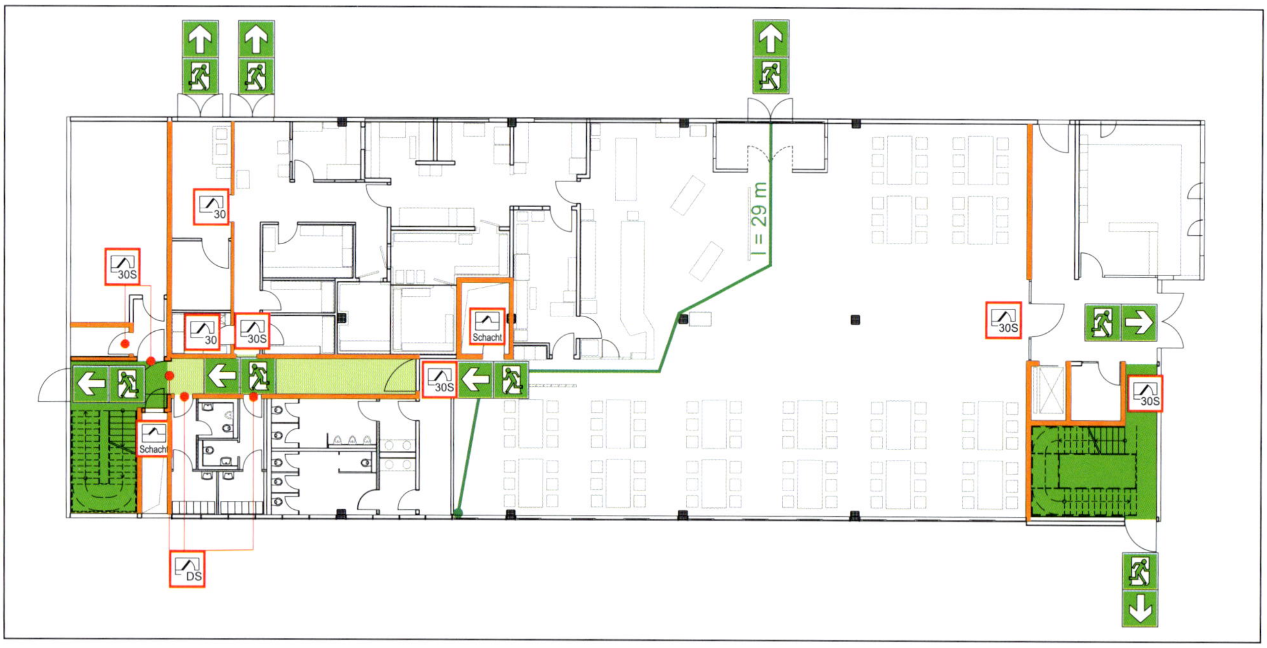

Abb. 4.6: Brandschutzvisualisierung Erdgeschoss

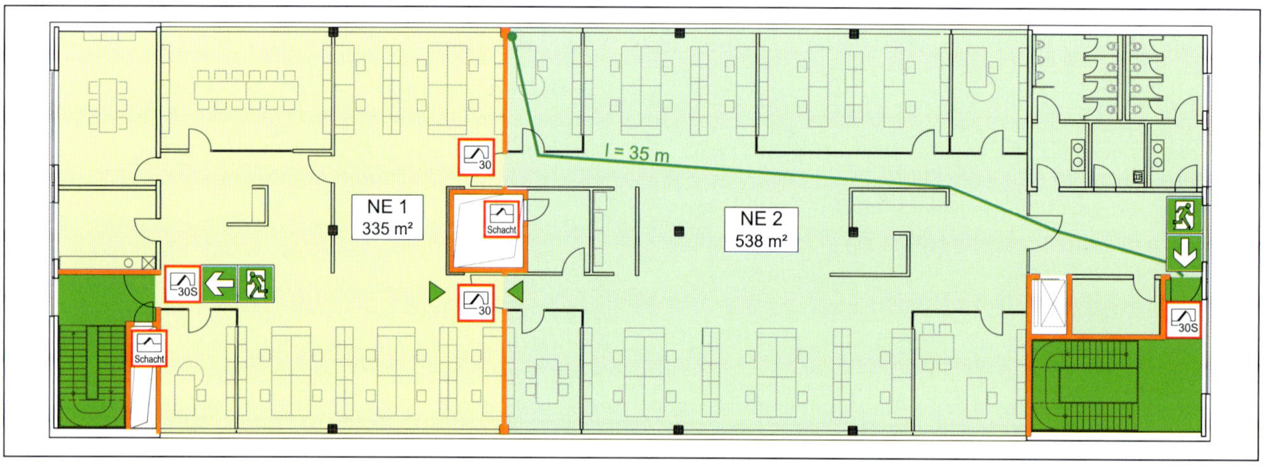

Abb. 4.7: Brandschutzvisualisierung erstes und zweites Obergeschoss

rungsniveau an den Feuerwiderstand ist im vorliegenden Fall „feuerhemmend", was mit der massiven Bauweise gewährleistet ist. Das Flachdach ist als harte Bedachung ausgeführt.

Im Erdgeschoss werden das Casino und die zugehörige Küche als eine zusammenhängende Nutzungseinheit betrachtet. Einzelne Technik- und Lagerräume sowie der Eingangsbereich mit zugehöriger Pforte werden mit Trennwänden in feuerhemmender Bauart abgetrennt (siehe Abb. 4.6).

Im Erdgeschoss ist zur Erschließung des Casinos und der Küche ein notwendiger Flur ausgeführt. Die Gruppenbüros in den beiden Obergeschossen werden als Nutzungseinheiten im Sinne von § 36 Abs. 1 MBO ausgebildet. Auf die Ausbildung notwendiger Flure wird damit verzichtet (siehe Abb. 4.7). Die Nutzungseinheiten (NE) weisen Größen von 335 bzw. 543 m^2 auf.

Alle erforderlichen Trennwände sind entsprechend den Anforderungen an die Gebäudeklasse 3 gemäß § 29 Abs. 1 MBO feuerhemmend ausgeführt. Die darin befindlichen Öffnungsabschlüsse sind entsprechend § 29 Abs. 5 MBO mindestens feuerhemmend, dicht- und selbstschließend. Die Türen in Wänden zwischen notwendigen Treppenräumen und Nutzungseinheiten sind gemäß § 35 Abs. 6 MBO feuerhemmend, rauchdicht und selbstschließend.

Alle Rettungswege werden baulich sichergestellt. Durch die Anordnung und Führung der Rettungswege im Erdgeschoss kann von jeder Stelle innerhalb von 35 m ein Ausgang direkt ins Freie erreicht werden. Die Obergeschosse sind jeweils in 2 Nutzungseinheiten aufgeteilt. Aus den Nutzungseinheiten kann jeweils ein Treppenraum innerhalb von 35 m erreicht werden. Ein zweiter Treppenraum ist über die jeweils andere Nutzungseinheit zugänglich.

Alle Rettungswege sowie Ausgänge direkt ins Freie sind mit beleuchteten Sicherheitszeichen ausgestattet.

Für das Gebäude ist eine Brandschutzordnung in den Teilen A bis C vorhanden. An allgemein zugänglichen Stellen sind außerdem Flucht- und Rettungspläne angebracht. Aufgrund der automatischen Brandmeldeanlage stehen Feuerwehrpläne zur Verfügung.

4.3.4 Ausgewählte Problemstellungen

Die besonderen Problemstellungen bei diesem Bürogebäude sind:

- die Brandabschnittsgröße,
- die Ausbildung von Nutzungseinheiten mit einer Fläche von mehr als 400 m^2 sowie
- die Führung des zweiten Rettungswegs über benachbarte Nutzungseinheiten.

Entsprechend § 30 Abs. 2 MBO sind ausgedehnte Gebäude durch innere Brandwände in höchstens 40 m lange Gebäudeabschnitte (Brandabschnitte) zu unterteilen. Das Gebäude weist mit einer Länge von 54 m in Nord-Süd-Richtung eine Ausdehnung von mehr als 40 m auf. Auf Brandwände soll dennoch verzichtet werden.

Gemäß § 36 Abs. 1 Satz 2 Nr. 4 MBO darf innerhalb von Nutzungseinheiten mit nicht mehr als 400 m^2, die einer Büro- oder Verwaltungsnutzung dienen, auf notwendige Flure verzichtet werden. Von dieser Regelung wird abgewichen, da im vorliegenden Fall Nutzungseinheiten mit einer Fläche von bis zu 543 m^2 ohne notwendige Flure ausgeführt werden.

Gemäß § 33 Abs. 1 MBO müssen in jedem Geschoss 2 voneinander unabhängige Rettungswege ins Freie vorhanden sein. Dabei dürfen beide Rettungswege jedoch innerhalb des Geschosses über denselben notwendigen Flur führen. Bei dem vorliegenden Gebäude führt einer der Rettungswege nicht über einen notwendigen Flur, sondern über eine angrenzende Nutzungseinheit (§ 36 Abs. 1 Nr. 4 [zweiter Halbsatz] MBO).

4.3.5 Lösungswege

Der Verzicht auf innere Brandwände ist in diesem Fall aus folgenden Gründen möglich: Zum einen wird das Gebäude durch zusätzliche Trennwände kompartimentiert; zum anderen wird die durch § 30 Abs. 2 Nr. 2 MBO (theoretisch) akzeptierte Brandabschnittsfläche von 1.600 m^2 mit einer tatsächlichen Brandabschnittsfläche von ca. 1.012 m^2 deutlich unterschritten. Aufgrund der automatischen Brandmeldeanlage bleiben Brände nicht unentdeckt, sodass die Feuerwehr frühzeitig eine Brandbekämpfung einleiten kann. Wirksame Löscharbeiten werden damit ermöglicht.

In beiden Obergeschossen wird bei je einer Nutzungseinheit die nach § 36 Abs. 1 MBO zulässige Fläche von 400 m^2 um ca. 143 m^2 überschritten. Notwendige Flure werden hier nicht ausgebildet. Diese Abweichung ist zulässig, da das Gebäude mit einer flächendeckenden Brandmelde- und Alarmierungsanlage ausgestattet ist. Brände bleiben somit nicht unentdeckt. Durch die Alarmierungsanlage mit Warntongebern kann die Räumung des Gebäudes frühzeitig eingeleitet werden. Darüber hinaus verfügen beide Nutzungseinheiten über 2 bauliche Rettungs- bzw. Angriffswege, die entgegengesetzt angeordnet sind. Die Rettung von Personen und wirksame Löscharbeiten werden damit gewährleistet.

Der zweite Rettungsweg in den Obergeschossen führt über die benachbarte Nutzungseinheit. Brandschutztechnische Bedenken können hier zurückgestellt werden, weil beide Nutzungseinheiten eines Geschosses vom gleichen Nutzer betrieben werden. Somit ist sichergestellt, dass keine Zugangsbeschränkungen bestehen und beide Rettungswege zu jeder Zeit genutzt werden können. Die Rettung von Personen ist damit möglich.

4.4 Gebäudeklasse 5 mit großer Ausdehnung

4.4.1 Gebäudebeschreibung

Bürogebäude mit großem Flächenbedarf können aus bautechnischen oder städtebaulichen Gründen unter Umständen nicht immer in innerstädtischen Bereichen realisiert werden. Eine Standortalternative stellen dann ausgedehnte Gebäudekomplexe in Technologie- oder Gewerbeparks dar. Das nachfolgende Praxisbeispiel greift ein solches Bauvorhaben auf und zeigt die hieraus resultierenden Problemstellungen und die entwickelten Lösungen.

Es handelt sich um einen freistehenden Gebäudekomplex, der auf einem Grundstück mit einer Größe von etwa 32.000 m^2 errichtet ist.

Der Grundriss erstreckt sich um eine zentrale Eingangshalle und weist 6 Gebäudeflügel auf, die von der Eingangshalle wegführen. Das Gebäude verfügt über ein Untergeschoss, ein Erdgeschoss und 3 Obergeschosse.

Die maximale Ausdehnung des Bürogebäudes beträgt oberirdisch ca. 215 m in der einen Richtung und ca. 129 m in der anderen Richtung. Die überbaute Fläche oberhalb der Geländeoberfläche beträgt ca. 7.100 m^2. Das Untergeschoss dient zur Aufnahme einer eingeschossigen Großgarage und weist eine überbaute Fläche von ca. 19.400 m^2 auf. Der Fußboden des dritten Obergeschosses liegt ca. 11,50 m über dem mittleren Geländeniveau.

Das Gebäude nimmt ca. 880 Arbeitsplätze auf. Die Arbeitsplätze werden vornehmlich in Zellenbüros entlang von Fluren angeordnet. Die Büroeinheiten sind zwischen 470 und 640 m^2 groß. Zur Versorgung der Mitarbeiter ist im Erdgeschoss eine Kantine vorhanden, die eine Grundfläche von ca. 1.000 m^2 einnimmt und im Normalbetrieb (Kantine) ca. 250 Sitzplätze aufweist. Dieser Gebäudeteil ist multifunktional ausgerichtet und kann auch für Veranstaltungen genutzt werden. In der zentralen Eingangshalle sind alle Geschosse offen über einen Luftraum miteinander verbunden. Die haustechnischen Anlagen sind im Untergeschoss untergebracht.

Zur Erschließung dienen 12 Treppenräume und 9 Aufzugsanlagen.

Das Gebäude ist vollständig in massiver Bauweise aus Stahlbeton ausgeführt. Der Ausbau erfolgt durch Mauerwerks- und Trockenbaukonstruktionen.

Die Fassaden bestehen aus Mauerwerk, Stahlbeton und raumhohen Verglasungen mit Fensterflügeln. Die Dächer sind als Stahlbetonflachdächer ausgeführt und extensiv begrünt. Außerdem sind in Teilen verglaste Dächer vorhanden.

4.4.2 Baurechtliche Einordnung

Obwohl die Höhe des Gebäudes im Sinne von § 2 MBO weniger als 13 m beträgt, ist das Gebäude in die Gebäudeklasse 5 einzustufen, da die geplanten Nutzungseinheiten größer als 400 m^2 sind.

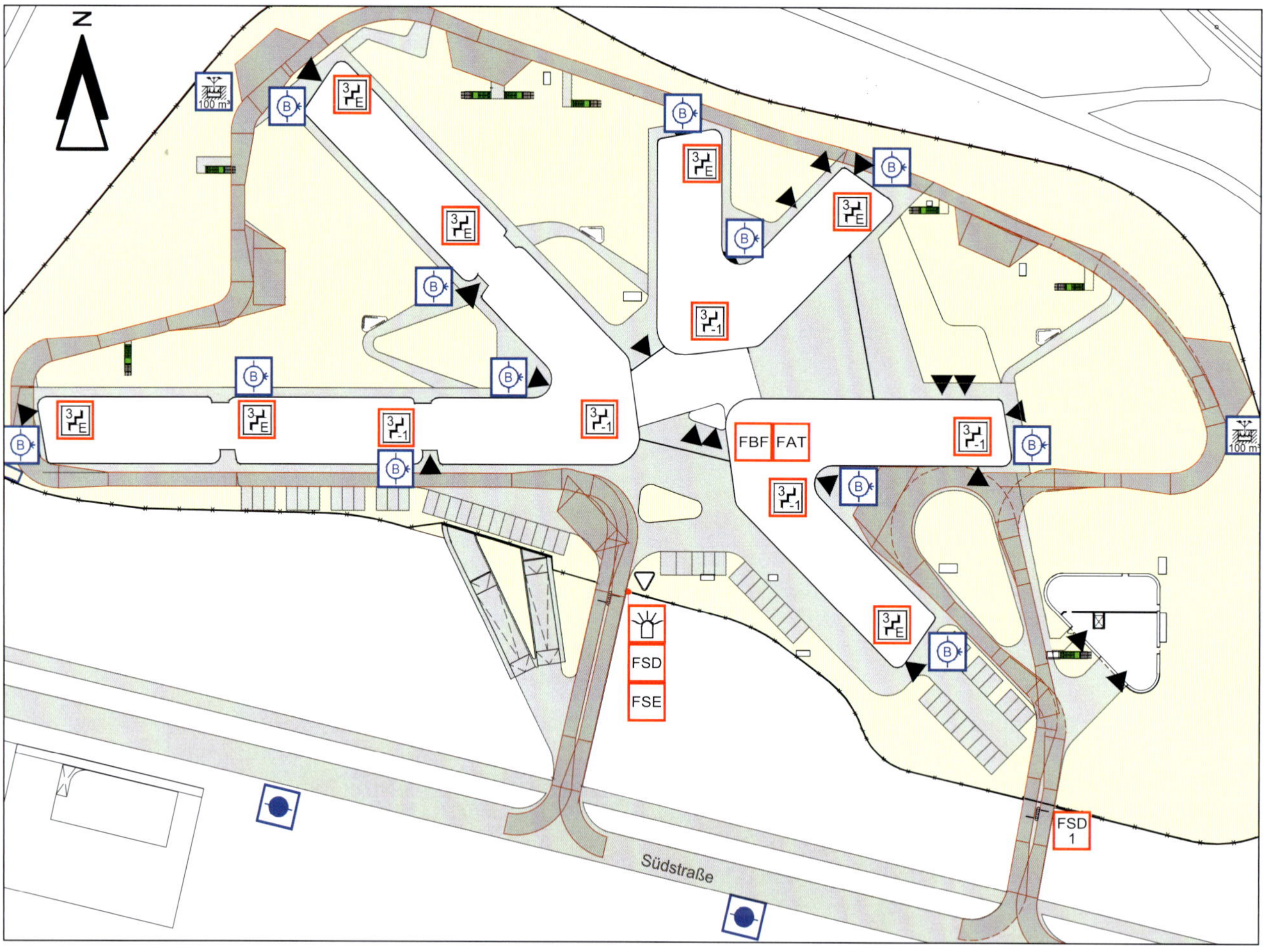

Abb. 4.8: Lageplan mit Flächen für die Feuerwehr und Löschwasserversorgung

Bei dem Bauvorhaben handelt es sich darüber hinaus um eine bauliche Anlage, die entsprechend der Auflistung aus § 2 Abs. 4 MBO aufgrund ihrer Art und Nutzung als Sonderbau einzustufen ist. Es handelt sich um

- ein Gebäude mit mehr als 1.600 m² Fläche des Geschosses mit der größten Ausdehnung,
- ein Gebäude mit Räumen, die einzeln für eine Nutzung durch mehr als 100 Personen bestimmt sind,
- eine Versammlungsstätte mit einem Versammlungsraum, der insgesamt mehr als 200 Besucher fassen kann.

Wie häufig bei Bürogebäuden dieser Größenordnung muss zusätzlich als Beurteilungsgrundlage die MVStättVO zugrunde gelegt werden, da die Kantine im Erdgeschoss für eine gleichzeitige Anwesenheit von mehr als 200 Personen geplant ist. Obwohl sich der einzige Versammlungsraum im Erdgeschoss befindet, handelt es sich im Sinne der MVStättVO um eine mehrgeschossige Versammlungsstätte, da es sich um ein Gebäude mit mehreren Geschossen handelt.

4.4.3 Konzept

Das Grundstück liegt an einer öffentlichen Straße. Der Gebäudekomplex selbst ist ausschließlich über Verkehrsflächen auf dem Grundstück zu erreichen. Aufgrund der großen Ausdehnung und der Vielzahl von Zugängen und damit Angriffswegen für die Feuerwehr ist eine geschlossene Feuerwehrumfahrt um den gesamten Komplex realisiert (siehe Abb. 4.8).

Diese Umfahrt ist von der öffentlichen Straße über eine Haupt- und eine Nebenzufahrt erreichbar. Da das Gelände vollständig eingezäunt und mit Toranlagen versehen ist, ist bei der Hauptzufahrt ein Feuerwehrschlüsseldepot (FSD Klasse 3) mit Feuerwehrfreischaltelement und Blitzleuchte angeordnet. Aufgrund der Größe des Komplexes werden hierin 4 Generalschlüssel bevorratet. Bei der Nebenzufahrt wird vor der Toranlage ein Feuerwehrschlüsseldepot (FSD Klasse 1) vorgehalten, sodass hier ein Torschlüssel (kein Objektschlüssel) sicher verwahrt ist.

Beide Tore sind elektrisch betrieben und verfügen deshalb über eine Sicherheitsstromversorgung, sodass die Tore auch bei Wegfall der allgemeinen Stromversorgung weiter mit Energie versorgt und betrieben werden können. Zusätzlich werden beide Tore bei Auslösung der Brandmeldeanlage angesteuert und geöffnet. Redundant hierzu erhalten die Tore eine Doppelschließung, sodass diese mit den Schlüsseln aus den FSD entriegelt und geöffnet werden können.

Zusätzlich gibt es in den Zufahrten auf das Gelände Schrankenanlagen. Diese werden ebenfalls elektrisch betrieben und erhalten eine Sicherheitsstromversorgung. Auch die Schranken werden bei Auslösung der Brandmeldeanlage angesteuert und geöffnet. Die Schranken lassen sich zusätzlich mit dem Feuerwehrdreikant entriegeln und öffnen.

Aufgrund der Größe des Objektes sind insgesamt 7 Bewegungsflächen entlang der Feuerwehrumfahrt so geplant, dass alle Gebäudezugänge von den Bewegungsflächen innerhalb von 60 m erreichbar sind. Somit können die Feuerwehrfahrzeuge so aufgestellt werden, dass alle Zugänge vom Löschfahrzeug aus mit 3 bis 4 B-Schlauchlängen erreicht werden.

Da alle Teile des Bürogebäudes so geplant sind, dass 2 bauliche Rettungswege zur Verfügung stehen, sind Aufstellflächen für Hubrettungsfahrzeuge der Feuerwehr nicht erforderlich.

Die Lage der Erstinformationsstelle (im Sinne von DIN VDE 0833-2), die als Anlaufpunkt für die Feuerwehr dient, ist so gewählt, dass sie direkt über die Hauptzufahrt erreichbar ist und damit der Feuerwehr eine schnelle Erkundung ermöglicht.

Für das Bürogebäude ist eine Löschwasserversorgung von 96 m^3/h über einen Zeitraum von 2 Stunden erforderlich. Dies ergibt sich auch aus der überwiegenden Bauart der Umfassungsbauteile, der harten Bedachung und der vorliegenden sonstigen Randbedingungen. In der angrenzenden öffentlichen Straße liegen in unmittelbarer Nähe zu den beiden Grundstückszufahrten 2 Unterflurhydranten, die den Grundschutz sicherstellen und die erforderliche Löschwassermenge von 96 m^3/h erbringen. Bei der großen Ausdehnung des Komplexes sind diese Hydranten aufgrund der Entfernungen nicht ausreichend. Daher befinden sich auf dem Grundstück 2 unterirdische Löschwasserbehälter gemäß DIN 14230 „Unterirdische Löschwasserbehälter“ (2012) mit je 100 m^3 Wasservolumen. An den Entnahmestellen dieser Löschwasserbehälter sind Bewegungsflächen angeordnet. Der maximale Abstand zu den anderen Bewegungsflächen (vgl. oben) beträgt 60 m bzw. 3 B-Schlauchlängen.

Im vorliegenden Fall handelt es sich um ein freistehendes Gebäude, das zu allen Seiten mehr als 2,50 m von den Grundstücksgrenzen entfernt errichtet ist. Die umgebende Bebauung befindet sich in einem Abstand von mehr als 5 m zu den betrachteten Gebäuden. Gebäudeabschlusswände sind somit nicht erforderlich.

Wegen der großen Ausdehnung von über 200 m in der einen und über 100 m in der anderen Richtung wird das Gebäude in 3 Brandabschnitte unterteilt. Trotz dieser Unterteilung beträgt die maximale Ausdehnung des größten Brandabschnittes ca. 132 m in der Länge und es liegt eine maximale Brandabschnittsfläche von ca. 5.183 m^2 vor. Da diese Grundfläche durch eine Vielzahl von feuerbeständigen Wänden mit feuerhemmenden, rauchdichten und selbstschließenden Türen unterteilt wird und eine flächendeckende Brandmeldeanlage mit automatischen Brandmeldern zur Brandfrüherkennung installiert ist, bestehen keine Bedenken gegen die Ausdehnung. Dies begründet sich auch in der atypischen Gebäudeform, der Erschließung über die Feuerwehrumfahrt und die Anordnung der entsprechenden Treppenraumkerne.

Die tragenden und aussteifenden Wände, Pfeiler und Stützen sind massiv aus Stahlbeton und Mauerwerk hergestellt. Die Anforderungen an ein feuerbeständiges Tragwerk werden erfüllt. Auch alle Decken sind massiv in Stahlbeton und in feuerbeständiger Bauart ausgeführt.

Die Anforderungen an Außenwände in der Gebäudeklasse 5 werden vollumfänglich eingehalten, da ausschließlich nichtbrennbare Baustoffe für die Fassaden und Dämmmaterialien zum Einsatz kommen.

Alle Dächer erfüllen die Anforderung der sog. harten Bedachung. Es sind Warmdächer mit Dampfsperre, Dämmschicht und Abdichtungsbahn ausgeführt. Auf einigen Dachflächen sind extensive Begrünungen vorhanden. Die Dämmstoffe bestehen im Bereich der Bürogeschosse aus schwerentflammbaren Baustoffen. Die Dämmstoffe oberhalb des Versammlungsraums (Kantine) sind nichtbrennbar.

Von den 12 notwendigen Treppenräumen sind 9 mit Fenstern und 3 ohne Fenster ausgebildet. Die Treppenräume münden jeweils direkt in die Nutzungseinheiten. Vorräume oder sonstige besondere Maßnahmen sind für die Treppenräume in der Gebäudeklasse 5 nicht erforderlich. Die Türen zwischen Nutzungseinheit und Treppenraum sind jeweils als feuerhemmende, rauchdichte und selbstschließende Türen ausgeführt. Für alle Treppenräume sind an der obersten Stelle Öffnungen zur Rauchableitung vorhanden. Diese Öffnungen stellen auch für die Treppenräume ohne Fenster eine ausreichende Rauchableitung sicher.

Alle Büroflächen sind in Nutzungseinheiten im Sinne der MBO unterteilt. Die Grundflächen dieser Einheiten liegen zwischen 470 und 643 m^2 (siehe Abb. 4.9). Die brandschutztechnische Trennung der Nutzungseinheiten erfolgt durch feuerbeständige Trennwände. In der gleichen Bauart erfolgt die Abschottung sonstiger Technikräume und Installationsschächte.

Die notwendigen Treppenräume sind so angeordnet, dass jede Nutzungseinheit über einen direkten Zugang zu 2 notwendigen Treppenräumen verfügt, ohne dass hierbei eine andere Nutzungseinheit durchschritten werden muss. Zur Sicherstellung der allgemeinen Zugänglichkeit sind zum Teil notwendige Flure vorhanden. Insoweit entspricht diese Anordnung § 36 Abs. 1 Nr. 4 MBO. Jede notwendige Treppe ist mit einer lichten Breite von 1,20 m ausgeführt. Die zulässige Rettungsweglänge von 35 m bis zum Treppenraum wird in allen Gebäudeteilen eingehalten. Die Rettungswege der Büronutzungseinheiten im Erdgeschoss führen ebenfalls durch die notwendigen Treppenräume. Aufgrund der Vielzahl der Ausgänge bestehen bei der geplanten Mitarbeiter-/Arbeitsplatzzahl von 880 keine Probleme hinsichtlich der Dimensionierung der Rettungswegbreiten.

Für die Sondernutzung „Kantine“ sind separate Rettungswege vorhanden. Diese führen über direkte Ausgänge ins Freie. Aufgrund der Kapazitäten der Treppenräume ist eine Alarmierung des Gesamtkomplexes gleichzeitig möglich.

Alle Rettungswege werden durch hinterleuchtete Sicherheitszeichen kenntlich gemacht. Hierzu zählen Ausgänge ins Freie bzw. in Vorräume und Treppenräume sowie die Hauptgänge in den Nutzungseinheiten und Versammlungsräumen. Die innenliegenden Treppenräume und die Versammlungsräume erhalten zusätzlich eine Sicherheitsbeleuchtung.

Abb. 4.9: Auszug Brandschutzvisualisierung drittes Obergeschoss

Automatische Feuerlöschanlagen oder nasse Wandhydranten sind nicht erforderlich. Wegen der Ausdehnung des Komplexes erhalten alle Treppenräume trockene Steigleitungen mit Einspeisestellen im Erdgeschoss und Entnahmestellen in allen Geschossen oberhalb und unterhalb des Erdgeschosses. Für die Entstehungsbrandbekämpfung durch Laien stehen tragbare Feuerlöscher in ausreichender Anzahl zur Verfügung.

Eine flächendeckende automatische Brandmeldeanlage (Kategorie „Vollschutz") ist vorhanden. Die Anlage ist zur zuständigen öffentlichen Feuerwehr aufgeschaltet. Überwacht wird die Brandkenngröße „Rauch" durch automatische Melder. Die Alarmierung erfolgt über Warntongeber, da in dem Gebäude keine ortsunkundigen Personen oder Besucher ohne Begleitung anwesend sind. Für die notwendigen Ansteuerungen im Brandfall ist eine Brandfallsteuermatrix erarbeitet. Aufgrund des großen unterirdischen Geschosses mit Aufnahme der Großgarage ist eine Gebäudefunkanlage installiert, die auch die oberirdischen Geschosse abdeckt.

Alle vorgenannten sicherheitstechnischen Anlagen sind mit einer Sicherheitsstromversorgung entsprechend den technischen Regelwerken ausgestattet.

Mit Blick auf den organisatorischen Brandschutz ist für das Gebäude eine Brandschutzordnung in den Teilen A, B und C erforderlich. Die besonderen Aufgaben zur Einhaltung des genehmigten Brandschutznachweises und die sich daraus ergebenden Anforderungen an den betrieblichen Brandschutz werden von einem Brandschutzbeauftragten überwacht. In allgemein zugänglichen Bereichen werden Flucht- und Rettungspläne angebracht. Für die Versammlungsstätte im Erdgeschoss sind Bestuhlungs- und Rettungswegepläne vorhanden. Aufgrund der Aufschaltung der Brandmeldeanlage sind Feuerwehrpläne vorhanden.

Das Gebäude fällt in den Anwendungsbereich der MPrüfVO. Die (sicherheits)technischen Anlagen werden von Prüfsachverständigen (wiederkehrend) auf ihre Wirksamkeit und Betriebssicherheit einschließlich des bestimmungsgemäßen Zusammenwirkens geprüft (Wirk-Prinzip-Prüfung).

4.4.4 Ausgewählte Problemstellungen

Das vorgestellte Praxisbeispiel ist mit nachfolgenden besonderen Problemstellungen verbunden:

- Erfordernis einer vollständigen Feuerwehrumfahrt,
- Erfordernis besonderer Maßnahmen zur Löschwasserversorgung,
- Ausdehnung der Brandabschnitte,
- Ausbildung von Nutzungseinheiten ohne notwendige Flure größer 400 m².

Geprägt durch die eher flache, aber sehr lang gestreckte Gebäudeform ergibt sich eine große Ausdehnung auf dem Grundstück. Eine Erreichbarkeit von öffentlichen Straßen ist lediglich über 2 Zufahrten auf das Betriebsgelände gegeben.

Hieraus resultiert zugleich ein sehr großer Abstand zu den Löschwasserentnahmestellen der öffentlichen Trinkwasserversorgung im Straßenbereich der öffentlichen Straße.

Aus dem außergewöhnlichen Grundriss der Obergeschosse ergibt sich der Bedarf zur Ausbildung größerer Brandabschnitte bzw. zum Verzicht auf die Anordnung einer Vielzahl von Brandwänden.

Unter Berücksichtigung der Zielsetzung, eine große Flexibilität in der Anordnung von Büros zu gewährleisten, wird auf die Ausbildung notwendiger Flure verzichtet, obwohl sich zwischen den jeweiligen Kernen Nutzungseinheiten mit einer Grundfläche deutlich über 400 m² ergeben.

4.4.5 Lösungswege

Trotz des hohen Anspruches an die Gestaltung der Außenanlagen auf dem Grundstück ist es im vorliegenden Beispiel unabdingbar, für das Bürogebäude eine geschlossene Feuerwehrumfahrt vorzusehen. Hierzu ist eine enge Abstimmung zwischen dem Planer der Außenanlagen und dem Brandschutzplaner in einer frühen Planungsphase erforderlich. Von Bedeutung ist dabei, die Feuerwehrumfahrt so zu planen, dass alle für den Feuerwehrangriff wesentlichen Zugänge innerhalb vertretbarer Abstände erreichbar sind. Im vorliegenden Beispiel ist ein Wert von 3 B-Schlauchlängen bis zum jeweiligen Eingang in den Treppenraum oder ins Gebäude Grundlage der Planung. Hierdurch ist es dem Planer der Außenanlagen möglich, anhand einheitlicher Kriterien die Feuerwehrumfahrt und die zugehörigen Bewegungsflächen zu planen.

Alle Teile der Umfahrt einschließlich der Zufahrten und der Bewegungsflächen sind befestigt entsprechend der Straßen-Bauklasse VI der von der Forschungsgesellschaft für Straßen und Verkehrswesen (FGSV) herausgegebenen „Richtlinien für die Standardisierung des Oberbaus von Verkehrsflächen" (RStO 01 [Ausgabe 2001]). Flächen mit sog. Schotterrasen sind nicht vorhanden. Nur unter der Bedingung der entsprechend guten und uneingeschränkten Erreichbarkeit aller Zugänge zum Gebäude durch die Einsatzkräfte der Feuerwehr sind die anderen Problemstellungen bzw. Abweichungen als genehmigungsfähig zu bewerten.

Die Problemstellung hinsichtlich der Löschwasserversorgung resultiert aus der Ausdehnung des Gebäudes. Die Entfernungen zwischen den öffentlichen Hydranten im

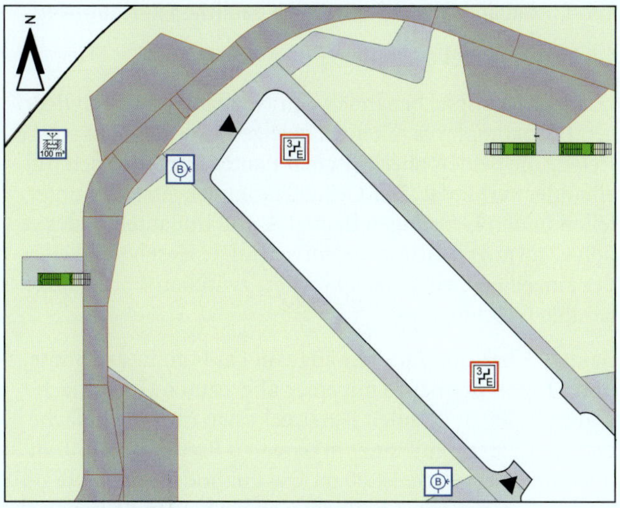

Abb. 4.10: Auszug Lageplan mit 3 Bewegungsflächen, Löschwasserbehälter und Einspeisearmaturen

Straßenraum und den Treppenraumzugängen auf der abgewandten Seite des Gebäudes liegen bei bis zu 600 m. Als Lösungsansatz werden – in Abstimmung mit dem Planer der Außenanlagen – 2 unterirdische Löschwasserbehälter nach DIN 14230 vorgehalten. Hier wird eine Entnahmemenge für den Erstangriff von 48 m³/h über 2 Stunden pro Behälter angesetzt. Hieraus ergibt sich das Volumen pro Behälter von 100 m³. Im Rahmen einer frühzeitigen Analyse günstiger Standorte ist sichergestellt, dass von jeder Bewegungsfläche eine Löschwasserentnahmestelle mit 3 B-Schlauchlängen erreichbar ist (siehe Abb. 4.10).

Die maximale Brandabschnittsfläche beträgt über 5.000 m². Dies ist eine deutliche Überschreitung des theoretischen Grenzmaßes von 1.600 m², das aus § 30 Abs. 2 Nr. 2 MBO abgeleitet werden kann. Aufgrund der besonderen Bauart des Gebäudes in massiver Bauweise mit feuerbeständigen Geschossdecken sowie der Unterteilung der Geschossflächen durch feuerbeständige Trennwände in Nutzungseinheiten, die kleiner als 800 m² sind, ist eine ungehinderte Brandausbreitung innerhalb der Brandabschnittsfläche unwahrscheinlich. Ferner ist nicht zu erwarten, dass die feuerbeständigen Trennwände mechanisch beansprucht werden. Unter Berücksichtigung aller Maßnahmen – Brandmeldeanlage, Feuerwehrumfahrt, Anordnung Treppenkerne – liegen Randbedingungen vor, bei denen das Schutzziel „Vorbeugung der Brandausbreitung" mit ausreichender Sicherheit erreicht wird.

Die Größe der Nutzungseinheiten ohne notwendige Flure liegt durchgängig zwischen 400 und 800 m². Die Abweichung von § 36 Abs. 1 Nr. 4 MBO wird kompensiert durch die Anordnung der flächendeckenden automatischen Brandmeldeanlage in Verbindung mit einer daran angeschlossenen Alarmierungsanlage. Begünstigt wird die innere Aufteilung des Gebäudes im vorliegenden Fall durch die Einhaltung der Anforderung, wonach die Aneinanderreihung von Nutzungseinheiten ohne notwendige Flure nur dann zulässig ist, wenn jeder Teil unabhängig von anderen Teilen Rettungswege aufweist. Aufgrund der besonderen Form des Gebäudes konnte dies ohne Abweichungen von den Vorgaben des Gesetzgebers umgesetzt werden.

4.5 Gebäudeklasse 5 mit einem baulichen Rettungsweg

4.5.1 Gebäudebeschreibung

Das Praxisbeispiel behandelt den Neubau eines zweigliedrigen Bürokomplexes mit einer zweigeschossigen Tiefgarage, welche die beiden oberirdischen Bauteile unterirdisch miteinander verbindet. Der Gebäudekomplex lässt sich unterteilen in den L-förmigen Bauteil A und in Bauteil B, der einen C-förmigen Grundriss aufweist. Die Geschossigkeit der einzelnen Gebäudeteile variiert zwischen 4 bis 6 aufgehenden Geschossen.

Bauteil A hat eine Ausdehnung von ca. 44 m in der Breite und 71 m in der Länge mit einer überbauten Grundfläche von ca. 1.800 m^2. Bauteil B erstreckt sich über eine Fläche von ca. 1.700 m^2 mit einer maximalen Breite von 49,40 m und einer Länge von 54,80 m. Die Fußbodenoberkante im fünften Obergeschoss befindet sich bei beiden Bauteilen ca. 18,90 m über dem mittleren Geländeniveau. Auf den Dächern der beiden Bauteile befinden sich Aufstellflächen für die Gebäudetechnik, die jedoch nicht als Geschoss zu werten sind. Der obere Abschluss der Gebäude weist eine Höhe von 26,50 m auf.

In den Erdgeschossen befinden sich die Nutzungen Büro/Verwaltung, Handel und Gastronomie. In den Obergeschossen ist ausschließlich eine Büro- und Verwaltungsnutzung vorgesehen. In beiden Bauteilen werden insgesamt 45 Büroeinheiten ausgebildet, die in Summe ca. 700 Personen aufnehmen.

Die tragenden und aussteifenden Bauteile bestehen aus Stahlbeton. Die Fassaden sind in einer Rahmenbauweise ausgeführt und großflächig verglast. Alle Dachflächen sind mit einem Plattenbelag versehen.

4.5.2 Baurechtliche Einordnung

Der Gebäudekomplex wird aufgrund der Höhe – Fußbodenoberkante des höchstgelegenen Aufenthaltsraumes von mehr als 13 m, aber nicht mehr als 22 m über der mittleren Geländeoberfläche – gemäß § 2 Abs. 3 Nr. 5 MBO der Gebäudeklasse 5 zugeordnet.

Darüber hinaus wird das Gebäude gemäß § 2 Abs. 4 MBO als Sonderbau eingestuft, denn es handelt sich um

- ein Gebäude mit mehr als 1.600 m^2 Grundfläche des Geschosses mit der größten Ausdehnung (Nr. 3 in § 2 Abs. 4 MBO),
- ein Gebäude mit Räumen, die einzeln für eine Nutzung durch mehr als 100 Personen bestimmt sind (Nr. 6 in § 2 Abs. 4 MBO).

Die brandschutztechnische Bewertung der Gastronomieeinheiten in Bauteil A erfolgt anhand der MVStättVO, da diese Räume jeweils für mehr als 200 Besucher vorgesehen sind. Die Handelseinheiten im Erdgeschoss von Bauteil A weisen eine Verkaufsfläche von weniger als 2.000 m^2 auf, sodass die MVKVO nicht anzuwenden ist. Bei der Tiefgarage handelt es sich um eine geschlossene unterirdische Großgarage gemäß § 1 Abs. 3 und 8 der Muster-Garagenverordnung (M-GarVO).

4.5.3 Konzept

Der Gebäudekomplex wird über 2 öffentliche Straßen erschlossen. Für die Lösch- und Rettungsmaßnahmen der Feuerwehr stehen auf dem Grundstück geeignete Zufahrten und die erforderlichen Aufstellflächen zur Verfügung. Ein Teil der erforderlichen Aufstellflächen wird im öffentlichen Verkehrsraum nachgewiesen. Ein Lageplan kann Abb. 4.11 entnommen werden.

Die Rettungswege der Gebäude werden sowohl baulich (erster Rettungsweg) als auch über Rettungsgeräte der Feuerwehr (zweiter Rettungsweg) sichergestellt. Die Rettungswege aus den Erdgeschossen werden baulich sichergestellt und sind unabhängig von den Obergeschossen.

Für die Gebäude wird eine Löschwasserversorgung von 96 m^3/h über einen Zeitraum von mindestens 2 Stunden durch insgesamt 4 Unterflurhydranten des öffentlichen Trinkwassernetzes sichergestellt.

Beide Bauteile werden freistehend und zu allen Seiten mehr als 2,50 m von den Grundstücksgrenzen entfernt errichtet. Die Baulinien entlang der öffentlichen Straßen sind hiervon ausgenommen. In der Tiefgarage besteht eine Verbindung zu einer weiteren Tiefgarage eines Nachbargebäudes. Zudem wird ein Bestandsgebäude auf dem Grundstück über die Tiefgarage erschlossen.

Die beiden Bauteile bilden oberirdisch jeweils einen Brandabschnitt. Dabei beträgt die maximale Ausdehnung eines Brandabschnitts bis zu 71 m.

Die tragenden und aussteifenden Bauteile beider Bauteile einschließlich der Garage werden entsprechend § 27 MBO, § 3 MVStättVO und § 6 M-GarVO feuerbeständig hergestellt. Auch die Geschossdecken sind entsprechend den genannten Regelwerken feuerbeständig hergestellt. Die Außenwände bestehen aus nichtbrennbaren Baustoffen. Als Dachaufbau sind bei beiden Bauteilen sog. Umkehrdächer mit Plattenbelag geplant. Diese erfüllen die Anforderungen an eine harte Bedachung.

Alle erforderlichen Trennwände sind entsprechend den Anforderungen an die Gebäudeklasse 5 gemäß § 29 Abs. 1 MBO feuerbeständig ausgeführt. Die Türen in den Trennwänden zwischen den Nutzungseinheiten sowie in Wänden zwischen notwendigen Treppenräumen und Nutzungseinheiten sind gemäß § 29 Abs. 5 MBO und § 35 Abs. 6 MBO feuerhemmend, dicht und selbstschließend ausgeführt. Für die Treppenraumtüren ist zusätzlich eine Rauchschutzfunktion vorgesehen.

Zur vertikalen Erschließung sind pro Bauteil jeweils 2 notwendige Treppen vorhanden, die sich in eigenen Treppenräumen befinden. Sie werden im Erdgeschoss über sog. Treppenraumerweiterungen (Raum zwischen dem notwendigen Treppenraum und dem Ausgang) ins Freie geführt. In jedem Gebäudeteil befinden sich 4 Personenaufzüge, die in eigenen Fahrschächten geführt werden.

In den Obergeschossen beider Bauteile ist die Ausbildung von Nutzungseinheiten zur Büro- und Verwaltungsnutzung mit einer maximalen Fläche von 415 m^2 vorgesehen (siehe Abb. 4.12). Auf die Ausbildung notwendiger Flure wird in diesen Nutzungseinheiten trotz Überschreitung der zulässigen

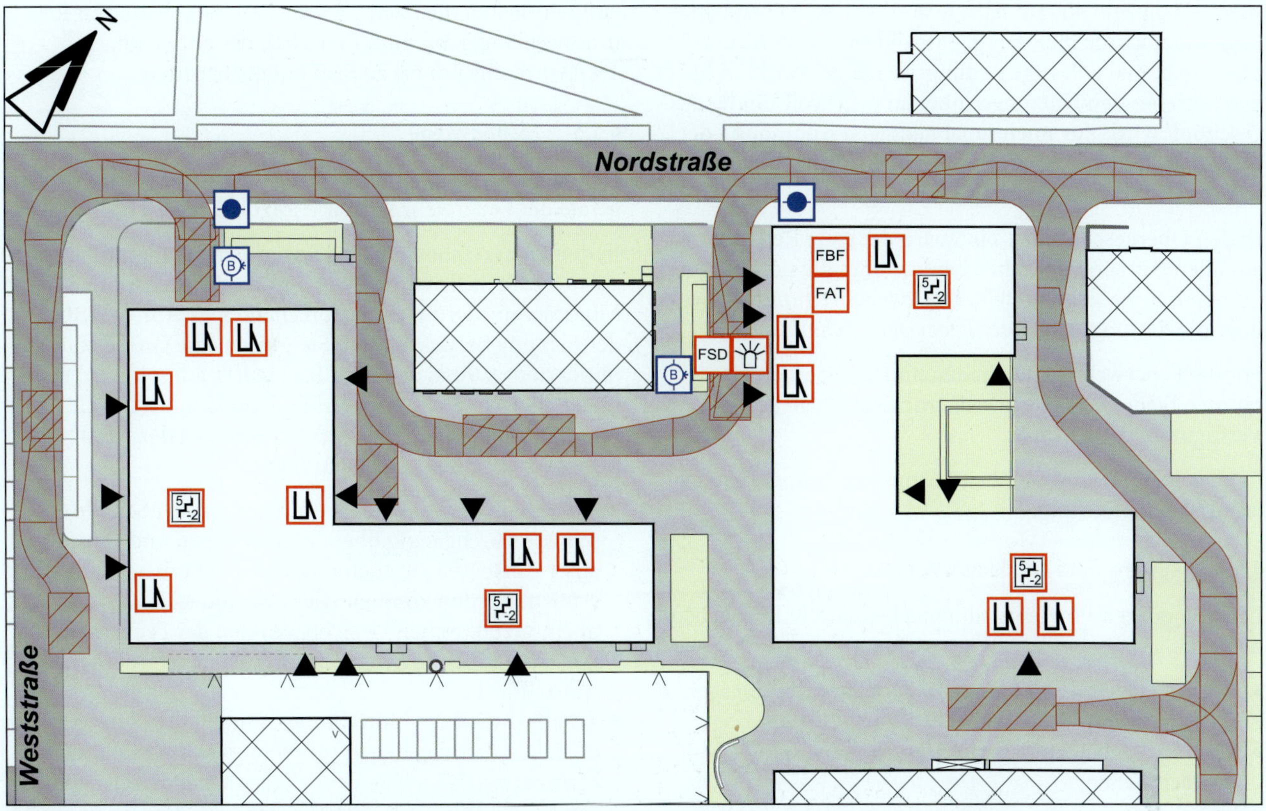

Abb. 4.11: Lageplan mit Flächen für die Feuerwehr und Löschwasserversorgung – Bauteil A (links) und Bauteil B (rechts)

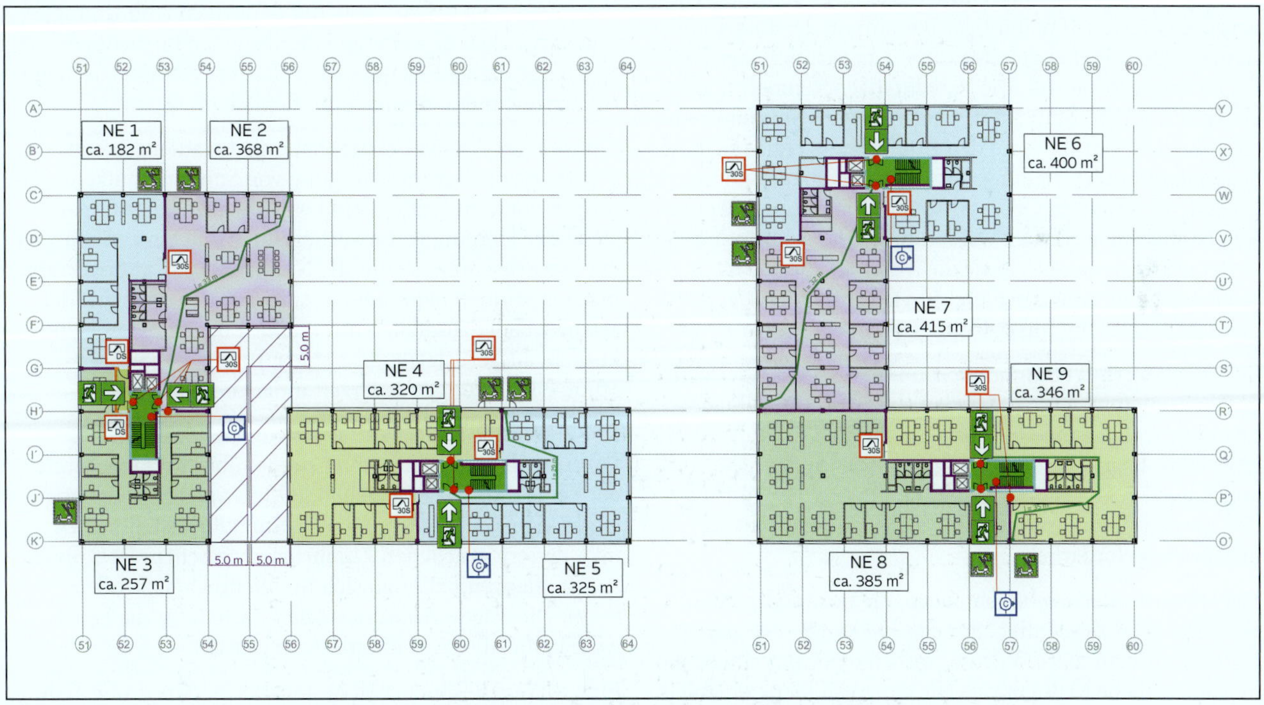

Abb. 4.12: Brandschutzvisualisierung zweites Obergeschoss – Bauteil A (links) und Bauteil B (rechts)

sigen Fläche von 400 m² nach § 36 Abs. 1 MBO verzichtet. Begründet wurde dies damit, dass die nach § 35 Abs. 2 MBO maximal zulässige Rettungsweglänge von 35 m in den betreffenden Nutzungseinheiten nicht vollständig ausgeschöpft wird. Zur mieterunabhängigen Anbindung der Nutzungseinheiten an die notwendigen Treppenräume werden in Teilen notwendige Flure angeordnet.

In den Obergeschossen 1 bis 5 wird der erste Rettungsweg aus allen Nutzungseinheiten baulich über die notwendigen Treppenräume sichergestellt. Der zweite Rettungsweg wird über die Rettungsgeräte der Feuerwehr sichergestellt.

Für die Feuerwehr stehen in den notwendigen Treppenräumen beider Bauteile jeweils trockene Steigleitungen zur Verfügung.

In einzelnen Nutzungseinheiten kommen Brandwarnanlagen zur Ausführung.

4.5.4 Ausgewählte Problemstellungen

Die besonderen Problemstellungen bei diesem Bürogebäude sind:

- Führung des zweiten Rettungsweges über Rettungsgeräte der Feuerwehr,
- Rettungsweglängenüberschreitungen in einzelnen Nutzungseinheiten.

Der vorliegende Gebäudekomplex muss sich in ein bestehendes Gebäudeensemble einfügen. Hieraus resultiert ein vergleichsweise schmalhüftiger Baukörper, der aufgrund seiner exklusiven Lage ein Maximum an vermietbarer Nutzfläche bereitstellen soll. Die Verkehrsflächen innerhalb des Gebäudes sollen somit auf das notwendige Minimum reduziert werden. Mit Blick auf den Brandschutz ergibt sich die besondere Problemstellung, dass für die Nutzungseinheiten im ersten bis fünften Obergeschoss nur der erste Rettungsweg baulich sichergestellt werden soll. Eine Anordnung weiterer Treppenräume sowie die Anbindung der Nutzungseinheiten an notwendige Flure sind aufgrund der o. g. Randbedingungen nicht umsetzbar.

Da für die Vermarktung schwerpunktmäßig eine kleinteilige Abvermietung verfolgt werden soll (sog. Multi-Tenant-Lösung), scheidet eine Führung des zweiten Rettungsweges über benachbarte Nutzungseinheiten wie im Praxisbeispiel von Kapitel 4.3 kategorisch aus. Damit wird die Führung des zweiten Rettungsweges über die Rettungsgeräte der Feuerwehr erforderlich.

Die Herausforderung besteht darin, die notwendigen Voraussetzungen zu schaffen, um den zweiten Rettungsweg bedenkenlos auf diese Weise zu realisieren. Zum einen sind hierfür bauliche Maßnahmen wie das Ausbilden von anleiterbaren Fenstern notwendig. Zum anderen müssen in den Außenanlagen bzw. im öffentlichen Straßenraum in großer Anzahl Aufstellflächen für die Hubrettungsgeräte der Feuerwehr vorgesehen werden. Auf dem Grundstück soll außerdem im Verlauf der Feuerwehrzufahrt ein flacher Teich angeordnet werden (sog. Wolkenspiegel). An Bauteil A besteht zudem das Problem, dass eine Aufstellfläche von den MRFlFw abweicht.

Bedingt durch die Gebäudegrundrisse und die innenliegenden Treppenräume werden außerdem in einzelnen Nutzungseinheiten die nach § 35 Abs. 2 MBO zulässigen Rettungsweglängen bis zum Erreichen des notwendigen Treppenraums um bis zu 6,50 m überschritten.

4.5.5 Lösungswege

Die Führung des zweiten Rettungsweges über die Rettungsgeräte der Feuerwehr wird wie folgt sichergestellt:

In den Obergeschossen 1 bis 5 wird je Nutzungseinheit eine anleiterbare Stelle vorgesehen. Für die Fenster werden die Mindestanforderungen entsprechend § 37 Abs. 5 MBO in der Planung berücksichtigt. Sie weisen eine Größe von mindestens 0,90 m × 1,20 m im Lichten auf und sind nicht höher als 1,20 m über der Fußbodenoberkante des Geschosses angeordnet. Die exakte Verortung der Fenster erfolgt nach 2 Hauptgesichtspunkten:

- Sie werden erstens so angeordnet, dass sie über alle Geschosse durchgängig übereinander liegen und so von einer Aufstellfläche auch mehrere anleiterbare Stellen erreicht werden können. Dies begründet sich primär in einsatztaktischen Gesichtspunkten der Feuerwehr, minimiert aber zugleich die Anzahl der erforderlichen Aufstellflächen.
- Zweitens wird die Einrichtungsplanung der Nutzungseinheiten dahin gehend optimiert, dass die anleiterbaren Fenster jeweils in allgemein zugänglichen Bereichen liegen (siehe Abb. 4.13). Hierfür eignen sich insbesondere Großraumbereiche, Empfangszonen, Besprechungsräume oder Teeküchen. Bei einer derartigen Anordnung bedarf es keiner weiteren Überlegungen hinsichtlich der Zugänglichkeit oder des Einsatzes von elektrischen Verriegelungssystemen (vgl. Kapitel 3.6.7).

Ein weiterer Aspekt bei der Planung der anleiterbaren Fenster ist die Berücksichtigung von Sonnenschutzeinrichtungen vor dem Hintergrund eines Netzausfalls. Gegenstand der Planung ist im vorliegenden Fall ein außenliegender Sonnenschutz. Damit die Nutzer auf sich aufmerksam machen können, wird an den anleiterbaren Fenstern der Sonnenschutz zusätzlich mit manuell bedienbaren Handkurbeln ausgerüstet, sodass eine Öffnung der Sonnenschutzeinrichtungen jederzeit möglich ist.

Mit Blick auf die Gestaltung der Außenanlagen hat die Führung des zweiten Rettungsweges über Rettungsgeräte der Feuerwehr weiter reichende Konsequenzen. Entlang der beiden Bauteile werden insgesamt 8 Aufstellflächen inkl. der erforderlichen Zufahrten vorgesehen. Drei dieser Aufstellflächen befinden sich im öffentlichen Straßenraum. Die exakte Anordnung der Flächen für die Feuerwehr kann Abb. 4.11 entnommen werden.

Eine weitere Besonderheit besteht darin, dass große Teile der oben dargestellten Flächen für die Feuerwehr auf der Garagendecke verlaufen, woraus sich eine Schnittstelle zur Tragwerksplanung ergibt. Die Dachdecke der Tiefgarage ist statisch so bemessen, dass sie mit einer Achslast bis zu 10 t und einem zulässigen Gesamtgewicht bis zu 16 t befahren werden kann (vgl. Kapitel 3.1).

Als gestalterischer Akzent für die Außenanlagen wird zwischen beiden Bauteilen im Verlauf der Feuerwehrzufahrt ein sog. Wolkenspiegel angeordnet. Hierbei handelt es sich um eine abgedichtete und stufenlos abgesenkte Fläche, in

Abb. 4.13: 2 Nutzungseinheiten mit unmittelbar nebeneinander angeordneten anleiterbaren Stellen in allgemein zugänglichen Bereichen

der sich Regenwasser in einer Höhe von bis zu 10 cm sammelt, sodass sich der Himmel, die Gebäude und die übrigen Außenanlagen darin spiegeln. In Abstimmung mit der zuständigen Brandschutzdienststelle ist die Führung der Feuerwehrzufahrt über diesen Wolkenspiegel zulässig, wenn dieser nur durchfahren werden muss – also keine Aufstell- oder Bewegungsflächen aufnimmt – und in der kalten Jahreszeit entwässert wird. Darüber hinaus wird bei der Beschilderung der Feuerwehrflächen (vgl. Kapitel 3.1) und in den Feuerwehrplänen (vgl. Kapitel 3.13.3) auf die Durchfahrbarkeit hingewiesen.

An der Südwestseite von Bauteil A ist eine der Aufstellflächen im öffentlichen Straßenraum angeordnet (siehe Abb. 4.14). Der Abstand zwischen Aufstellfläche und Außenwand beträgt 9 m, womit eine Anleiterung bis zu einer Brüstungshöhe von 18 m möglich ist. Im fünften Obergeschoss liegt die Brüstung ca. 20,10 m über dem mittleren Geländeniveau, womit der Abstand zwischen Aufstellfläche und Außenwand maximal 6 m betragen darf.

Das normativ geforderte Leistungsniveau einer Drehleiter sieht bei vollem Auszug im Freistand eine Nennrettungshöhe von 23 m bei einer Ausladung von 12 m vor. Die Korbbelastung beträgt in diesem Fall allerdings nur 90 kg. Bei modernen Hubrettungsfahrzeugen wird dieses Niveau jedoch deutlich übertroffen. Bei gängigen Modellen wird bei einer Anleiterung parallel zur Außenwand die sog. 3-Personen-Belastungsgrenze bis zu einer Ausladung von 9 m nicht erreicht (vgl. Werft, 2017). In Abstimmung mit der Brandschutzdienststelle ist somit eine Anleiterung mit Hubrettungsfahrzeugen auch in diesem Fall noch sichergestellt.

Abseits vom Hochbau und den Außenanlagen ist die wohl schwerwiegendste Randbedingung für die Gesamtkonzeption jedoch die Begrenzung der Personenzahlen auf 30 je Nutzungseinheit. Diese Begrenzung begründet sich darüber, dass die Rettungskapazität der (Hub-)Rettungsgeräte der Feuerwehr begrenzt ist. Auch bei sehr leistungsfähigen Feuerwehren wird deshalb (spätestens) ab 30 Personen in-

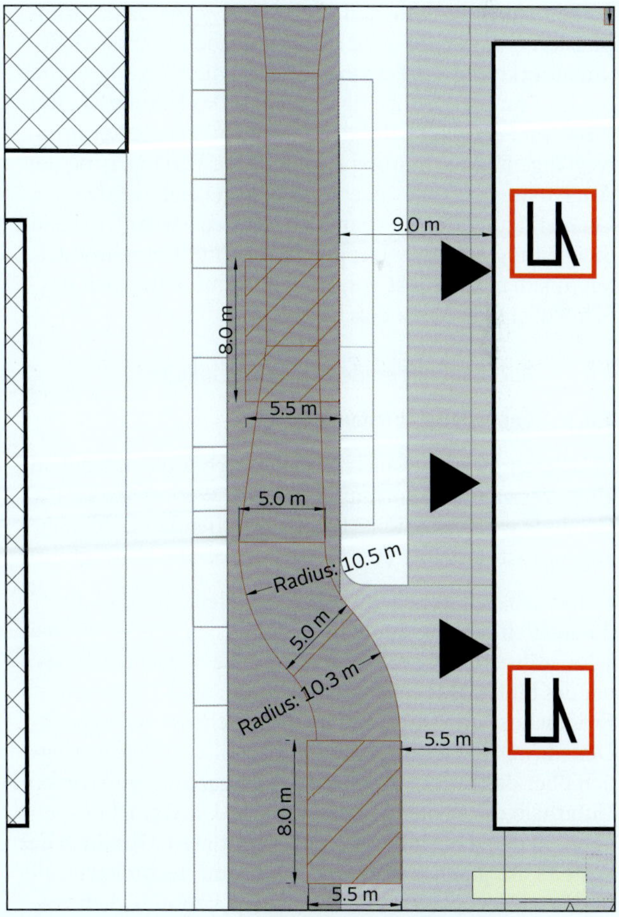

Abb. 4.14: Aufstellfläche im öffentlichen Straßenraum

nerhalb einer Nutzungseinheit ein zweiter baulicher Rettungsweg als erforderlich angesehen (vgl. Kapitel 3.6.9).

Zur Plausibilisierung der Nutzerzahlen in den Bauvorlagen kann die technische Regel ASR A1.2 „Raumabmessungen und Bewegungsflächen“ herangezogen werden. In der Spanne eines Gruppenbüros bis hin zur großraumähnlichen Büroform beträgt der Flächenbedarf je Nutzer ca. 10 bis 15 m^2. Bei dem beschriebenen Praxisbeispiel ergibt sich aus der maximalen Belegung mit 30 Nutzern in der größten Mieteinheit mit 415 m^2 somit eine Fläche von ca. 13,80 m^2 je Arbeitsplatz.

Die zuvor beschriebene Begrenzung der Personenzahlen ist eine harte Randbedingung für die Nutzung des Gebäudes. Sie findet deshalb direkten Eingang in die Vermarktung und die zugehörigen Vertragswerke. Mit Blick auf den Regelbetrieb wird die Einhaltung der Begrenzung durch den betrieblichen und organisatorischen Brandschutz sichergestellt. Hierbei greift insbesondere die Erstellung und Fortschreibung einer Brandschutzordnung in den Teilen A, B und C sowie die Bestellung eines Brandschutzbeauftragten (vgl. auch Kapitel 3.13.2).

Die Überschreitungen der nach § 35 Abs. 2 MBO zulässigen Rettungsweglängen um bis zu 6,50 m werden in den betreffenden Nutzungseinheiten über Brandwarnanlagen kompensiert (vgl. Kapitel 3.9.2). Damit bleiben Brände nicht unentdeckt und die Personen können die Nutzungseinheiten im Brandfall frühzeitig verlassen. Das Schutzziel „Rettung von Personen“ wird damit erreicht. Da die Rettungsweglängenüberschreitung zugleich eine Verlängerung der Angriffswege für die Feuerwehr in sich birgt, werden zur Unterstützung des Löschangriffs der Feuerwehr trockene Steigleitungen in den Treppenräumen mit Entnahmestellen in jedem Geschoss vorgesehen. Damit wird auch das Schutzziel „wirksame Löscharbeiten“ erreicht.

4.6 Hochhaus mit großen Nutzungseinheiten

4.6.1 Gebäudebeschreibung

Bei diesem Praxisbeispiel handelt es sich um den Neubau eines Verwaltungszentrums auf einem Werksgelände. Das Gebäude wird zwischen 2 bereits bestehenden Gebäuden angeordnet und über eine vierspurige Straße hinwegführt.

Es handelt sich um ein dreiflügeliges Gebäude, das aus 2 Bauteilen besteht. Bauteil 1 befindet sich auf der Nordseite, während der größere Bauteil 2 die Südseite des Gebäudes bildet. Das Gebäude wird im Bauteil 1 über ein Erdgeschoss und insgesamt 8 Obergeschosse verfügen. Der südwestliche Abschnitt von Bauteil 2 wird sich lediglich über das Erdgeschoss und 5 Obergeschosse erstrecken. Unterhalb des Bauteils 1 ist zudem ein Untergeschoss geplant, in dem Gebäudetechnik verortet wird. Oberhalb des achten Obergeschosses befindet sich eine Technikzentrale. In den Außenanlagen sind Pkw-Stellplätze, eine Anlieferzone und Flächen für die Feuerwehr vorgesehen.

Der oberirdische Teil des Gebäudes hat eine Ausdehnung von ca. 110 m × 80 m. Bedingt durch die Straßenüberbauung wird die maximale Grundfläche im zweiten bis fünften Obergeschoss gebildet. Diese beträgt ca. 3.250 m^2 je Geschoss. Die Fußbodenoberkante im achten Obergeschoss befindet sich ca. 32,80 m über dem mittleren Geländeniveau. Die Attika der Außenfassade des Technikgeschosses schließt auf einer Höhe von 38,90 m ab. Der obere Abschluss des Gebäudes (Attika Treppenräume) befindet sich auf einer Höhe von 41,76 m.

Das Gebäude dient im Wesentlichen einer Büro- und Verwaltungsnutzung und nimmt ca. 1.100 dauerhafte Arbeitsplätze auf. Die vorherrschende Büroform besteht in sog. Gruppenbüros. Die Büroeinheiten sind zwischen ca. 210 m^2 und 1.120 m^2 groß. Im Erdgeschoss ist eine Kantine angeordnet, in der ca. 1.000 Personen Platz finden. Das Erdgeschoss bindet über eine sog. Kommunikationstreppe vom Eingangsfoyer offen an den Luftraum des ersten Obergeschosses an. Hier befinden sich weitläufige Coworking- und Konferenzflächen.

Die vertikale Erschließung des Gebäudes erfolgt über insgesamt 3 Treppenkerne und 7 Aufzugsanlagen.

Alle tragenden Bauteile sind in massiver Bauweise aus Stahlbeton ausgeführt. Ausgenommen hiervon ist die Technikeinhausung auf dem Dach, die aus einer Stahlkonstruktion errichtet ist.

Die Fassaden sind in Rahmenbauweise mit großflächigen Glasanteilen ausgeführt. In den Obergeschossen sind öffenbare Lüftungsflügel vorhanden. Die Dächer sind mit einer extensiven Dachbegrünung versehen.

4.6.2 Baurechtliche Einordnung

Im Sinne von § 2 Abs. 3 MBO ist das Gebäude in die Gebäudeklasse 5 sowie als Hochhaus einzustufen, da der Fußboden des höchstgelegenen Aufenthaltsraumes mehr als 22 m über der Geländeoberfläche liegt.

Bei dem Bauvorhaben handelt es sich darüber hinaus um eine bauliche Anlage, die entsprechend der Auflistung aus § 2 Abs. 4 MBO aufgrund ihrer Art und Nutzung als Sonderbau einzustufen ist. Es handelt sich um

- ein Hochhaus (Gebäude mit einer Höhe von mehr als 22 m),
- eine bauliche Anlage mit einer Höhe von mehr als 30 m,
- ein Gebäude mit mehr als 1.600 m^2 Fläche des Geschosses mit der größten Ausdehnung,
- ein Gebäude mit Räumen, die einzeln für eine Nutzung durch mehr als 100 Personen bestimmt sind,
- eine Versammlungsstätte mit Versammlungsräumen, die insgesamt mehr als 200 Besucher fassen, wenn diese Versammlungsräume gemeinsame Rettungswege haben.

Ergänzend zur MBO ist für Hochhäuser die MHHR zu berücksichtigen. Maßgebend für die brandschutztechnischen Anforderungen an Hochhäuser ist die Höhe des obersten Geschosses (ohne Aufenthaltsräume). Dieses liegt im achten Obergeschoss und weist eine Höhe mehr als 22 m, aber weniger als 60 m über dem mittleren Geländeniveau auf.

Da die Kantine im Erdgeschoss für insgesamt mehr als 200 Personen vorgesehen ist, wird die MVStättVO als Beurteilungsgrundlage herangezogen. In der Coworking- und Konferenzzone im ersten Obergeschoss wird die Personenzahl auf 200 begrenzt. Unter Berücksichtigung der angebundenen aufgehenden Bebauung handelt es sich um

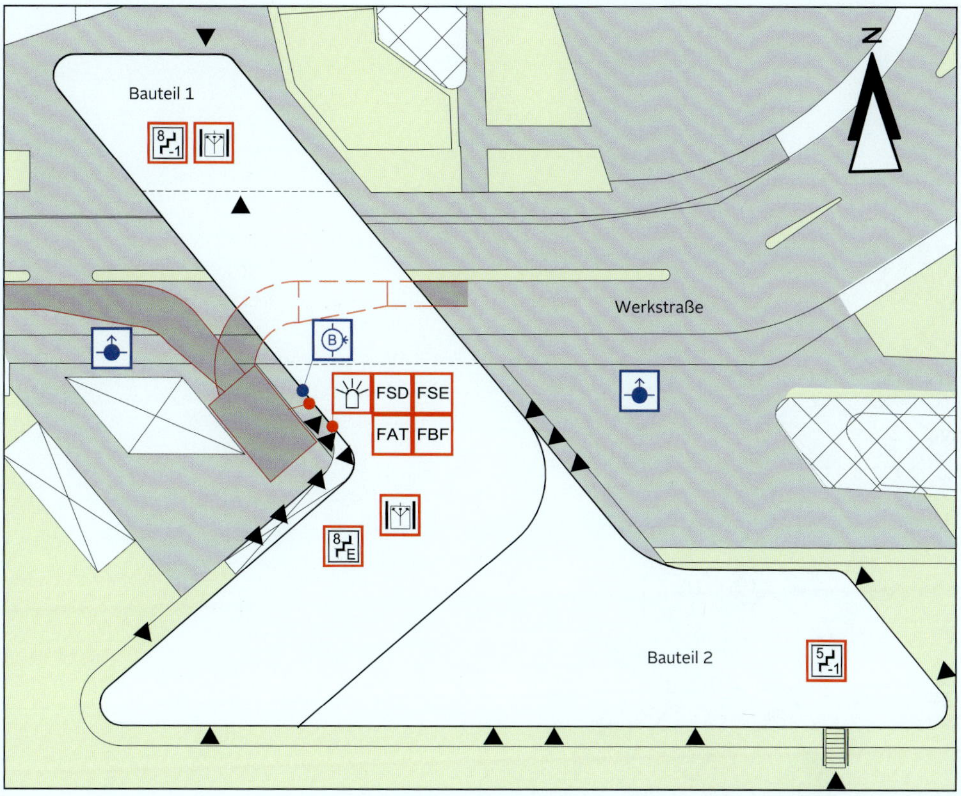

Abb. 4.15: Lageplan mit Flächen für die Feuerwehr und Löschwasserversorgung

eine mehrgeschossige Versammlungsstätte, deren einziger Versammlungsraum jedoch im Erdgeschoss liegt.

4.6.3 Konzept

Der Gebäudekomplex ist über eine öffentliche Straße und eine daran anschließende Werkstraße erreichbar. Der Lageplan ist in Abb. 4.15 dargestellt. Die für die Feuerwehr notwendigen Zugänge zum Gebäudeinneren stellen insbesondere der Haupteingang sowie die Treppenraumausgänge der 3 Sicherheitstreppenräume dar. Sowohl im nördlichen als auch im südlichen Bauteil ist jeweils ein Feuerwehraufzug vorhanden. Die Erstinformationsstelle mit der zugehörigen Peripherie für die Feuerwehr befindet sich auf der Westseite des südlichen Bauteils.

Alle Gebäudezugänge sind in einem Abstand von weniger als 50 m von den umgebenden Verkehrsflächen aus erreichbar. Da die von der öffentlichen Straße abzweigende Werkstraße durch das geplante Gebäude überspannt wird, liegt eine Durchfahrt im Sinne von § 5 MBO vor. Die notwendige feuerbeständige Ausführung ist durch eine geplante Brandwand und die feuerbeständige Bodenplatte des zweiten Obergeschosses gewährleistet. Auf der nördlichen Seite der Durchfahrt ist keine feuerbeständige Wand erforderlich, da ein Abstand von mehr als 5 m zu den Fahrspuren eingehalten wird.

Alle Rettungswege im Gebäudekomplex werden baulich hergestellt, sodass Gerätschaften der Feuerwehr zur Sicherstellung von Rettungswegen nicht zum Einsatz gebracht werden müssen. Die Ausführung der Bewegungsfläche am Zugang für die Feuerwehr berücksichtigt die Anforderungen der zuständigen Werkfeuerwehr (26 t Tragfähigkeit, 12 t Achslast, Breite 7,50 m).

Gemäß dem vorliegenden Brandrisiko ist für das Gebäude unter Berücksichtigung der überwiegenden Bauart der Umfassungsbauteile, einer harten Bedachung und der anlagentechnischen Brandschutzmaßnahmen eine Löschwasserversorgung von 96 m^3/h über einen Zeitraum von 2 Stunden erforderlich. Die erforderliche Löschwasserversorgung wird durch Überflurhydranten sichergestellt.

Im vorliegenden Fall handelt es sich um ein freistehendes Gebäude, das zu allen Seiten mehr als 2,50 m von den Grundstücksgrenzen entfernt errichtet wird. Die umgebende Bebauung befindet sich in einem Abstand von mehr als 5 m zum betrachteten Gebäude. Gebäudeabschlusswände sind somit nicht erforderlich.

Das Gebäude ist in 2 Brandabschnitte unterteilt. Die Brandabschnittstrennung erfolgt südlich der Werkstraße. Im südlichen Bauteil beträgt die maximale Ausdehnung eines Brandabschnittes oberhalb des ersten Obergeschosses bis zu 104 m in der Länge und 48 m in der Breite.

Die tragenden und aussteifenden Wände, Pfeiler und Stützen sind massiv aus Stahlbeton und Mauerwerk hergestellt. Die Anforderungen an ein feuerbeständiges Tragwerk werden erfüllt. Auch alle Decken sind massiv in Stahlbeton und in feuerbeständiger Bauart ausgeführt. Die Wände der Treppenräume und Vorräume sind in der Bauart von Brandwänden errichtet.

Die Außenwände der aufgehenden Bebauung sind als Fassade in Rahmenbauweise ausgeführt. Die Anforderungen hinsichtlich der Verwendung von nichtbrennbaren Baustoffen werden damit erfüllt. Der Brandüberschlag von Geschoss zu Geschoss wird durch eine selbsttätige Feuerlöschanlage ausreichend lange verhindert. Einer feuerbeständigen Brüstung bedarf es somit nicht.

Abb. 4.16: Brandschutzvisualisierung fünftes Obergeschoss

Die Dächer sind als sog. Warmdächer ausgeführt. Die Dachaufbauten setzen sich aus den massiven Stahlbetondachdecken, einer brennbaren Dampfsperre, einer nichtbrennbaren Dämmschicht und einer Kunststoffabdichtungsbahn zusammen. Die Dachflächen unterhalb der Hochhausgrenze sind mit einer Dachbegrünung versehen. Die damit einhergehende Verwendung brennbarer Baustoffe (Substrat, Wurzelschutz usw.) wird im Rahmen einer Abweichung von der MHHR begründet. In den übrigen Teilen der Dachflächen werden Plattenbeläge vorgesehen. In beiden Fällen wird das Anforderungsniveau „harte Bedachung“ erfüllt.

In dem Gebäude sind insgesamt 3 notwendige Treppen in eigenen Treppenräumen vorhanden. Die Treppenräume sind als innenliegende Sicherheitstreppenräume entsprechend Abschnitt 4.2.3 MHHR ausgeführt. In allen Geschossen werden die Sicherheitstreppenräume durch Vorräume erschlossen. Abweichend von der MHHR, jedoch im Einklang mit anderen landesspezifischen Regelwerken, werden gemeinsame Vorräume für je einen Sicherheitstreppenraum und einen Feuerwehraufzug ausgebildet. In gleicher Weise wird zwischen den Vorräumen und den Nutzungseinheiten auf notwendige Flure verzichtet. In den Vorräumen sind vereinzelt feuerhemmende Verglasungen zur Abtrennung gegenüber angrenzenden Nutzungen angeordnet. Diese Abweichungen gegenüber der MHHR werden mit einem verdichteten Sprinklerschutz entlang der betroffenen Wandstellungen kompensiert.

Die Coworking-, Konferenz- und Bürozonen sind allesamt als Nutzungseinheiten im Sinne der MBO ausgebildet (siehe Abb. 4.16). Die Flächen bewegen sich in einer Spanne von ca. 210 bis ca. 1.120 m².

Die brandschutztechnische Trennung der Nutzungseinheiten erfolgt durch feuerbeständige Trennwände. In der gleichen Bauart erfolgt die Abschottung von Technikräumen und Installationsschächten.

Die Rettungswege des Erdgeschosses sind jeweils unabhängig von den vertikalen Rettungswegen. In den Obergeschossen verfügt jede Nutzungseinheit über mindestens einen direkten Zugang zum Vorraum eines Sicherheitstreppenraumes. Die zulässige Rettungsweglänge von 35 m bis zum Erreichen des Vorraumes eines Sicherheitstreppenraums wird im südlichen Bauteil um bis zu 6 m überschritten. Diese Abweichung wird im vorliegenden Fall über die Brandmelde- und Alarmierungsanlage sowie die Sprinkleranlage begründet.

Die Dimensionierung der Rettungswegbreiten in den Treppenräumen stützt sich gemäß den Erläuterungen zur MHHR auf die Annahme einer Alarmierung des Brandgeschosses sowie des darüber- und darunterliegenden Geschosses (vgl. MHHR Erläuterungen, 2008). Dabei ist die höchste abzuführende Personenzahl im zweiten bis fünften Obergeschoss zu erwarten. Je Geschoss sind hier ca. 235 Arbeitsplätze vorgesehen. Bei der gleichzeitigen Alarmierung von 3 Geschossen sind somit 705 Nutzer auf 3 Treppen zu je 1,80 m lichter Durchgangsbreite in Sicherheitstreppenräumen angewiesen. Die Türbreiten in den Sicherheitstreppenräumen und Vorräumen betragen mindestens 1,20 m. Die Treppenraumausgänge sind mindestens 1,80 m breit, womit die Rettungswegdimensionierung insgesamt ausreichend ist.

Alle Rettungswege werden durch hinterleuchtete Sicherheitszeichen kenntlich gemacht. Hierzu zählen Ausgänge ins Freie bzw. in Vorräume und Treppenräume sowie die Hauptgänge in den Nutzungseinheiten und Versammlungsräumen.

Das Gebäude ist mit einer flächendeckenden automatischen Feuerlöschanlage ausgestattet, die mit 2 getrennten Steigleitungen in eigenen Schächten ausgeführt ist. Darüber hinaus sind in dem Gebäude Wandhydranten „Typ F" an nassen Steigleitungen vorhanden. Für die Entstehungsbrandbekämpfung durch Laien stehen tragbare Feuerlöscher in ausreichender Anzahl zur Verfügung.

Die 3 Sicherheitstreppenräume sowie die beiden Feuerwehraufzüge sind jeweils mit Druckbelüftungsanlagen ausgestattet. Deswegen wird – mit Ausnahme der notwendigen Druckregelklappen – sowohl in den Treppenräumen als auch in den Feuerwehraufzugsfahrschächten auf zusätzliche Rauchabzüge verzichtet. Die erforderliche Rauchableitung aus den Obergeschossen wird über öffenbare Lüftungsflügel in den Büronutzungseinheiten gewährleistet.

Die automatische Brandmeldeanlage umfasst gemäß den technischen Regelwerken einen Vollschutz. Sie ist direkt bei der zuständigen Werkfeuerwehr aufgeschaltet. Die primäre Brandkenngröße der automatischen Melder ist „Rauch". Da in dem Gebäude keine ortsunkundigen Personen bzw. Besucher ohne Begleitung anwesend sind, sind die Alarmierungsanlagen sowohl in den Büroflächen als auch in der Kantine im Erdgeschoss mit Warntongebern ausgeführt. Die notwendigen Ansteuerungen im Brandfall erfolgen entsprechend den Festlegungen in der Brandfallsteuermatrix. Für den Einsatz der Feuerwehr ist weiterhin eine Gebäudefunkanlage installiert.

Das Gebäude ist wie folgt mit einer Sicherheitsbeleuchtung ausgestattet:

- in allen Rettungswegen,
- in Hauptgängen der Büro-/Verwaltungsnutzungseinheiten,
- in den Vorräumen von Aufzügen,
- in Versammlungsräumen,
- in elektrischen Betriebsräumen.

Auch die Sicherheitszeichen sind an die Sicherheitsbeleuchtung angeschlossen.

Alle der vorgenannten sicherheitstechnischen Anlagen sind mit einer Sicherheitsstromversorgung entsprechend den technischen Regelwerken ausgestattet.

Mit Blick auf den organisatorischen Brandschutz ist für das Gebäude eine Brandschutzordnung in den Teilen A, B und C erforderlich. Die besonderen Aufgaben zur Einhaltung des genehmigten Brandschutznachweises und der sich daraus ergebenden Anforderungen an den betrieblichen Brandschutz werden durch einen Brandschutzbeauftragten überwacht. In allgemein zugänglichen Bereichen werden Flucht- und Rettungspläne angebracht. Für die Versammlungsstätte im Erdgeschoss sind Bestuhlungs- und Rettungswegepläne vorhanden. Aufgrund der Aufschaltung der Brandmeldeanlage sind Feuerwehrpläne vorhanden.

Das Gebäude fällt in den Anwendungsbereich der MPrüfVO. Die (sicherheits)technischen Anlagen werden von Prüfsachverständigen (wiederkehrend) auf ihre Wirksamkeit und Betriebssicherheit einschließlich des bestimmungsgemäßen Zusammenwirkens geprüft (Wirk-Prinzip-Prüfung).

4.6.4 Ausgewählte Problemstellungen

In den Obergeschossen sind großflächige Nutzungseinheiten zur Büro- und Verwaltungsnutzung vorhanden, in denen auf die Ausbildung notwendiger Flure verzichtet wird. Die Nutzungseinheiten weisen weitestgehend den Charakter eines Großraumbüros auf (vgl. Kapitel 1.2). Es sind jedoch auch weitere, eingestellte Räume vorhanden, sodass die Büroeinheiten nicht als Großraum betrachtet werden können. Entsprechend § 36 Abs. 1 Nr. 4 MBO beträgt die maximal zulässige Ausdehnung solcher Nutzungseinheiten 400 m^2. Im vorliegenden Fall sind jedoch deutlich größere Nutzungseinheiten mit Flächen von bis zu ca. 1.120 m^2 vorhanden.

4.6.5 Lösungswege

Die Ausbildung von Nutzungseinheiten mit einer Fläche von bis zu 1.120 m^2 wird im vorliegenden Praxisbeispiel dadurch begünstigt, dass aus dem Anforderungsniveau der Bauvorschriften für Hochhäuser heraus bereits verschiedene bauliche und anlagentechnische Maßnahmen vorhanden sind, die die Begründung dieser baurechtlichen Abweichung positiv beeinflussen (vgl. Kapitel 3.6.6). Dies betrifft insbesondere die anlagentechnischen Maßnahmen wie z. B. die automatische Brandmelde- und Alarmierungsanlage, die automatische Löschanlage und die Sicherheitsbeleuchtung.

Aber auch aus baulicher Sicht werden die großen Nutzungseinheiten durch die Einrichtung von Hauptgängen klar strukturiert. Die Hauptgänge sind so angelegt, dass sie geradlinig auf die Notausgänge führen. Dies begünstigt zugleich ausgeprägte Sichtbeziehungen innerhalb der Nutzungseinheiten.

Einen Sonderfall stellt der Umstand dar, dass die übergroßen Nutzungseinheiten in diesem Praxisbeispiel zumeist nur über einen baulichen Rettungsweg verfügen. Dies erscheint zunächst als Widerspruch gegenüber den Ausführungen in Kapitel 3.6.6, wonach 2 bauliche Rettungswege erforderlich sind. Im vorliegenden Fall sind jedoch alle Treppenräume als Sicherheitstreppenräume ausgeführt, sodass § 33 Abs. 2 Satz 3 MBO greift. Es bedarf damit keines Nachweises über einen zweiten Rettungsweg. Gleichwohl sind die größten Nutzungseinheiten an 2 bauliche Sicherheitstreppenräume angebunden.

Ausgehend von den baulichen und anlagentechnischen Gegebenheiten bedarf es somit einer strukturierten Schutzzielbetrachtung. Der Verzicht auf notwendige Flure betrifft in diesem Fall gleich 3 der baurechtlichen Schutzziele:

- Rettung von Personen,
- Vorbeugung der Brandausbreitung sowie
- Ermöglichung wirksamer Löscharbeiten.

Die Rettung von Personen ist auch in den übergroßen Nutzungseinheiten sichergestellt, da das Gebäude flächendeckend mit einer Brandmelde- und Alarmierungsanlage ausgestattet ist. Bedingt durch die räumliche Strukturierung über Hauptgänge bestehen außerdem ausreichend Sichtbeziehungen innerhalb der Nutzungseinheiten. Brände werden somit frühzeitig – und noch deutlich vor Auslösen der Löschanlage – detektiert. Im Hinblick auf den organisatorischen Brandschutz werden die Gebäudenutzer regelmäßig unterwiesen und somit mit den Alarmierungssignalen und den erforderlichen Verhaltensweisen vertraut.

Da die Außenwände des Hochhauses ohne Anforderungen an den Raumabschluss ausgeführt sind, ist das Gebäude mit einer automatischen Feuerlöschanlage ausgestattet. Bei einem Brandereignis innerhalb einer der übergroßen Nutzungseinheiten ist überschlägig nach ca. 5 Minuten mit einer Unterdrückung bzw. Löschung des Brandes zu rechnen. Die Brandfläche beträgt zu diesem Zeitpunkt ca. 3 bis 4 m^2 (vgl. Richtlinie VDI 6019 Blatt 1 „Ingenieurverfahren zur Bemessung der Rauchableitung aus Gebäuden – Brandverläufe, Überprüfung der Wirksamkeit" [2006]). Eine übermäßige Brandausbreitung liegt somit nicht vor. Ohne Zweifel wird die Rauchentwicklung und -ausbreitung nicht vernachlässigbar sein. In dieser Hinsicht wirken sich die erhöhten Raumflächen aber wiederum begünstigend aus, da für die Rauchschicht hieraus ein größeres Volumen in der oberen Raumhälfte resultiert.

Unmittelbar damit einhergehend wird die Feuerwehr in die Lage versetzt, wirksame Löscharbeiten durchzuführen. Das Brandereignis bleibt zum einen auf einen Entstehungsbrand begrenzt. Zum anderen ist – bedingt durch die großen Raumflächen – kein unmittelbares Absinken der Rauchschicht zu erwarten. In Verbindung mit den klar strukturierten Hauptgängen und der Vorhaltung von Wandhydranten an nassen Steigleitungen ist eine wirksame Brandbekämpfung möglich.

Die bei der Bewertung der Abweichungen zu betrachtenden baurechtlichen Schutzziele werden somit auch in den übergroßen Nutzungseinheiten gewahrt.

4.7 Hochhaus mit Geschossverbindungen

4.7.1 Gebäudebeschreibung

Das Praxisbeispiel behandelt einen bestehenden Bürogebäudekomplex, der sich aus einem Hochhaus und weiteren, angegliederten Baukörpern zusammensetzt. Im Umfang des Anwendungsbeispiels erfolgt der Abbruch der bestehenden Gebäude mit Ausnahme des Hochhauses. Das bestehende Hochhaus wird kernsaniert, erhält eine neue Fassade und wird um 2 Geschosse aufgestockt. An das Hochhaus werden weitere, niedrigere Gebäudekörper angebaut.

Das Gebäudeensemble wird dreiseitig durch öffentliche Straßen umfasst. Im Süden grenzen andere Bebauungen an.

Das Hochhaus weist nach den Umbaumaßnahmen 2 Untergeschosse, ein Erdgeschoss und 10 Obergeschosse auf. Südlich angrenzend ist im Bestand eine viergeschossige unterirdische Tiefgarage vorhanden. Auf dieser Tiefgarage ist ein L-förmiger Baukörper mit einem Erdgeschoss und 5 Obergeschossen angeordnet, wobei das fünfte Obergeschoss als Staffelgeschoss ausgebildet ist. Außerdem erfolgt der Neubau eines weiteren Hochhausabschnitts, der mit 9 Obergeschossen ausgebildet wird.

Die aufgehende Bebauung hat eine Ausdehnung von ca. 65 m in der Breite und 74 m in der Länge. Die insgesamt überbaute Grundfläche beträgt ca. 2.400 m^2. Das oberste Geschoss mit Aufenthaltsräumen bildet das zehnte Obergeschoss des aufgestockten Bestandshochhauses. Der Fußboden liegt hier ca. 34,25 m oberhalb des mittleren Geländeniveaus. Der obere Abschluss des Gebäudes (Attika Aufzugsüberfahrten) befindet sich auf einer Höhe von ca. 39,25 m.

Der Gebäudekomplex nimmt vornehmlich Büro- und Verwaltungsnutzungen auf, die im Wesentlichen in der sog. Zellenbauweise organisiert sind. Im Erdgeschoss befindet sich ein Mitarbeiterrestaurant mit anschließendem Küchentrakt. Im nördlichen Gebäudeteil erstreckt sich über das Erdgeschoss und das erste Obergeschoss eine zusammenhängende Konferenzzone.

Die vertikale Erschließung der aufgehenden Bauteile erfolgt über insgesamt 6 notwendige Treppen, die in eigenen Treppenräumen geführt sind. Drei dieser Treppenräume reichen bis in das zehnte Obergeschoss. Insgesamt sind 6 Aufzüge vorhanden.

Sowohl die bestehenden Bauteile als auch die Neubauteile sind in massiver Bauweise mit einem Tragwerk und Decken aus Stahlbeton errichtet. Zwischen dem Erdgeschoss und dem ersten Obergeschoss sowie zwischen dem achten und dem zehnten Obergeschoss sind Geschossverbindungen vorhanden.

Die Fassaden sind als sog. Lisenen-Fassaden aus Naturstein mit raumhohen Glaselementen gefertigt. In den Glaselementen sind Lüftungsflügel vorhanden. Die Dachflächen sind

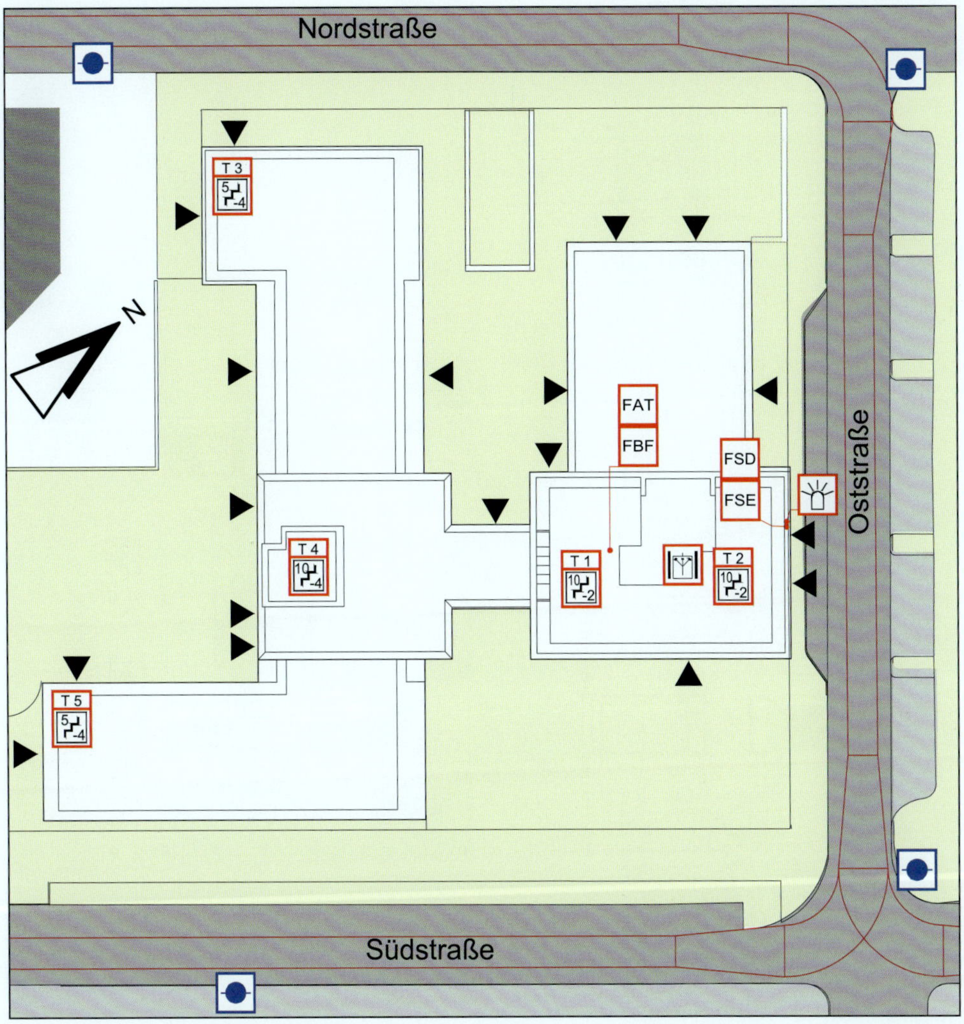

Abb. 4.17: Lageplan mit Flächen für die Feuerwehr und Löschwasserversorgung

zum Teil mit extensiver Begrünung und zum Teil mit Plattenbelägen aus mineralischen Baustoffen eingedeckt.

4.7.2 Baurechtliche Einordnung

Im Sinne von § 2 Abs. 3 MBO ist das Gebäude in die Gebäudeklasse 5 sowie als Hochhaus einzustufen, da der Fußboden des höchstgelegenen Aufenthaltsraumes mehr als 22 m über der Geländeoberfläche liegt.

Bei dem Bauvorhaben handelt es sich darüber hinaus um eine bauliche Anlage, die entsprechend der Auflistung aus § 2 Abs. 4 MBO aufgrund ihrer Art und Nutzung als Sonderbau einzustufen ist. Es handelt sich um

- ein Hochhaus (Gebäude mit einer Höhe von mehr als 22 m),
- eine bauliche Anlage mit einer Höhe von mehr als 30 m,
- ein Gebäude mit mehr als 1.600 m^2 Fläche des Geschosses mit der größten Ausdehnung,
- ein Gebäude mit Räumen, die einzeln für eine Nutzung durch mehr als 100 Personen bestimmt sind,
- eine Versammlungsstätte mit Versammlungsräumen, die insgesamt mehr als 200 Besucher fassen und gemeinsame Rettungswege haben.

Ergänzend zur MBO ist für Hochhäuser die Systematik der MHHR zu berücksichtigen. Maßgebend für die brandschutztechnischen Anforderungen an Hochhäuser ist die Höhe des obersten Geschosses (ohne Aufenthaltsräume). Dieses liegt im zehnten Obergeschoss und weist eine Höhe von weniger als 60 m über dem mittleren Geländeniveau auf.

Da das Restaurant im Erdgeschoss eine Fläche von ca. 293 m^2 aufweist und somit mehr als 200 Sitzplätze möglich sind, wird die MVStättVO als Beurteilungsgrundlage herangezogen. Auch die zentralen Besprechungsräume im Erdgeschoss und im ersten Obergeschoss sind als Versammlungsstätten zu beurteilen, da diese insgesamt mehr als 200 Personen aufnehmen können und die Räume über gemeinsame Rettungswege verfügen.

4.7.3 Konzept

Der Gebäudekomplex ist über 3 öffentliche Straßen erreichbar (siehe Abb. 4.17). Eine Fahrzeugaufstellung seitens der Feuerwehr ist im öffentlichen Straßenraum möglich. Separat angelegte Bewegungsflächen sind nicht erforderlich. Aus dem öffentlichen Straßenraum sind alle Eingänge und Zugänge zu den notwendigen Treppenräumen des Gebäudekomplexes auf kurzen Wegen erreichbar. Aufstellflächen für Hubrettungsgeräte sind nicht erforderlich, da alle Rettungswege aus den Obergeschossen baulich sichergestellt sind.

Die Erstinformationsstelle für die Feuerwehr und die zugehörige Peripherie befinden sich im Erdgeschoss in der

Abb. 4.18: Brandschutzvisualisierung erstes Obergeschoss

Hauptzugangsebene des Bestandshochhauses. Die Zugänglichkeit wird über ein Feuerwehrschlüsseldepot in Verbindung mit einem Freischaltelement sichergestellt.

Gemäß dem vorliegenden Brandrisiko ist für das Gebäude unter Berücksichtigung der überwiegenden Bauart der Umfassungsbauteile, einer harten Bedachung und der anlagentechnischen Brandschutzmaßnahmen eine Löschwasserversorgung von 96 m^3/h über einen Zeitraum von 2 Stunden erforderlich. Die Löschwasserversorgung ist über die Unterflurhydranten in den umliegenden Straßen sichergestellt.

Das Gebäude ist freistehend errichtet. Es weist die nach § 30 Abs. 2 MBO erforderlichen Abstände von 5 m zu anderen Gebäuden und 2,50 m zu den Grundstücksgrenzen auf. Gebäudeabschlusswände sind daher nicht erforderlich.

Der gesamte Gebäudekomplex bildet einen Brandabschnitt mit einer maximalen Länge von 74 m. Die maximale Brandabschnittsfläche beträgt ca. 2.400 m^2.

Die tragenden und aussteifenden Bauteile sowie die Decken sind in massiver Bauweise hergestellt. Die Anforderungen an eine feuerbeständige Bauart werden damit erfüllt. In Teilbereichen gibt es offene Geschossverbindungen. Die Geschossverbindungen erstrecken sich über maximal 3 Geschosse.

Die Außenwände sind als Natursteinfassade mit großflächigen Glasanteilen ausgeführt. Sie bestehen – mit Ausnahme untergeordneter Bauteile – aus nichtbrennbaren Baustoffen.

Die Dachflächen sind im Wesentlichen mit Extensivbegrünungen eingedeckt. Die damit einhergehende Verwendung brennbarer Baustoffe (Substrat, Wurzelschutz usw.) wird im Rahmen einer Abweichung von der MHHR begründet. In Teilen sind außerdem Plattenbeläge aus Beton vorhanden. Beide Dacharten sind jeweils als harte Bedachungen ausgeführt.

In dem Gebäude sind insgesamt 6 notwendige Treppenräume angeordnet (siehe Abb. 4.18).

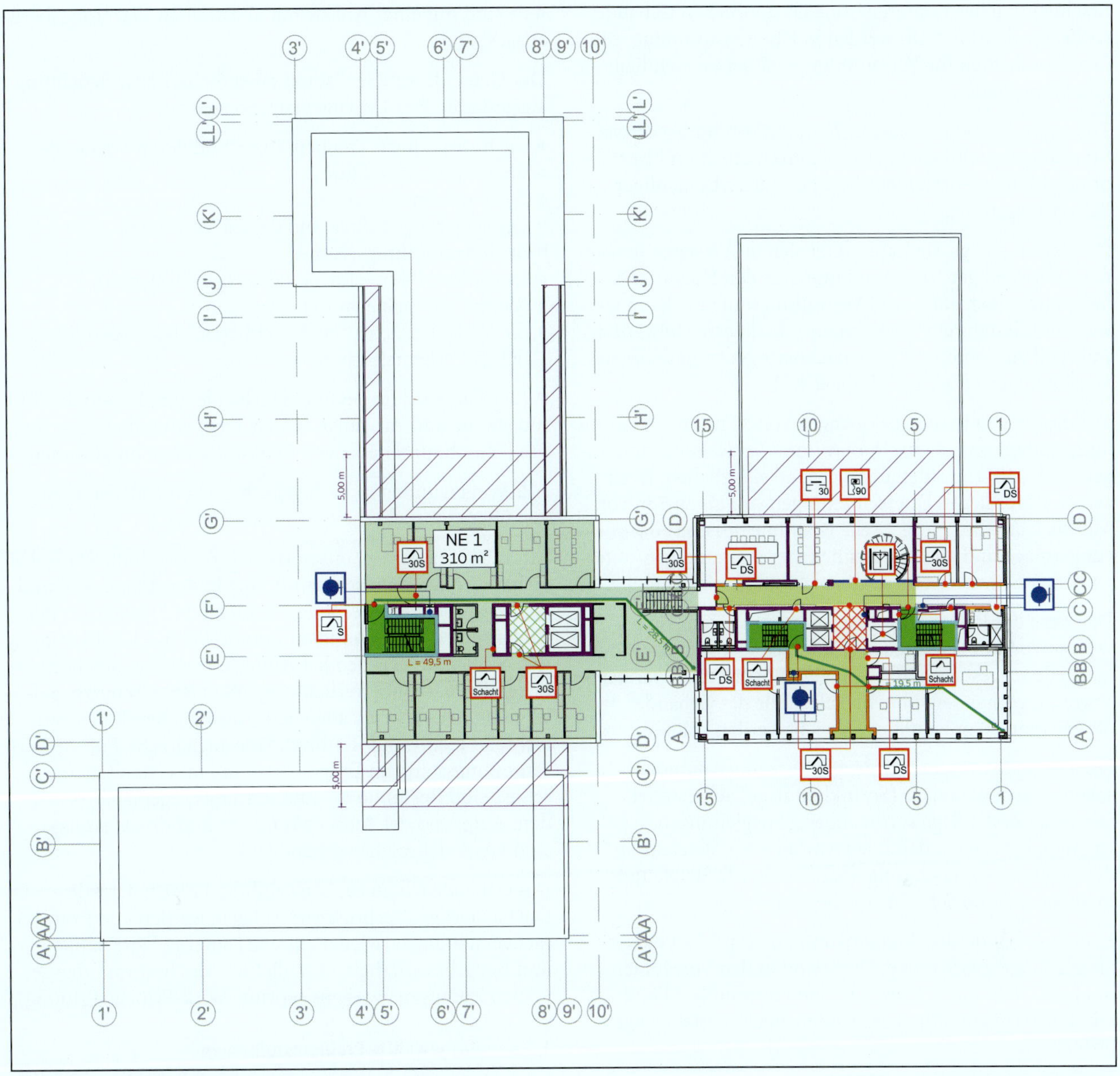

Abb. 4.19: Brandschutzvisualisierung achtes Obergeschoss

3 dieser Treppenräume erschließen die Hochhausteile und sind unter Würdigung des erhöhten Anforderungsniveaus der MHHR ausgeführt. Die Rettungswegführung erfolgt entsprechend folgender Sicherheitskaskade: Nutzungseinheit–notwendiger Flur–notwendiger Treppenraum. Alle übrigen Treppenräume entsprechen den Anforderungen der MBO, wonach diese zum Teil direkt an die Nutzungseinheiten anbinden.

Einen Sonderfall stellen die beiden Treppenräume im nordöstlichen Kern des Bestandshochhauses dar: Entsprechend der heutigen MHHR müssen innenliegende Treppenräume in Hochhäusern grundsätzlich als Sicherheitstreppenräume ausgebildet werden (vgl. Kapitel 3.6.1). Bei innenliegenden Treppenräumen im Bestand ist eine Anpassung auf den aktuellen Stand der Technik in aller Regel jedoch nicht umsetzbar, im vorliegenden Fall aber auch nicht erforderlich. In dem Bestandshochhaus sind 2 innenliegende notwendige Treppenräume vorhanden, womit 2 bauliche Rettungswege zur Verfügung stehen. Beide Treppenräume verfügen im Erdgeschoss über unabhängige Ausgänge ins Freie. Die Verfügbarkeit beider Treppenräume wird darüber hinaus mit neu geplanten Spülluftanlagen erhöht. Im Vergleich zur MHHR-konformen Anordnung eines baulichen Rettungsweges als Sicherheitstreppenraum wird mit der Vorhaltung von 2 baulichen Rettungswegen ein mindestens gleichwertiges Niveau erreicht.

In dem Gebäudekomplex sind darüber hinaus insgesamt 6 Aufzüge vorhanden, sodass jedes Geschoss von mindestens 2 Aufzügen angefahren wird. Die Aufzüge in den Hochhausteilen sind mit Vorräumen versehen.

In den Obergeschossen 1 bis 8 sind Nutzungseinheiten mit einer Fläche von bis zu 485 m^2 vorhanden (siehe Abb. 4.18 und 4.19). Auf die Ausbildung notwendiger Flure zur Erschließung der Zellenbüros wird verzichtet. Die Begründung dieser Abweichung von den Flächenvorgaben aus § 36 Abs. 1 MBO stützt sich im Wesentlichen auf die vorhandene Brandmelde- und Alarmierungsanlage (vgl. Kapitel 3.6.6). Zur

Erschließung der Konferenzzone im nördlichen Gebäudesockel (siehe Abb. 4.18) werden in Übereinstimmung mit den Vorschriften für Versammlungsstätten notwendige Flure ausgebildet.

Trennwände sind u. a. zur Abtrennung von Büro-/Verwaltungsnutzungseinheiten, Haustechnikräumen und Installationsschächten vorhanden. Sie sind in feuerbeständiger Bauart ausgeführt.

Die Rettungswegsystematik stützt sich im Wesentlichen auf die 6 notwendigen Treppenräume. Aus den Nutzungseinheiten mit einer Büro- und Verwaltungsnutzung kann jeweils mindestens ein Treppenraum direkt erreicht werden, während ein weiterer über benachbarte Nutzungseinheiten angebunden ist (vgl. auch Kapitel 4.3).

Die maximalen Rettungsweglängen von 30 m (in Versammlungsstätten) bzw. 35 m (in Büro- und Verwaltungsnutzungen nach MBO) werden überwiegend eingehalten. In einzelnen Büros liegen Überschreitungen von bis zu 5 m vor. Mit Blick auf die automatische Brandmelde- und Alarmierungsanlage und die Anwesenheit von ortskundigen/unterwiesenen Nutzern ist diese Überschreitung akzeptabel.

Der Kern des Bestandshochhauses ist mit einem Feuerwehraufzug mit Haltestellen in allen Geschossen der Hochhausteile ausgestattet. In jedem Geschoss ist ein separater Vorraum vorhanden, über den alle Teile des Gebäudes innerhalb von 50 m Lauflänge erreicht werden können.

Das Gebäude ist mit einer flächendeckenden automatischen Feuerlöschanlage (Sprinkleranlage) ausgestattet. Die Feuerlöschanlage verfügt über 2 Steigleitungen in getrennten Schächten, damit bei Ausfall einer Steigleitung die Löschwasserversorgung über eine zweite Steigleitung ineinem anderen Schacht gesichert ist.

In dem Gebäude sind Wandhydranten „Typ F“ an nassen Steigleitungen vorhanden. Diese sind in den Vorräumen des Feuerwehraufzugs sowie in den notwendigen Fluren vor den Treppenräumen der beiden Hochhausteile angeordnet.

Zur Entstehungsbrandbekämpfung sind Feuerlöscher in ausreichender Anzahl an gut sichtbaren und zugänglichen Stellen positioniert und entsprechend gekennzeichnet.

Der Gebäudekomplex ist mit verschiedenen Anlagen zur Rauchableitung bzw. Rauchfreihaltung ausgestattet. In den geschossübergreifenden Lufträumen und im Mitarbeiterrestaurant sind natürlich wirkende Rauchabzüge vorhanden. Der Fahrschacht und die Vorräume des Feuerwehraufzuges werden durch eine Druckbelüftungsanlage geschützt. Die beiden innenliegenden Treppenräume im Bestand sind jeweils mit einer Spülluftanlage ausgerüstet. Die übrigen Treppenräume können über konventionelle Rauchabzüge an oberster Stelle entraucht werden.

Die automatische Brandmeldeanlage umfasst einen Vollschutz des Gebäudekomplexes und ist direkt zur zuständigen Feuerwehr aufgeschaltet. Die wesentliche Brandkenngröße der automatischen Melder ist „Rauch“. Nichtautomatische Melder sind entsprechend den technischen Regelwerken im Zuge der Rettungswege angeordnet. Die Hochhausteile sowie die Versammlungsstätte verfügen über eine Alarmierungsanlage mit Sprachdurchsage. Die übrigen Gebäudeteile sind mit einer Anlage mit akustischen Warntongebern ausgestattet.

Der Gebäudekomplex ist mit einer Sicherheitsbeleuchtung ausgestattet. Der Umfang erstreckt sich auf

- die notwendigen Treppenräume und deren Vorräume,
- die notwendigen Flure,
- die Vorräume der Aufzüge,
- den Feuerwehraufzug und dessen Vorräume,
- die Versammlungsräume,
- fensterlose Räume für Besucher (z. B. Toiletten),
- Räume für haustechnische Anlagen,
- die Verkehrsflächen im Außenbereich bis zu den öffentlichen Verkehrsflächen.

Außerdem wird im gesamten Gebäudekomplex auf die Rettungswege und Ausgänge zu den Treppenräumen bzw. ins Freie durch hinterleuchtete Rettungszeichen hingewiesen.

Alle vorgenannten sicherheitstechnischen Anlagen verfügen über eine Sicherheitsstromversorgung.

Mit Blick auf den organisatorischen Brandschutz ist für das Gebäude eine Brandschutzordnung in den Teilen A, B und C erforderlich. Die besonderen Aufgaben hinsichtlich der Einhaltung des genehmigten Brandschutznachweises und der sich daraus ergebenden Anforderungen an den betrieblichen Brandschutz werden von einem Brandschutzbeauftragten überwacht. In allgemein zugänglichen Bereichen werden Flucht- und Rettungspläne angebracht. Für die Versammlungsstätte im Erdgeschoss und im ersten Obergeschoss sind Bestuhlungs- und Rettungswegepläne vorhanden. Aufgrund der Aufschaltung der Brandmeldeanlage sind Feuerwehrpläne vorhanden.

Das Gebäude fällt in den Anwendungsbereich der MPrüfVO. Die (sicherheits)technischen Anlagen werden von Prüfsachverständigen (wiederkehrend) auf ihre Wirksamkeit und Betriebssicherheit einschließlich des bestimmungsgemäßen Zusammenwirkens geprüft (Wirk-Prinzip-Prüfung).

4.7.4 Ausgewählte Problemstellungen

Die besondere Problemstellung bei diesem Praxisbeispiel besteht in den in Teilbereichen vorhandenen offenen Geschossverbindungen. Eine Geschossverbindung ist in der Versammlungsstätte zwischen dem Erdgeschoss und dem ersten Obergeschoss vorhanden (siehe Abb. 4.18). Die zweite Geschossverbindung erstreckt sich in den Büroflächen im Hochhaus vom achten bis in das zehnte Obergeschoss (siehe Abb. 4.19). Die Geschossverbindungen nehmen außerdem auch interne, nicht notwendige Treppen auf.

Gemäß § 31 Abs. 1 Nr. 1 MBO bzw. Abschnitt 3.2.3 MHHR müssen Decken als tragende und raumabschließende Bauteile zwischen Geschossen im Brandfall ausreichend lange standsicher und widerstandsfähig gegen die Brandausbreitung sein. Die erforderliche Feuerwiderstandsfähigkeit entspricht demselben Niveau, das an die tragenden Bauteile eines Gebäudes gestellt wird. Im vorliegenden Praxisbeispiel ist somit grundsätzlich ein feuerbeständiger Raumabschluss zwischen den Geschossen erforderlich.

Baurechtlich akzeptiert ist eine Geschossverbindung innerhalb derselben Nutzungseinheit mit nicht mehr als insgesamt 400 m^2 in nicht mehr als 2 Geschossen. Alternativ be-

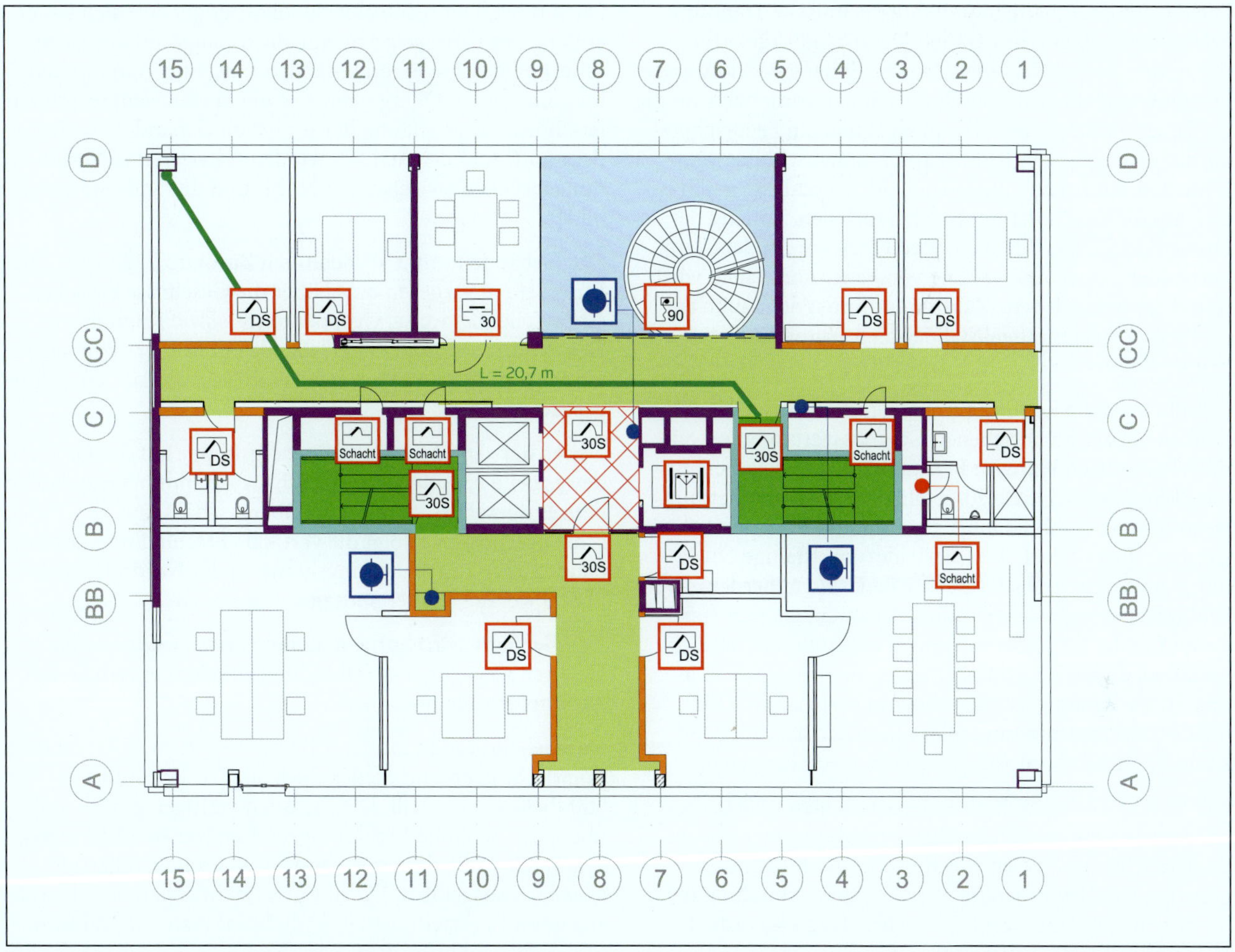

Abb. 4.20: Auszug Brandschutzvisualisierung neuntes Obergeschoss

steht die Möglichkeit, Öffnungsabschlüsse vorzusehen, deren Feuerwiderstand mit dem der Decke gleichwertig ist (§ 31 Abs. 4 MBO). Offene Geschossverbindungen in größeren Nutzungseinheiten oder über mehrere Geschosse sind damit nicht ohne Weiteres zulässig.

4.7.5 Lösungswege

Die Unterbrechung der vertikalen Schottung infolge der Geschossverbindungen erfordert in beiden Fällen eine strukturierte Betrachtung der betroffenen Schutzziele. Relevant sind in diesem Fall die „Vorbeugung der Ausbreitung von Feuer und Rauch", die „Rettung von Personen" sowie die „Ermöglichung wirksamer Löscharbeiten".

Mit Blick auf das geschossübergreifende Foyer zwischen Erdgeschoss und erstem Obergeschoss ist festzustellen, dass die Umfassungsbauteile des an den Luftraum angrenzenden ersten Obergeschosses im Wesentlichen in feuerbeständiger Bauart vorhanden sind. Es gibt lediglich 2 Öffnungen, die mit feuerhemmenden, rauchdichten und selbstschließenden Abschlüssen versehen sind. Diese Abschlüsse sind mit zugelassenen Feststellanlagen ausgerüstet und schließen im Brandfall autark (Cafeteria) bzw. automatisch (Vorraum Feuerwehraufzug).

In Verbindung mit der zu erwartenden Unterdrückung bzw. Löschung eines Brandes durch den vorhandenen Sprinklerschutz ist die feuerhemmende Ausführung der Öffnungsabschlüsse akzeptabel. Sie entspricht im Übrigen auch dem Konzept von „Hallen" im Schulbau (vgl. Kapitel 3.5.2). Eine unmittelbare Ausbreitung von Feuer und Rauch ist damit nicht zu erwarten. Die Rettung von Personen ist möglich, weil die Galerie im ersten Obergeschoss in 2 Richtungen verlassen werden kann. Eine Benutzung der internen Treppe ist dafür nicht erforderlich. Darüber hinaus nimmt die Galerie keine Rettungswege aus angrenzenden Nutzungen auf. Wirksame Löscharbeiten werden zum einen dadurch begünstigt, dass die Feuerwehr bei Ansprechen der automatischen Rauchmelder unmittelbar alarmiert wird und frühzeitig eine Brandbekämpfung einleiten kann. Ein starkes Argument ist zudem die zügige Erreichbarkeit des betroffenen Gebäudeabschnitts. Einer Nutzung des Feuerwehraufzuges bedarf es nicht. Zur Unterstützung wirksamer Löscharbeiten ist das Foyer zusätzlich mit einer Rauchabzugsanlage ausgestattet.

Die Beurteilung der Geschossverbindung vom achten bis zum zehnten Obergeschoss ist komplexer. Im Regelzustand ist hier eine vollständig offene Verbindung zwischen den notwendigen Fluren der einzelnen Geschosse vorhanden. Darüber hinaus ist in den geschossübergreifenden Luftraum ein Besprechungsraum eingeschoben, der mit dem geschossübergreifenden Luftraum eine brandschutztechnische Einheit bildet (siehe Abb. 4.20).

Die einzige dauerhafte brandschutztechnische Trennung erfolgt durch 2 feuerbeständige Trennwände, die orthogonal zu den Außenwänden verlaufen. Entlang des notwendigen Flures ist eine feuerbeständige Stütze vorhanden, an die ein Feuerschutztor (feuerhemmend) und ein Feuerschutzvorhang (feuerbeständig bzgl. des Raumabschlusses) anschließen. Im Brandfall werden beide Abschlüsse geschlossen, um die Geschosstrennung herzustellen. Entlang der Deckenkanten ist zudem ein verdichteter Sprinklerschutz vorhanden. Einer Ausbreitung von Feuer und Rauch wird durch das beschriebene Zusammenwirken der baulichen und anlagentechnischen Maßnahmen ausreichend vorgebeugt.

Mit Blick auf die Rettung von Personen bestehen keine Bedenken bei der beschriebenen Geschossverbindung, weil die notwendigen Flure im Brandfall durch die vorgenannten Öffnungsabschlüsse ausgebildet werden. Die Rettungswege können damit unabhängig vom Luftraum geführt werden. Überall dort, wo feuerwiderstandsfähige Öffnungsabschlüsse selbsttätig schließen, sind außerdem Schlupftüren vorhanden, sodass Personen, die sich zum Zeitpunkt des Schließens in einem abgetrennten Bereich befinden, diesen im achten Obergeschoss verlassen können. In Verbindung mit der ohnehin vorhandenen Brandmelde- und Alarmierungsanlage bestehen abschließend keine Bedenken bezüglich der Rettung von Personen.

Die Ermöglichung wirksamer Löscharbeiten wird insbesondere durch das oben beschriebene Zusammenwirken der baulichen und anlagentechnischen Maßnahmen begünstigt. Darüber hinaus ist die Geschossverbindung in unmittelbarer Nähe zum Feuerwehraufzug angeordnet. Hier stehen für die Feuerwehr 2 Wandhydranten zur Verfügung, sodass zusätzliche Löscharbeiten unmittelbar möglich sind. Der geschossübergreifende Luftraum ist außerdem mit einem Rauchabzug ausgestattet. Damit werden wirksame Löscharbeiten ermöglicht.

4.8 Hochhaus mit Atrium

4.8.1 Gebäudebeschreibung

Es handelt sich bei dem vorgestellten Praxisbeispiel um den Neubau eines Forschungs- und Entwicklungszentrums. Das Gebäude befindet sich auf einem Werksgelände und ist dort freistehend errichtet.

Die Abmessungen des Gebäudes betragen ca. 146 m in der Länge und ca. 35 m in der Breite. Die maximale Grundfläche beträgt ca. 6.479 m^2. Der Neubau verfügt über 9 oberirdische Geschosse, wobei das oberste Geschoss ein reines Technikgeschoss darstellt. Außerdem sind 2 Zwischengeschosse vorhanden. Der oberste begehbare Fußboden des Technikgeschosses liegt in einer Höhe von 33,60 m über dem Gelände. Das Gebäude schließt in einer Höhe von 37,48 m über dem Gelände mit einem Pultdach ab. Eine architektonische Besonderheit ist das aufwärtsgerichtete Auffächern des Gebäudes, sodass die Grundflächen mit steigender Geschossigkeit zunehmen. Das Geschoss mit der geringsten Grundfläche ist das Erdgeschoss, während die größte Grundfläche im siebten Obergeschoss vorliegt.

Das Zentrum des Gebäudes bildet ein Atrium, das sich über dem zweiten Obergeschoss öffnet und bis unter das Dach führt. Der rechteckige Baukörper gliedert sich somit entlang der Längsachse in eine Bürospange auf der Nordseite, den geschossübergreifenden Luftraum vom zweiten bis zum siebten Obergeschoss sowie in eine weitere, schmalere Bürospange entlang der südlichen Gebäudeseite. In dem Luftraum des Atriums werden Galerien und Verbindungsbrücken zwischen der Nord- und der Südseite ausgebildet.

Das Gebäude nimmt vornehmlich Büronutzungen auf. Die Büroformen variieren dabei über die Geschosse zwischen einer Zellenbauweise, Gruppenbüros sowie Kombibüros. Des Weiteren sind in dem Gebäude ein Konferenzbereich, ein Betriebsrestaurant und einzelne Prüfwerkstätten untergebracht.

Neben der repräsentativen Eingangstreppe auf der Gebäudewestseite und einzelnen Geschossverbindungen zwischen dem Erdgeschoss, dem ersten Obergeschoss und den Zwischengeschossen erfolgt die vertikale Erschließung des Gebäudes über 2 Erschließungskerne an der Nordseite sowie über 3 weitere auf der Südseite.

Das Gebäude wird horizontal über Verteilerflure, offene Galerien sowie über 4 Verbindungsbrücken innerhalb des Atriums erschlossen.

Das Gebäude ist in massiver Bauweise errichtet. Tragende Wände, Stützen und Pfeiler sowie die Decken sind aus Stahlbeton hergestellt. Die Fassaden verfügen größtenteils über geschosshohe Verglasungen ohne weitere Öffnungen. Das Dach oberhalb des Atriums ist in großen Teilen als Glasdach ausgeführt. Die übrigen Dachflächen bestehen aus Betonwerksteinplatten/Abdichtungsbahnen und sind mit einer Grobkiesauflage versehen.

4.8.2 Baurechtliche Einordnung

Im Sinne von § 2 Abs. 3 MBO ist das Gebäude in die Gebäudeklasse 5 einzuordnen sowie als Hochhaus einzustufen, da der Fußboden des höchstgelegenen Aufenthaltsraumes mehr als 22 m über der Geländeoberfläche liegt.

Bei dem Bauvorhaben handelt es sich darüber hinaus um eine bauliche Anlage, die entsprechend der Auflistung aus § 2 Abs. 4 MBO aufgrund ihrer Art und Nutzung als Sonderbau einzustufen ist. Es handelt sich um

- ein Hochhaus (Gebäude mit einer Höhe von mehr als 22 m),
- eine bauliche Anlage mit einer Höhe von mehr als 30 m,
- ein Gebäude mit mehr als 1.600 m^2 Fläche des Geschosses mit der größten Ausdehnung,
- ein Gebäude mit Räumen, die einzeln für eine Nutzung durch mehr als 100 Personen bestimmt sind,
- eine Versammlungsstätte mit Versammlungsräumen, die insgesamt mehr als 200 Besucher fassen und gemeinsame Rettungswege haben.

Ergänzend zur MBO ist für Hochhäuser darüber hinaus die Systematik der MHHR zu berücksichtigen. Maßgebend für die brandschutztechnischen Anforderungen an Hochhäuser ist die Höhe des obersten Geschosses (ohne Aufenthaltsräume). Dieses liegt im achten Obergeschoss und weist eine Höhe von weniger als 60 m über dem mittleren Geländeniveau auf.

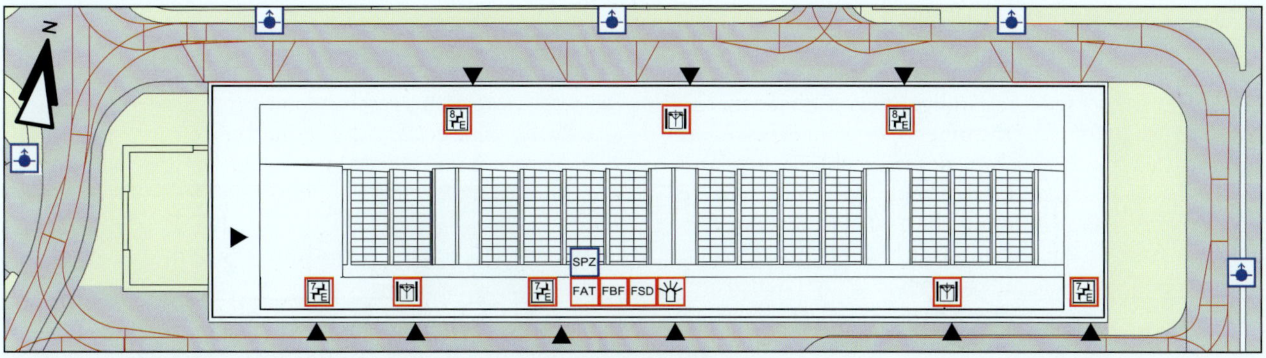

Abb. 4.21: Lageplan mit Flächen für die Feuerwehr und Löschwasserversorgung

Da das Restaurant im zweiten Obergeschoss eine Fläche von ca. 700 m^2 aufweist und mehr als 200 Sitzplätze vorgesehen sind, wird die MVStättVO als Beurteilungsgrundlage herangezogen.

Im Erdgeschoss und ersten Obergeschoss sind Werkstätten, Lager und Räume zur Materialprüfung vorhanden. Diese Flächen werden in Anlehnung an die MIndBauRL bewertet.

4.8.3 Konzept

Einleitend ist zunächst festzustellen, dass das Gebäude im Zuständigkeitsbereich einer staatlich anerkannten Werkfeuerwehr mit hauptberuflichen Einsatzkräften liegt. Die Werkfeuerwehr verfügt über eine detaillierte Kenntnis der im Gebäude vorhandenen Gefahren und Besonderheiten. Hierdurch und wegen der örtlichen Nähe und Zuständigkeit ist ein frühzeitiges Eingreifen der Feuerwehrkräfte bei Bränden möglich. Damit sind Randbedingungen im Bereich des abwehrenden Brandschutzes geschaffen, die über das Maß hinausgehen, das durch die öffentlichen Feuerwehren regelmäßig sichergestellt werden kann.

Das ausgedehnte Gebäude steht frei und befindet sich auf einem Werksgelände in unmittelbarer Nachbarschaft zu anderen Betriebs- und Verwaltungsgebäuden. Der Lageplan kann Abb. 4.21 entnommen werden. Eine Zugänglichkeit aller Gebäudeseiten für die Feuerwehr wird über die Werkstraßen sichergestellt. Aufgrund der Ausdehnung des Objektes ist eine vollständige Umfahrbarkeit für die Feuerwehr erforderlich und gegeben. Entlang der Umfahrt sind außerdem mehrere Bewegungsflächen vorhanden. Da alle Rettungswege baulich sichergestellt werden, sind keine Aufstellflächen für Hubrettungsfahrzeuge erforderlich. Die Zugänglichkeit für die Feuerwehr ist über insgesamt 10 Eingänge möglich. Neben den vorhandenen Rettungswegen stehen 3 Feuerwehraufzüge zur Verfügung. Die Erstinformationsstelle für die Feuerwehr befindet sich auf der Südseite des Gebäudes und ist unmittelbar von außen zugänglich. Dort sind das Feuerwehranzeigetableau und die Bedieneinrichtungen der anlagentechnischen Brandschutzeinrichtungen vorzufinden. Mit dieser Konzeption der Zugänglichkeit werden sehr günstige Rahmenbedingungen für einen Feuerwehreinsatz geschaffen, die der großen Gebäudeausdehnung angemessen sind.

Gemäß dem vorliegenden Brandrisiko ist für das Gebäude unter Berücksichtigung der überwiegenden Bauart der Umfassungsbauteile, einer harten Bedachung und der anlagentechnischen Brandschutzmaßnahmen eine Löschwasserversorgung von 96 m^3/h über einen Zeitraum von 2 Stunden erforderlich. Die Löschwasserversorgung wird über mehrere Hydranten sichergestellt, die alle in einem Abstand von 30 bis 50 m zu den Bewegungsflächen für die Feuerwehr angeordnet sind. So kann mit geringem Aufwand die Wasserversorgung für einen Löschangriff hergestellt werden.

Das Gebäude ist freistehend errichtet und verfügt über Abstände von mehr als 2,50 m zu den Grundstücksgrenzen bzw. von mehr als 5 m zu anderen Gebäuden. Gebäudeabschlusswände sind somit nicht vorhanden.

Das Gebäude bildet einen Brandabschnitt. Die maximale Ausdehnung des Brandabschnittes beträgt 146 m; die Brandabschnittsfläche beträgt bis zu 6.480 m^2. In dieser großen Brandabschnittsfläche ist auch der Luftraum des geschossübergreifenden Atriums enthalten, der eine Fläche von ca. 1.500 m^2 umfasst.

Das Gebäude besteht in seinen tragenden und aussteifenden Bauteilen aus einer massiven Stahlbetonkonstruktion, die das Anforderungsniveau feuerbeständig und nichtbrennbar erfüllt. Die Wände der Treppenräume sind in der Bauart von Brandwänden errichtet.

Auch die Geschossdecken sind massiv in feuerbeständiger Bauart ausgeführt. Durch das Atrium ist die raumabschließende Wirkung der Decken jedoch in großen Teilen nicht gegeben (vgl. dazu detaillierter Kapitel 4.8.4 und 4.8.5).

Die Dächer sind als sog. Warmdächer mit nichtbrennbaren Dämmstoffen sowie oberhalb des Atriums als Glasdächer ausgeführt. Die Warmdächer sind mit einer Grobkiesauflage bzw. mit einem Betonwerksteinbelag abgedeckt. Beide Dächer erfüllen die Anforderungen an harte Bedachungen.

Die Außenwände sind als Elementfassaden mit raumhohen Festverglasungen ausgeführt. Mit Ausnahme untergeordneter Bauteile kommen ausschließlich nichtbrennbare Baustoffe zum Einsatz. Eine Besonderheit stellen in diesem Zusammenhang die Geschossversprünge des Gebäudes dar. So sind die Baustoffanforderungen an die Außenwände (z. B. Dämmstoffe) auch bei den Unterseiten der auskragenden Anteile der Geschossdecken umgesetzt.

Die vertikale Erschließung des Gebäudes wird über 5 Treppenräume sichergestellt. Dabei handelt es sich jeweils um Treppenräume, die entlang einer Außenwand verlaufen

Abb. 4.22: Auszug Brandschutzvisualisierung zweites Obergeschoss; baulicher Brandschutz

und über öffenbare Fenster zur Rauchableitung verfügen. Eine Ausbildung von Sicherheitstreppenräumen inkl. Rauchschutzdruckanlagen ist somit nicht erforderlich. Vor allen Treppenräumen befinden sich notwendige Flure, sodass die nach MHHR erforderliche Sicherheitskaskade notwendiger Treppenraum–notwendiger Flur–Nutzungseinheit sichergestellt wird.

Alle Trennwände sind feuerbeständig und aus nichtbrennbaren Baustoffen hergestellt. Durch die Trennwände werden einzelne Teilflächen des Gebäudes brandschutztechnisch abgetrennt. Dies betrifft beispielsweise das Betriebsrestaurant im zweiten Obergeschoss, Installationsschächte sowie Technikräume bzw. Räume für sicherheitstechnische Einrichtungen. Andere Nutzungen wie z. B. Büro- und Besprechungszonen oder Sanitärräume sind zum Teil in feuerhemmender Bauart bzw. rauchdicht vom Atrium abgetrennt (siehe Abb. 4.22).

Beginnend mit dem zweiten Obergeschoss öffnet sich das Atrium, das sich bis zum siebten Obergeschoss erstreckt. In den Obergeschossen sind vornehmlich Büro- und Verwaltungsnutzungseinheiten angeordnet, innerhalb derer nahezu alle Büroformen repräsentiert sind. Die Büronutzungseinheiten weisen Flächen zwischen 400 und 600 m² auf. Auf die Ausbildung notwendiger Flure wird verzichtet. Die Begründung dieser Abweichung von § 36 Abs. 1 MBO stützt sich im Wesentlichen auf die vorhandene Brandmelde- und Alarmierungsanlage (siehe Kapitel 3.6.6).

Die Rettungswege im Erdgeschoss sind unabhängig von denen der Obergeschosse. Die Systematik der Rettungswege für die Obergeschosse fußt im Wesentlichen auf den 5 außenliegenden notwendigen Treppenräumen. Aus den Nutzungseinheiten mit einer Büro- und Verwaltungsnutzung in der Nordspange kann jeweils mindestens ein Treppenraum direkt über die vorgelagerten notwendigen Flure erreicht werden. Eine Besonderheit des Praxisbeispiels ist, dass die Anbindung einzelner Aufenthaltsräume in der Südspange über offene Galerien führt. Hier verlaufen beide Rettungswege durch den Luftraum des Atriums. Darüber hinaus verläuft für einzelne Bereiche der zweite Rettungsweg über benachbarte Nutzungseinheiten bzw. über das Atrium (siehe Abb. 4.23).

Die maximalen Rettungsweglängen von 30 m (Versammlungsstätte) bzw. 35 m (Büro/Verwaltung) werden überwiegend eingehalten. In einzelnen Bürobereichen liegen

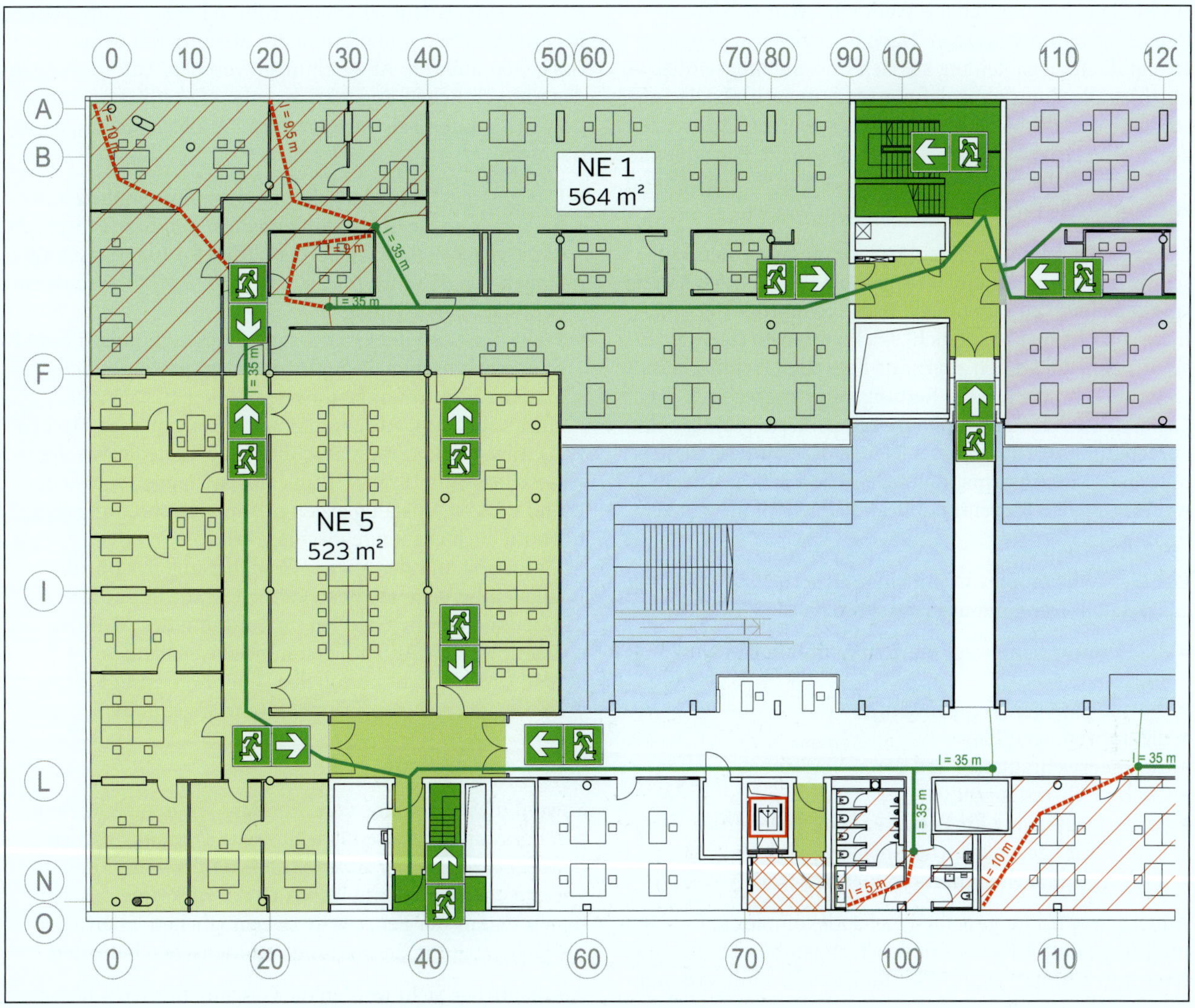

Abb. 4.23: Auszug Brandschutzvisualisierung siebtes Obergeschoss; Rettungswege

Überschreitungen von bis zu 10 m vor. In deutlich geringeren Entfernungen können jedoch die notwendigen Flure (feuerbeständige Bauart) als gesicherter Bereich erreicht werden. Mit Blick auf die automatische Brandmelde- und Alarmierungsanlage und die Anwesenheit von ortskundigen/unterwiesenen Nutzern sind diese Überschreitungen akzeptabel.

Zusätzlich zu den notwendigen Treppenräumen stehen insgesamt 3 Feuerwehraufzüge mit Haltestellen in jedem Geschoss zur Verfügung. In jedem Geschoss sind separate Vorräume vorhanden, über die alle Geschossflächen innerhalb von 50 m Lauflänge erreicht werden können. Wirksame Löscharbeiten sind somit – trotz der vorliegenden Rettungsweglängenüberschreitungen – möglich.

Wesentlich für die Brandschutzkonzeption des Gebäudes sind die anlagentechnischen Brandschutzmaßnahmen. An erster Stelle sind die flächendeckenden automatischen Feuerlöschanlagen zu nennen. Diese verhindern eine Brandausbreitung über größere Flächen bzw. mehrere Geschosse hinweg und stellen somit die Grundvoraussetzung für das gestalterische Konzept des Gebäudes dar. Das Atrium ist mit einer Sprühwasserlöschanlage ausgestattet, während die übrigen Gebäudeteile durch eine Sprinkleranlage geschützt werden. Die Sprinkleranlage verfügt über 2 Steigleitungen in getrennten Schächten, damit bei Ausfall einer Steigleitung die Löschwasserversorgung über eine zweite Steigleitung in einem anderen Schacht gesichert ist.

In dem Gebäude sind Wandhydranten „Typ F" an nassen Steigleitungen vorhanden. Diese sind in den Vorräumen der Feuerwehraufzüge sowie in allen notwendigen Fluren vor den Treppenräumen angeordnet.

Zur Entstehungsbrandbekämpfung sind Feuerlöscher in ausreichender Anzahl an gut sichtbaren und zugänglichen Stellen positioniert und entsprechend gekennzeichnet.

Das Gebäude ist mit verschiedenen Anlagen zur Rauchableitung ausgestattet. Das Atrium ist mit einer maschinellen Rauchabzugsanlage ausgerüstet, die automatisch auslöst bzw. durch die Feuerwehr ausgelöst werden kann. Das Betriebsrestaurant im zweiten Obergeschoss kann entsprechend MVStättVO über die vorhandene Lüftungsanlage entraucht werden. Grundlage hierfür ist die vorhandene Sprinkleranlage und ein Verzicht auf Brandschutzklappen mit Rauchauslöseeinrichtungen. Die Lüftungsanlage schaltet im Brandfall zunächst automatisch ab und kann über ein Bedientableau durch die Werkfeuerwehr wieder in Betrieb genommen werden. Nach dem gleichen Prinzip erfolgt die Rauchableitung aus den Büronutzungseinheiten, hier allerdings ohne definierten Luftwechsel. Die Fahrschächte und die Vorräume der Feuerwehraufzüge werden durch eine Druckbelüftungsanlage geschützt. Die außenliegenden Treppenräume können über öffenbare Fenster und konventionelle Rauchabzüge entraucht werden.

Die automatische Brandmeldeanlage umfasst einen Vollschutz des Gebäudes und ist direkt bei der Werkfeuerwehr aufgeschaltet. Die wesentliche Brandkenngröße der automatischen Melder ist „Rauch". Nichtautomatische Melder sind entsprechend den zugrunde liegenden technischen Regelwerken im Zuge der Rettungswege angeordnet. Das Gebäude ist vollständig mit einer Alarmierungsanlage mit Sprachdurchsage ausgerüstet. Neben der Standardausstattung in der Erstinformationsstelle stehen der Feuerwehr an weiteren Stellen (dezentrale) Brandfallmikrofone zur Verfügung.

Der Gebäudekomplex ist mit einer Sicherheitsbeleuchtung ausgestattet. Der Umfang erstreckt sich auf

- die Hauptverkehrswege im Atrium und in den Nutzungseinheiten,
- die notwendigen Treppenräume,
- die notwendigen Flure,
- die Feuerwehraufzüge und deren Vorräume,
- das Betriebsrestaurant,
- fensterlose Räume für Besucher (z. B. Toiletten),
- Räume für haustechnische Anlagen,
- die Verkehrsflächen im Außenbereich.

Außerdem wird im gesamten Gebäudekomplex auf die Rettungswege und Ausgänge zu den Treppenräumen bzw. ins Freie durch hinterleuchtete Rettungszeichen hingewiesen.

Alle vorgenannten sicherheitstechnischen Anlagen verfügen über eine Sicherheitsstromversorgung.

Mit Blick auf den organisatorischen Brandschutz ist für das Gebäude eine Brandschutzordnung in den Teilen A, B und C erforderlich. Die besonderen Aufgaben hinsichtlich der Einhaltung des genehmigten Brandschutznachweises und der sich daraus ergebenden Anforderungen an den betrieblichen Brandschutz werden von einem Brandschutzbeauftragten überwacht. In allgemein zugänglichen Bereichen werden Flucht- und Rettungspläne angebracht. Für die Versammlungsstätte im zweiten Obergeschoss sind Bestuhlungs- und Rettungswegepläne vorhanden. Aufgrund der Aufschaltung der Brandmeldeanlage sind Feuerwehrpläne vorhanden.

Das Gebäude fällt in den Anwendungsbereich der MPrüfVO. Die (sicherheits)technischen Anlagen werden von Prüfsachverständigen (wiederkehrend) auf ihre Wirksamkeit und Betriebssicherheit einschließlich des bestimmungsgemäßen Zusammenwirkens geprüft (Wirk-Prinzip-Prüfung).

4.8.4 Ausgewählte Problemstellungen

Die architektonische Besonderheit und gleichzeitig wesentliche brandschutztechnische Problemstellung des Praxisbeispiels ist das ausgedehnte, geschossübergreifende Atrium mit daran – möglichst offen – anschließenden Büroflächen. Für einzelne Aufenthaltsräume führen beide Rettungswege über die Galerien im Luftraum des Atriums. Mit dem Grundriss gehen mehrere Abweichungen von den Anforderungen der baurechtlichen Regelwerke einher. Detaillierter werden im vorliegenden Fall die folgenden 3 Problemstellungen betrachtet:

- Das gesamte Gebäude stellt mit einer Ausdehnung von bis zu 146 m einen zusammenhängenden Brandabschnitt dar. Das baurechtlich geforderte Maß für Brandabschnittslängen von 40 m nach § 30 Abs. 2 Nr. 2 MBO wird damit deutlich überschritten.
- Weiterhin wird der Grundsatz der geschossweisen brandschutztechnischen Trennung mit dem geschossübergreifenden Luftraum nicht umgesetzt. Gemäß § 31 Abs. 1 Nr. 1 MBO bzw. Abschnitt 3.2.3 MHHR müssen Decken als tragende und raumabschließende Bauteile zwischen Geschossen im Brandfall ausreichend lange standsicher und widerstandsfähig gegen die Brandausbreitung sein, womit auch ein Raumabschluss erforderlich ist.
- Eine dritte, mit der offenen Erschließung der Büroflächen einhergehende Besonderheit ist die Rettungswegführung über die Galerien im Luftraum des Atriums. Damit werden Aufenthaltsräume abweichend von § 36 Abs. 1 MBO nicht unmittelbar über notwendige Flure an die notwendigen Treppenräume angebunden.

4.8.5 Lösungswege

Sowohl die Ausbildung von Brandabschnitten als auch die geschossweise brandschutztechnische Trennung dienen dem Schutzziel, einer Ausbreitung von Feuer und Rauch vorzubeugen und damit implizit auch wirksame Löscharbeiten seitens der Feuerwehr zu ermöglichen. Ebenso ist die Sicherstellung der Rettung von Menschen betroffen.

Aus baulicher Sicht werden die Geschossflächen – bedingt durch die Ausbildung von Nutzungseinheiten – brandschutztechnisch weitgehend kompartimentiert (siehe Abb. 4.22). Die maximalen Grundflächen der Büronutzungseinheiten betragen 600 m^2, sodass die allgemein anerkannten zulässigen Größen unter Berücksichtigung der vorhandenen brandschutztechnischen Infrastruktur nicht vollständig ausgereizt werden (vgl. Kapitel 3.6.6). Einer horizontalen Ausbreitung von Feuer und Rauch wird somit wirksam vorgebeugt. Mit Blick auf die vorgeschriebene vertikale Schottung ist zunächst festzustellen, dass ca. 75 % der Gebäudefläche mit öffnungslosen Decken ausgeführt sind. In diesen Teilflächen folgt die Geschosstrennung somit dem baurechtlichen Grundprinzip. Im Atrium wird die vertikale Schottung stattdessen durch die Atriumfassaden sichergestellt, sodass deren Ausgestaltung eine zentrale Rolle einnimmt. Bezogen auf den Raumabschluss wird die Anforderung „nichtbrennbar und rauchdicht" als Mindestniveau festgelegt. Sofern in diesen rauchdichten Fassaden Öffnungen angeordnet sind, sind diese selbstschließend oder werden im Brandfall motorisch geschlossen. Diese erhebliche Abminderung gegenüber der geforderten feuerbeständigen Bauweise stellt die Schnittstelle zu den vorhandenen flächendeckenden Löschanlagen dar.

Mit Ausnahme des Atriums ist eine Sprinkleranlage nach den Sprinklerrichtlinien VdS CEA 4001 ausgeführt. In Anlehnung an die Anforderungen aus diesem Regelwerk ist an den Deckenkanten der Nordspange ein verdichteter Sprinklerschutz vorhanden. An der Südspange sind die Wände des Atriums in feuerhemmender Bauart ausgeführt, sodass ein verdichteter Sprinklerschutz hier entbehrlich ist.

Entsprechend VdS CEA 4001 kommt eine Sprinkleranlage mit thermischer Auslösung für das Atrium jedoch nicht infrage. Die aufsteigenden Brandgase würden über die Gesamthöhe von ca. 25 m so stark abkühlen, dass die Auslösetemperaturen für die Löschanlage unter dem Dach nicht früh genug erreicht werden können. Weiterhin würde das Löschwasser vor dem Auftreffen auf dem Boden weitgehend verdampfen und somit keine Löschwirkung mehr entfalten.

Aus diesen Gründen ist eine Sprühwasser-Löschanlage installiert entsprechend der technischen Regel VdS 2109 „VdS-Richtlinien für Sprühwasser-Löschanlagen – Planung und Einbau“ (aktuelle Ausgabe 2018). Die Auslösung der Anlage erfolgt automatisch über die Brandmeldeanlage mit der Kenngröße „Rauch“ unter Zugrundelegung einer sog. Zweimelderabhängigkeit. Zur Vermeidung von Wasserschäden erfolgt damit ein Auslösen der Anlage nur dann, wenn mindestens 2 Brandmelder aktiviert werden.

Mit diesen anlagentechnischen Voraussetzungen muss der Raumabschluss der Atriumfassaden unter Berücksichtigung 2 verschiedener Lastfälle betrachtet werden: Bei einem Brandereignis innerhalb einer Büroeinheit kommt es zu einem frühzeitigen Auslösen der Sprinkleranlage in einer Größenordnung von ca. 5 Minuten nach Brandbeginn (vgl. Richtlinie VDI 6019 Blatt 1). Die Auslösetemperatur der Sprinkler beträgt 68 °C. Ein temperaturbedingtes Versagen von Verglasungen ist üblicherweise bei Bauteiltemperaturen von ca. 200 °C zu erwarten (vgl. Wagner, 2012). Auch unter Berücksichtigung der thermischen Trägheit der Sprinkler-Auslöseelemente ist somit ein Versagen der rauchdichten Fassade noch vor dem Auslösen der Sprinkleranlage unwahrscheinlich.

Im Weiteren ist ein Brand im Atrium zu betrachten. Als Brandebene kommt hierfür das zweite Obergeschoss infrage, wo auch eine entsprechende Nutzung vorgesehen ist (z. B. Ausstellungen). Aufgrund dessen und der geplanten Zweimelderabhängigkeit ist prinzipiell mit einem größeren Brandereignis zu rechnen, in dessen Auftriebsstrahl entsprechend hohe Rauchgastemperaturen zu erwarten sind. Bedingt durch die Aufstiegshöhen und die großen Grundflächen stellen sich unterhalb des Daches jedoch keine Temperaturen ein, die – bis zur Auslösung der Sprühwasser-Löschanlage – zu einem Versagen der rauchdichten Fassaden führen. Diese Erkenntnis wurde über Brandsimulationsberechnungen abgesichert. Sowohl für ein Brandereignis in einer Büroeinheit als auch innerhalb des Atriums wird einer Ausbreitung von Feuer und Rauch somit wirksam vorgebeugt. Das baurechtliche Schutzziel wird erreicht.

Mit Blick auf die Ermöglichung wirksamer Löscharbeiten sind die gute Zugänglichkeit sowie die automatische Brandmeldeanlage zu nennen, die ein frühzeitiges und effizientes Eingreifen der Feuerwehr sicherstellt. Das Vorgehen der Einsatzkräfte im Gebäude wird durch die vorhandenen Feuerwehraufzüge und die flächendeckend angeordneten Wandhydranten „Typ F“ unterstützt. Zur Unterstützung wirksamer Löscharbeiten können außerdem die Anlagen zur Rauchableitung in Betrieb genommen werden.

Neben der Ausdehnung des Brandabschnittes und der Geschosstrennung weist auch die Systematik der Rettungswege Besonderheiten auf. Wie Abb. 4.23 entnommen werden kann, erfolgt die Erschließung der südlichen Bürospange ausschließlich über die Galerien des Atriums. Damit werden die Rettungswege aus den Räumen auf der Südseite im offenen Luftraum zu den Treppenräumen geführt. Auf die Ausbildung von notwendigen Fluren entlang der Galerien wird verzichtet.

Die Ausbildung notwendiger Flure dient den Schutzzielen „Rettung von Personen“ sowie der Ermöglichung „wirksamer Löscharbeiten“. Diese Schutzziele werden in dem Praxisbeispiel auf alternative Weise erreicht.

Es muss sichergestellt werden, dass die Galerien zur Erschließung der Büros und ihre Zugänge zu den Treppenräumen im Brandfall ausreichend lange benutzbar bleiben. Hierfür greifen mehrere Maßnahmen ineinander.

Durch die flächendeckende Brandmelde- und Alarmierungsanlage wird sichergestellt, dass alle anwesenden Personen schon bei einem Entstehungsbrand im Atrium gewarnt werden und die an das Atrium angrenzenden Räume rechtzeitig verlassen können.

Die automatische Feuerlöschanlage stellt sicher, dass kein Brand entstehen kann, der aufgrund seiner Rauch- und Wärmefreisetzung das Potenzial hätte, die Galerien im Luftraum des Atriums als Rettungs- und Angriffsweg für die Feuerwehr unbenutzbar zu machen. Zusätzlich wird das Atrium mit einer maschinellen Rauchabzugsanlage ausgestattet, die im Brandfall automatisch aktiviert wird. Die Konzeption der Anlage basiert auf Brandsimulationsberechnungen mithilfe eines Feldmodells (vgl. Kapitel 3.14.2). Die Anlage dient sowohl der Rauchableitung aus den Rettungswegen als auch der Unterstützung wirksamer Löscharbeiten für die Feuerwehr. Die durchgeführten Brandsimulationsberechnungen zeigen, dass die Galerien in den beiden höchstgelegenen Geschossen (sechstes und siebtes Obergeschoss) nicht ausreichend lange raucharm gehalten werden können. Daher sind zwischen dem Luftraum des Atriums und den Galerien im sechsten und siebten Obergeschoss zusätzlich Rauchschürzen angeordnet (siehe Abb. 4.24). Die Rauchschürzen werden durch die Brandmeldeanlage angesteuert und verhindern somit ein Eindringen von Brandrauch in die Galerien.

Darüber hinaus sind die Wände zwischen den Büros der Südspange und den Galerien feuerhemmend ausgeführt und erfüllen damit das baurechtliche Anforderungsniveau an die Wände notwendiger Flure. Damit werden die Galerien gegenüber den angrenzenden Aufenthaltsräumen geschützt. Sowohl die Rettung von Personen als auch wirksame Löscharbeiten werden so ermöglicht. Die baurechtlichen Schutzziele werden erreicht.

Durch die Brandsimulationsberechnungen konnte auch bestätigt werden, dass das Atrium selbst als Ausstellungs- und Aktionsfläche genutzt werden kann. Somit können grundsätzlich Brandlasten eingebracht werden. Eine Ausnahme

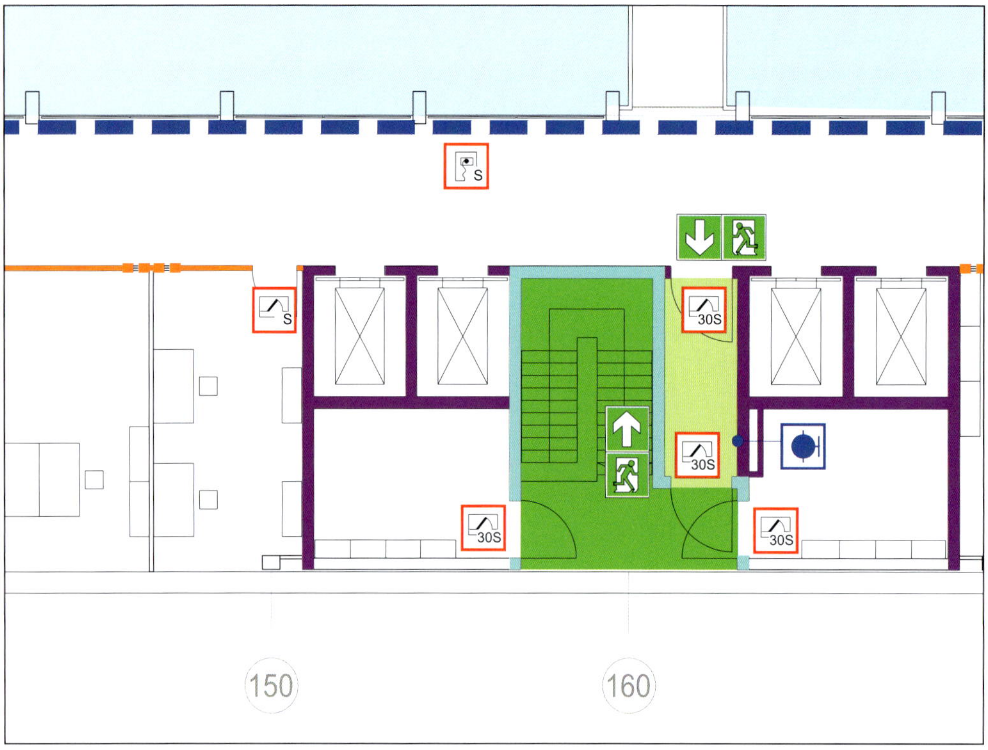

Abb. 4.24: Auszug Brandschutzvisualisierung siebtes Obergeschoss. Die Galerie wird durch einen Rauchschutzvorhang geschützt.

stellen lediglich die Flächen dar, die unterhalb der Galerien und Brücken liegen. Bei einer Brandquelle auf diesen Flächen wären starke Verwirbelungen bei den aufsteigenden Rauchgasen zu erwarten, sodass die Galerien nicht rauch-arm gehalten werden könnten. Unter Berücksichtigung dieser Randbedingungen, die auch Gegenstand der Brandschutzordnung Teil C sind, steht dem Betreiber die im Entwurf gewünschte Nutzung und Gestaltung des Atriums frei.

4.9 Hochhaus im Bestand

4.9.1 Gebäudebeschreibung

Das Praxisbeispiel behandelt ein bestehendes Büro- und Verwaltungsgebäude aus den 1980er-Jahren. Bei diesem Gebäude ist innerhalb eines Geschosses eine Kernsanierung vorgesehen, mit der Änderungen bei der Anordnung von Büroflächen zusammenhängen.

Das Bestandgebäude wird durch umliegende Verkehrsflächen erschlossen und bildet einen zusammenhängenden Gebäudekomplex, bestehend aus einem nördlichen und einem südlichen Gebäudeteil. Im südlichen Verlauf grenzt ein weiteres Gebäude an, das in diesem Zusammenhang nicht näher betrachtet wird.

Der Gebäudekomplex hat Abmessungen von ca. 57 m in der Breite und 111 m in der Länge. Die überbaute Grundfläche beträgt in Summe ca. 3.700 m^2. Der nördliche Gebäudeteil weist 9 oberirdische Geschosse sowie eine über dem achten Obergeschoss befindliche Technikzentrale auf. Die Fußbodenoberkante des achten Obergeschosses befindet sich ca. 32 m oberhalb der mittleren Geländeoberfläche. Der südliche Gebäudeteil weist 6 oberirdische Geschosse, ebenfalls eine darüber befindliche Technikzentrale sowie ein Untergeschoss auf. Die Fußbodenoberkante des zu betrachtenden fünften Obergeschosses befindet sich ca. 20 m oberhalb der umgebenden Geländeoberfläche.

Die tragenden und aussteifenden Wände, Pfeiler, Stützen und Decken sind im Bestand massiv in Stahlbeton ausgeführt. Die Außenwände sind als Stahlbeton-, Klinker- und Alufassaden vorhanden. Das Dach ist in Stahlbeton ausgeführt. Über den Technikzentralen sind Trapezblechdächer vorhanden.

Zur vertikalen Erschließung stehen in Summe 3 Treppenräume zur Verfügung. 2 der Treppenräume befinden sich im nördlichen Gebäudeteil. Ein Treppenraum befindet sich im südlichen Gebäudeteil. Im nördlichen Gebäudeteil ist zudem ein Feuerwehraufzug vorhanden.

An der Nutzung des bestehenden Gebäudes werden keine Änderungen vorgenommen. Das Gebäude wird wie bisher zu Büro- und Verwaltungszwecken genutzt. Im Rahmen der Umplanung wird das betrachtete fünfte Obergeschoss im Wesentlichen als Großraumbüro umfunktioniert. Es werden jedoch vereinzelt kleinere Besprechungsräume eingestellt. Die Gebäudekerne inkl. der Treppenräume, der angegliederten Sanitär- und Technikräume sowie der Aufzugsfahrschächte bleiben unverändert gegenüber dem Bestand.

4.9.2 Baurechtliche Einordnung

Im Sinne von § 2 Abs. 3 MBO ist das Gebäude in die Gebäudeklasse 5 einzuordnen sowie als Hochhaus einzustufen, da der Fußboden des höchstgelegenen Aufenthaltsraumes mehr als 22 m über der Geländeoberfläche liegt.

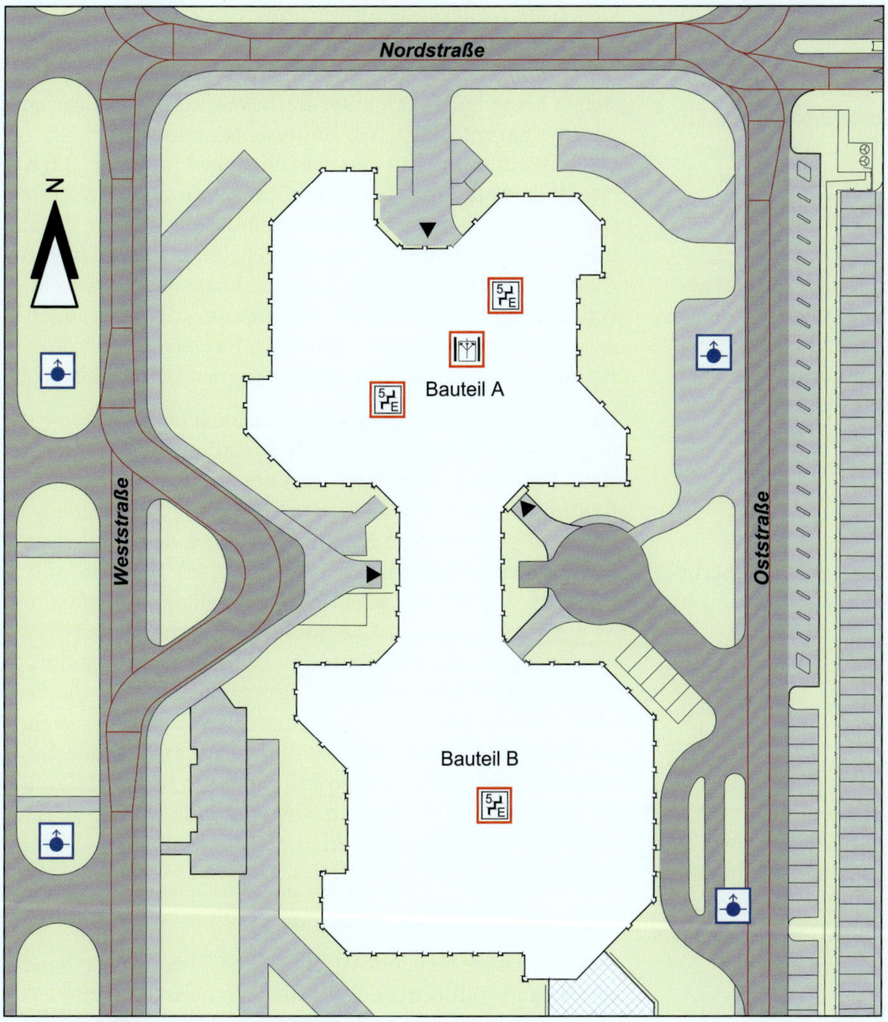

Abb. 4.25: Lageplan mit Flächen für die Feuerwehr und Löschwasserversorgung; Bauteil A (Hochhaus), Bauteil B (Gebäudeklasse 5)

Bei dem Bauvorhaben handelt es sich darüber hinaus um eine bauliche Anlage, die entsprechend der Auflistung aus § 2 Abs. 4 MBO aufgrund ihrer Art und Nutzung als Sonderbau einzustufen ist. Es handelt sich um

- ein Hochhaus (Gebäude mit einer Höhe von mehr als 22 m),
- eine bauliche Anlage mit einer Höhe von mehr als 30 m,
- ein Gebäude mit mehr als 1.600 m² Fläche des Geschosses mit der größten Ausdehnung,
- ein Gebäude mit Räumen, die einzeln für eine Nutzung durch mehr als 100 Personen bestimmt sind,
- ein Gebäude mit Räumen, die einer Büro- oder Verwaltungsnutzung dienen und einzeln eine Grundfläche von mehr als 400 m² haben.

Ergänzend zur MBO ist für Hochhäuser darüber hinaus die Systematik der MHHR zu berücksichtigen. Maßgebend für die brandschutztechnischen Anforderungen an Hochhäuser ist die Höhe des obersten Geschosses (ohne Aufenthaltsräume). Dieses liegt im achten Obergeschoss und weist eine Höhe von weniger als 60 m über dem mittleren Geländeniveau auf.

Der südliche Gebäudeteil wird bereits im genehmigten Bestand aufgrund einer Höhe von weniger als 22 m nicht als Hochhaus bewertet. Aufgrund einer brandschutztechnischen Trennung bestehen keine Bedenken, die differenzierte Bewertung zwischen den beiden Gebäudeteilen weiter fortzuführen.

Da das vorliegende Praxisbeispiel insbesondere die Handhabung von Bestandsgebäuden thematisiert, bilden außerdem die baurechtlichen Regelwerke zum Zeitpunkt der Errichtung sowie die vorhandenen Baugenehmigungen weitere wesentliche Beurteilungsgrundlagen.

4.9.3 Konzept

Das bestehende Gebäude ist über die umliegenden Verkehrsflächen erreichbar. Von den Verkehrsflächen können die Hauptzugänge des Gebäudes erreicht werden (siehe Abb. 4.25). Separate Bewegungsflächen müssen nicht vorgesehen werden.

Aufstellflächen für Hubrettungsfahrzeuge sind nicht erforderlich, da alle Rettungswege im Gebäude baulich sichergestellt werden.

Gemäß dem vorliegenden Brandrisiko ist für das Gebäude unter Berücksichtigung der überwiegenden Bauart der Umfassungsbauteile, einer harten Bedachung und der anlagentechnischen Brandschutzmaßnahmen eine Löschwasserversorgung von 96 m³/h über einen Zeitraum von 2 Stunden erforderlich. Die Löschwasserversorgung ist über Überflurhydranten sichergestellt.

Das Gebäude bildet in Verbindung mit den zugehörigen Gebäudeteilen einen freistehenden Gebäudekomplex. Dieser weist die nach § 30 Abs. 2 Nr. 1 MBO erforderlichen Abstände zur Nachbarbebauung und zu den Grundstücksgrenzen auf. Gebäudeabschlusswände sind somit nicht vorhanden.

Der nördliche und südliche Gebäudeteil bilden einen gemeinsamen Brandabschnitt. Das weiter südlich angrenzende Gebäude ist durch eine Brandwand vom betrachteten Gebäude abgetrennt. Der aus nördlichem und südlichem Gebäudeteil bestehende Brandabschnitt weist eine Brandabschnittsfläche von ca. 3.700 m^2 auf. Zwischen beiden Gebäudeteilen befindet sich in allen Geschossen jeweils eine feuerbeständige Trennwand, durch die eine brandschutztechnische Trennung sichergestellt wird.

Das Tragwerk des Gebäudes aus Stahlbeton ist in feuerbeständiger Bauart hergestellt. Auch die Geschossdecken sind entsprechend der MHHR feuerbeständig ausgeführt.

Die Bedachungen sind als Stahlbetondachdecken sowie als Trapezblechbedachungen (Technikzentralen) vorhanden. Die Dämmstoffe bestehen mit Ausnahme der Dachabdichtungen aus nichtbrennbaren Baustoffen. Die Dächer erfüllen die Anforderungen an harte Bedachungen.

Die Außenwände sind aus Stahlbetonfertigteilen sowie aus Klinkern und Aluminiumkassetten hergestellt. Sie bestehen aus nichtbrennbaren Baustoffen und erfüllen die Vorgaben der MHHR. Wegen der vorhandenen Feuerlöschanlage gibt es keine feuerbeständige Brüstung.

Zur vertikalen Erschließung sind insgesamt 3 notwendige Treppenräume in beiden Gebäudeteilen vorhanden. 2 Treppenräume erschließen den nördlichen Gebäudeteil als Hochhaus. Bei diesen Treppenräumen handelt es sich jeweils um innenliegende Sicherheitstreppenräume mit vorgelagerten Vorräumen; sie entsprechen in ihrer Bauweise den zum Zeitpunkt der Errichtung geltenden Bauvorschriften, jedoch nicht dem Anforderungsniveau der heutigen MHHR. Die zugrunde liegende Sicherheitskaskade setzt sich wie folgt zusammen: Nutzungseinheit–notwendiger Flur–Vorraum–notwendiger Treppenraum. Der Treppenraum des südlichen Gebäudeteils stellt einen konventionellen innenliegenden Treppenraum dar. Dieser wird im betrachteten Geschoss zum Teil direkt an die Nutzungseinheiten angebunden.

Für jeden Gebäudeteil sind Aufzüge vorhanden, sodass jedes Geschoss von mindestens einem Aufzug angefahren wird. Entsprechend MHHR ist der nördliche Gebäudeteil mit einem Feuerwehraufzug mit Haltestellen in jedem Geschoss ausgestattet.

Im fünften Obergeschoss des Gebäudes werden Nutzungseinheiten zu Büro- und Verwaltungszwecken mit Flächen von ca. 600 bis ca. 1.300 m^2 ausgebildet. Auch wenn das betrachtete Geschoss im Wesentlichen als Großraum zu charakterisieren ist, werden vereinzelt Besprechungsräume eingestellt, die nicht über notwendige Flure erschlossen werden.

Gegen die vorliegende Abweichung von § 36 Abs. 1 Nr. 4 MBO aufgrund der Flächenüberschreitungen innerhalb der Nutzungseinheiten zu Büro- und Verwaltungszwecken bestehen keine Bedenken unter Berücksichtigung der vorhandenen anlagentechnischen Brandschutzmaßnahmen. In Übereinstimmung mit den Ausführungen in Kapitel 3.6.6 erfolgt darüber hinaus die Anordnung von gekennzeichneten Gängen mit einer Breite von mindestens 1,20 m, die auf möglichst geradem Weg zu entgegengesetzt liegenden Ausgängen in notwendige Flure führen. Ebenso werden Sichtverbindungen innerhalb der Räume zum nächstliegenden Ausgang hergestellt, die nicht durch Raumteiler oder Einrichtungen beeinträchtigt werden können (siehe Abb. 4.26).

Die Rettungswege werden jeweils baulich über notwendige Treppen in notwendigen Treppenräumen sichergestellt. Eine Besonderheit ist, dass der zweite bauliche Rettungsweg aus dem südlichen Gebäudeteil über einen notwendigen Flur zum Erschließungskern des nördlichen Gebäudeteils führt. Die nach Abschnitt 4.3.2 MHHR und § 35 Abs. 2 MBO zulässige Rettungsweglänge von maximal 35 m wird eingehalten. Die im Bestand vorhandenen Treppen verfügen über eine Rettungswegbreite von insgesamt 4,80 m. Damit steht eine Rettungswegkapazität für 800 Personen bereit. Unter Annahme einer Alarmierung des Brandgeschosses sowie des darüber- und darunterliegenden Geschosses ist im vorliegenden Fall mit einer Nutzung durch ca. 500 Personen zu rechnen. Die vorhandenen Rettungswege sind somit ausreichend dimensioniert.

Alle Notausgänge sind mit be- bzw. hinterleuchteten Sicherheitszeichen gekennzeichnet.

Das betrachtete Gebäude ist in beiden Gebäudeteilen bereits im Bestand vollflächig durch eine automatische Sprinkleranlage geschützt. Die bestehende Sprinkleranlage wird entsprechend der beantragten Baumaßnahme angepasst. Grundlegende Änderungen an der bestehenden Anlagenkonzeption erfolgen jedoch nicht. Zur Unterstützung des Löschangriffs der Feuerwehr sind weiterhin Wandhydranten an nassen Steigleitungen vorhanden. Diese befinden sich an den Zugängen zu den notwendigen Treppenräumen bzw. zu den Vorräumen der notwendigen Treppenräume. Änderungen an der Wandhydrantenanlage sind nicht vorgesehen. Im Rahmen der beantragten Baumaßnahme werden außerdem tragbare Feuerlöscher vorgesehen und neu angeordnet.

Gemäß den Genehmigungsunterlagen sind für die bestehenden notwendigen Treppenräume jeweils Maßnahmen zur Rauchableitung bzw. -freihaltung vorhanden. Die notwendigen Treppenräume des nördlichen Gebäudeteils (Hochhaus) verfügen über Rauchabzugsöffnungen sowie über spezielle Lüftungsanlagen entsprechend den Vorgaben der zum Genehmigungszeitpunkt gültigen Hochhaus-Richtlinie. Es handelt sich dabei um Spüllüftungsanlagen. Der notwendige Treppenraum des südlichen Gebäudeteils verfügt über eine konventionelle Rauchabzugsvorrichtung an oberster Stelle. An den Maßnahmen zur Rauchableitung bzw. Rauchfreihaltung für die notwendigen Treppenräume werden keine Änderungen vorgenommen. Nach MHHR muss jedes Geschoss eines Hochhauses entraucht werden können. Eine Rauchableitung aus dem betrachteten Geschoss ist über Fenster ins Freie möglich.

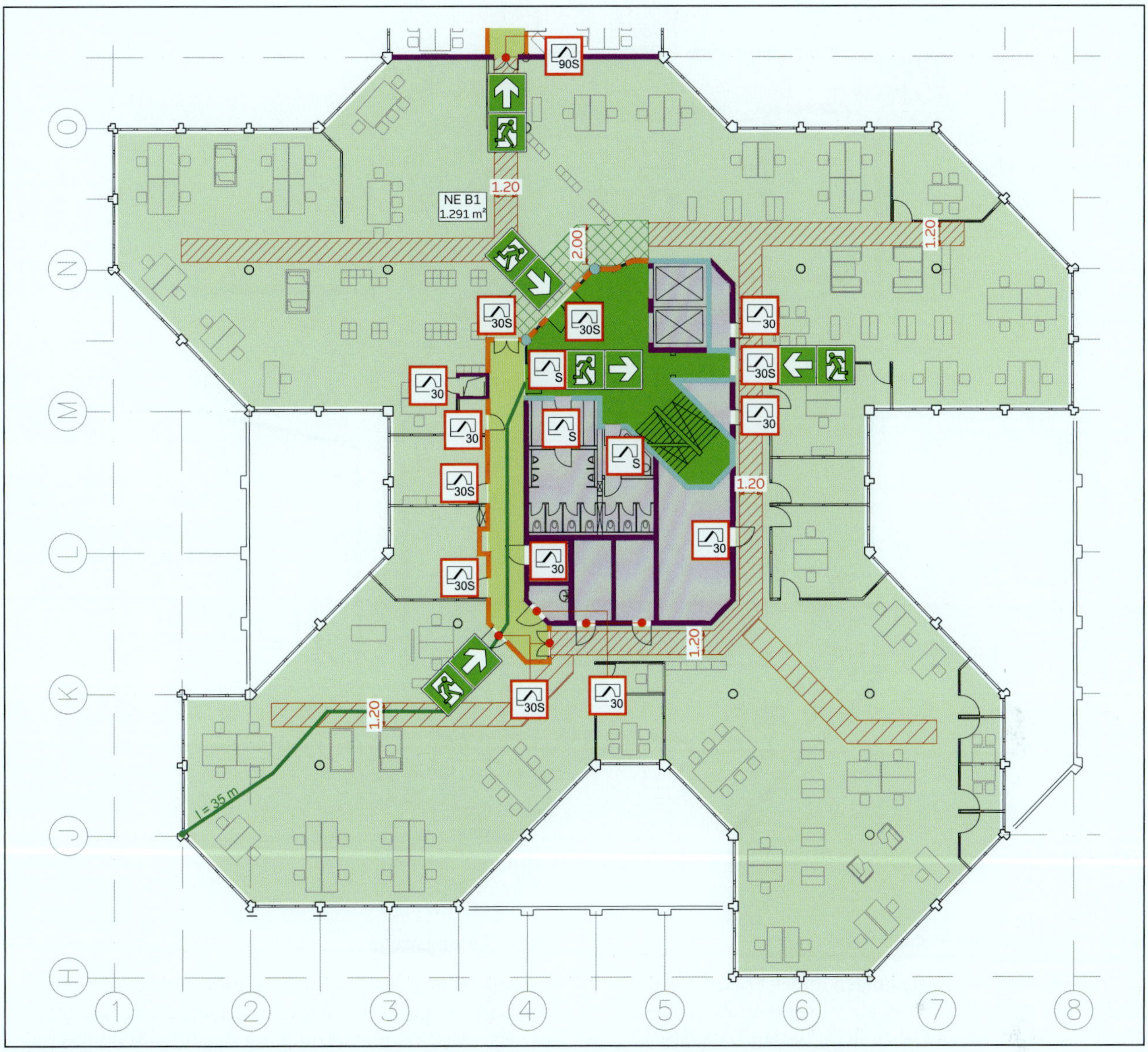

Abb. 4.26: Auszug Brandschutzvisualisierung fünftes Obergeschoss, Bauteil B; Anordnung von Hauptgängen

Das Gebäude ist bereits im Bestand mit einer automatischen Brandmeldeanlage ausgestattet, die direkt bei der zuständigen Feuerwehrleitstelle aufgeschaltet ist. Die flächendeckende Überwachung wird auch nach den antragsgegenständlichen Maßnahmen beibehalten. Die automatischen Melder basieren auf der Kenngröße „Rauch“ und es werden Maßnahmen zur Vermeidung von Falschalarmen vorgesehen. Weiterhin sind im Verlauf der Rettungswege nichtautomatische Melder vorhanden.

Die bestehende Alarmierungsanlage wird dahin gehend ertüchtigt, dass anstelle einer manuellen Auslösung nun eine automatische Auslösung erfolgt. In dem Gebäude erfolgt die Alarmierung über Warntongeber; auf eine Alarmierungsanlage mit Sprachdurchsage wird verzichtet. Diese Abweichung vom heutigen Anforderungsniveau der MHHR ist akzeptabel, da es sich im vorliegenden Fall bei den Gebäudenutzern um einen festen Personenkreis handelt, der zudem regelmäßig unterwiesen wird.

Das Gebäude ist im Bestand mit einer Sicherheitsbeleuchtung ausgerüstet. Die Sicherheitsbeleuchtung wird in den Rettungswegen, den Vorräumen von Aufzügen sowie entlang der Hauptgänge in den Großraumbüros angeordnet. Außerdem wird die Hinter- bzw. Beleuchtung der Sicherheitszeichen mit einer Sicherheitsbeleuchtung ausgestattet.

Alle vorgenannten sicherheitstechnischen Anlagen verfügen über eine Sicherheitsstromversorgung.

Die Maßnahmen des organisatorischen Brandschutzes umfassen eine Brandschutzordnung in den Teilen A, B und C. Für das Gebäude ist weiterhin ein Brandschutzbeauftragter bestellt. In dem Gebäude sind Flucht- und Rettungspläne vorhanden. Für den Einsatz der Feuerwehr stehen Feuerwehrpläne zur Verfügung. Die vorgenannten Plansätze werden entsprechend angepasst.

Das Gebäude fällt in den Anwendungsbereich der MPrüfVO. Die (sicherheits)technischen Anlagen werden von Prüfsachverständigen (wiederkehrend) auf ihre Wirksamkeit und Betriebssicherheit einschließlich des bestimmungsgemäßen Zusammenwirkens geprüft (Wirk-Prinzip-Prüfung).

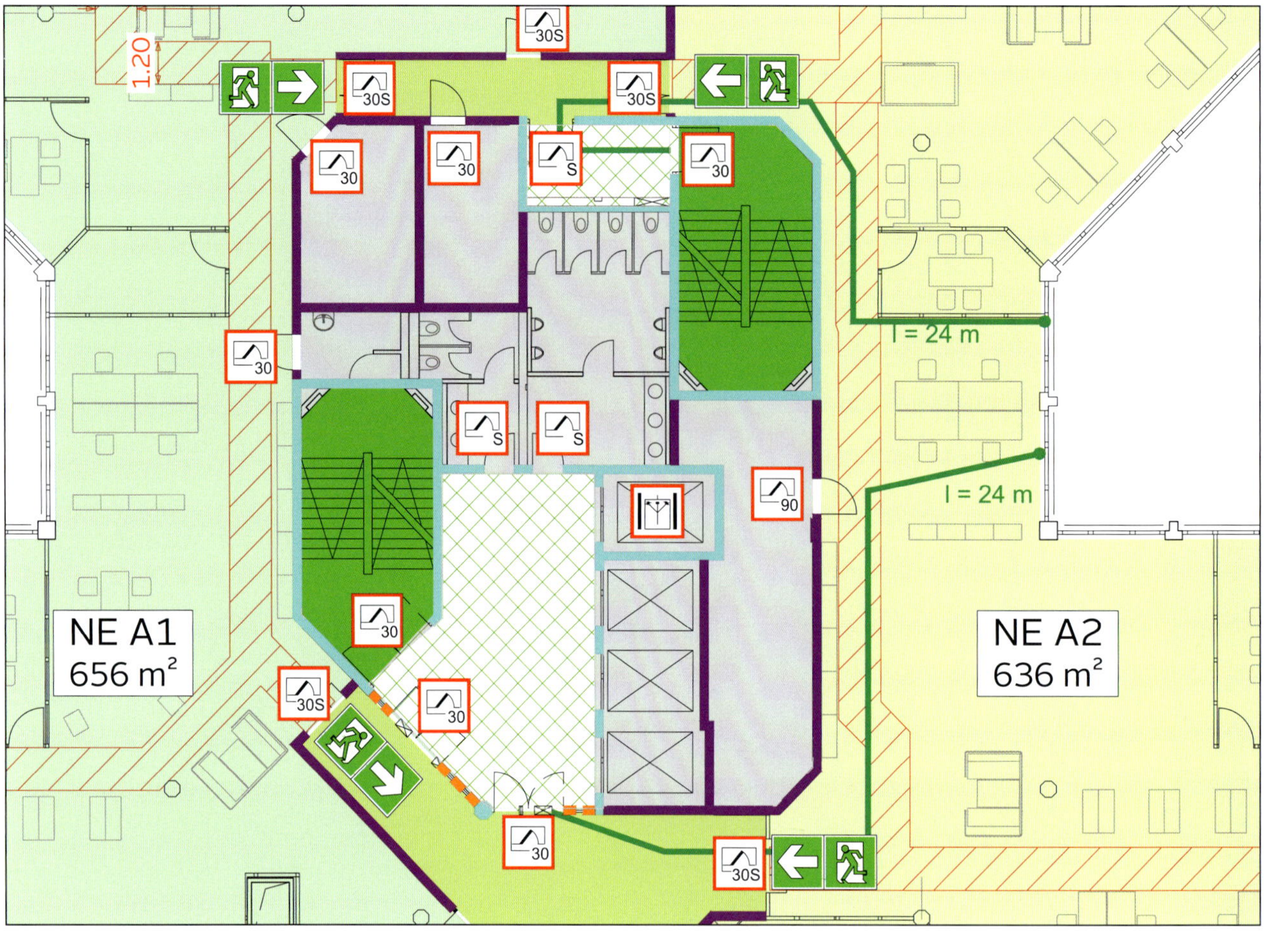

Abb. 4.27: Auszug Brandschutzvisualisierung fünftes Obergeschoss, Bauteil A

4.9.4 Ausgewählte Problemstellungen

Als besondere Problemstellungen dieses Praxisbeispiels sind 2 unterschiedliche Aspekte zu nennen: Zum einen handelt es sich um ein Gebäude im Bestand, was Rückwirkungen auf die Methodik der brandschutztechnischen Beurteilung hat, und zum anderen liegen materielle Abweichungen von den baurechtlichen Anforderungen an die Wände notwendiger Treppenräume vor.

Entsprechend § 35 Abs. 4 MBO müssen die Wände notwendiger Treppenräume in der Gebäudeklasse 5 als raumabschließende Bauteile die Bauart von Brandwänden haben. Ferner wird in § 35 Abs. 6 MBO die Breite von Feuerschutz- und Rauchschutzabschlüssen mit lichtdurchlässigen Seitenteilen und Oberlichten auf 2,50 m begrenzt. Im südlichen Gebäudeteil (kein Hochhaus) erfüllen sowohl neu geplante als auch bestehende Verglasungen dieses Anforderungsniveau nicht. Es sind lediglich feuerhemmende Verglasungen geplant bzw. bereits im Bestand vorhanden.

Im Weiteren führt die brandschutztechnische Beurteilung von bestehenden Gebäuden häufig zu der Erkenntnis, dass das Anforderungsniveau der heutigen baurechtlichen Regelwerke nicht vollständig getroffen wird. Gleiches gilt für dieses Praxisbeispiel, bei dem Teile der Anforderungen aus der aktuell gültigen MHHR nicht vollständig umgesetzt werden. Als Beispiel sind hier die Spülluftanlagen in den innenliegenden Sicherheitstreppenräumen zu nennen.

4.9.5 Lösungswege

Die Beurteilung des bestehenden Bürogebäudes in Verbindung mit den geplanten Änderungen erfordert eine differenzierte Auseinandersetzung mit den brandschutztechnischen Beurteilungsgrundlagen. Hierzu erfolgt zunächst eine Systemabgrenzung dahin gehend, welche Gebäudeteile antragsgegenständlich sind und welche unberührt bleiben. Im vorliegenden Fall bezieht sich der Antragsgegenstand ausschließlich auf die Büroflächen im fünften Obergeschoss. Die übrigen Geschosse und die Gebäudekerne verbleiben grundsätzlich im Bestand. Die Schnittstelle stellen die Wände der notwendigen Treppenräume bzw. einzelne Trennwände an den Kernen dar (siehe Abb. 4.27).

Für die Zugrundelegung eines Bestandsschutzes für die nicht vom Antragsgegenstand berührten Gebäudeteile muss das Bausoll systematisch untersucht werden und mit dem Istzustand des Gebäudes abgeglichen werden. Grundlage hierfür sind im vorliegenden Beispiel sowohl die baurechtlichen Regelwerke aus den 1980er-Jahren als auch die erteilten Baugenehmigungen. Der Istzustand des Gebäudes wird im Rahmen einer Bestandsaufnahme erfasst. Der Abgleich des Bausolls mit dem Istzustand zeigt, dass das Gebäude den damals gültigen Regelwerken und Genehmigungen entspricht. Aus den erkannten Abweichungen zu den heutigen Regelwerken lässt sich darüber hinaus keine konkrete Gefahr ableiten. Ein Bestandsschutz kann somit in Anspruch genommen werden.

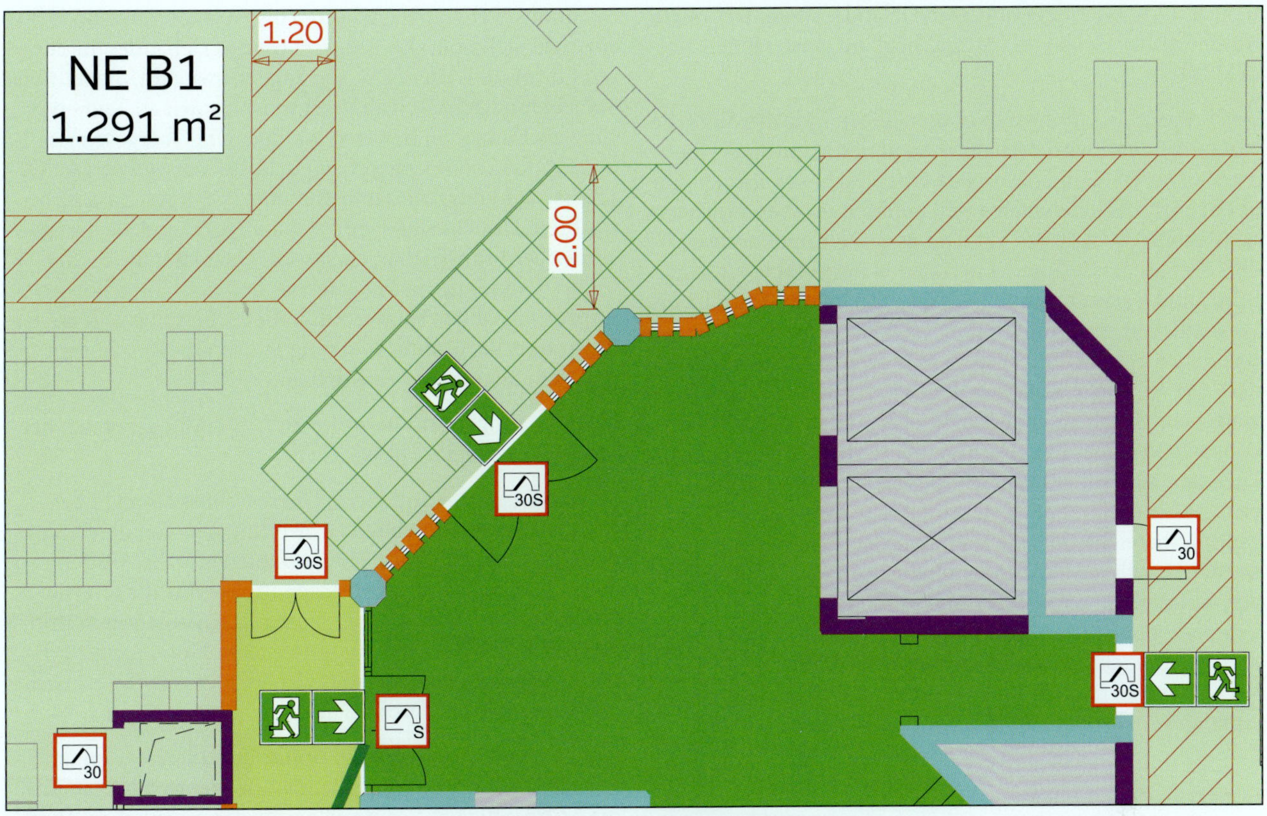

Abb. 4.28: Auszug Brandschutzvisualisierung fünftes Obergeschoss, Bauteil B; Definition von Zonen vor Verglasungen in einer Treppenraumwand

Mit Bezug auf die o. g. Feststellungen zum Bestandsschutz führt die brandschutztechnische Bewertung zu der Erkenntnis, dass eine Anpassung der bestehenden Sicherheitstreppenräume an die aktuellen baurechtlichen Anforderungen nicht erforderlich ist. Diese verbleiben wie im Bestand mit einer Spüllüftungsanlage.

Dahingegen sind in den Büroflächen im fünften Obergeschoss wesentliche Änderungen vorgesehen, womit der Bestandsschutz an dieser Stelle erlischt. Grundlage der brandschutztechnischen Beurteilungen bildet somit das Anforderungsniveau der heutigen MBO und MHHR.

Eine weitere Problemstellung dieses Praxisbeispiels ist die Ausführung bzw. das Belassen von feuerhemmenden Verglasungen in der Treppenraumwand des südlichen Gebäudeteils (siehe Abb. 4.28). Gegen die Verglasungen bestehen aus Sicht des Brandschutzes keine Bedenken, wenn das zugrunde liegende Schutzziel des Baurechts auf gleiche Weise wirksam erreicht wird. Im vorliegenden Fall ist das Schutzziel „Vorbeugung der Ausbreitung von Feuer und Rauch“ betroffen.

Das Gebäude wird flächendeckend durch eine automatische Feuerlöschanlage (Sprinkleranlage) geschützt. Über einen Zeitraum von mehr als 30 Minuten sind daher keine Temperaturen an den feuerhemmenden Verglasungen zu erwarten, die über die normativ zugrunde liegende Brandbeanspruchung hinausgehen. Ein Versagen der Verglasungen ist somit nicht zu erwarten. Durch die automatische Brandmeldeanlage bleiben Brände zudem nicht unentdeckt und es erfolgt eine unmittelbare Alarmierung der Feuerwehr. Damit können Brände frühzeitig bekämpft werden.

Die fehlende mechanische Belastbarkeit der feuerhemmenden Verglasung im Vergleich zu einer Wand in der Bauart einer Brandwand wird durch die Anordnung von definierten Zonen im direkten Nahbereich der betreffenden Verglasungen erfüllt. Diese Zonen sind jeweils in einem Abstand von 2 m zu den feuerhemmenden Verglasungen angeordnet (siehe Abb. 4.28).

Innerhalb dieser Zonen werden keine Möblierungen mit einer Höhe von mehr als 1 m angeordnet. Weiterhin werden Einbauten wie beispielsweise Abhangdecken, Leitungsanlagen oder Lüftungskanäle innerhalb der Zonen brandsicher befestigt (vgl. Kapitel 3.5.4).

Somit wird auch eine mögliche mechanische Belastung der feuerhemmenden Verglasungen im Brandfall durch um- bzw. herabstürzende Möblierungen oder Einbauten wirksam verhindert.

4.10 Gebäudeklasse 5 mit Räumungssimulation

4.10.1 Gebäudebeschreibung

Bei diesem Praxisbeispiel handelt es sich um ein Innovationszentrum mit Industrie, Labor- und Büronutzungen. Das Gebäude ist über umliegende Straßen erreichbar.

Das Gebäude weist einen nahezu rechteckigen Grundriss auf und gliedert sich in einen Kopfbau und in das Hauptgebäude. Die Ausdehnung beträgt in Längsrichtung (Nord-Süd) ca. 124 m und in der Breite (Ost-West) ca. 52 m. Die überbaute Grundfläche beträgt ca. 5.860 m². Das Gebäude verfügt über ein Erdgeschoss und 4 Obergeschosse. Die Fußbodenoberkante des vierten Obergeschosses befindet sich ca. 17 m über dem mittleren Geländeniveau. Der obere Abschluss des Gebäudes (Attika) liegt auf einer Höhe von ca. 22,60 m.

Das Erdgeschoss umfasst in großen Teilen industrieähnliche Nutzungen und wird deshalb anhand der MIndBauRL beurteilt. Das erste und das zweite Obergeschoss verfügen nur über geringe Flächenanteile und nehmen im Wesentlichen haustechnische Anlagen auf. Der gesamte Kopfbau sowie die Obergeschosse 3 und 4 nehmen in der östlichen Spange Büro- und Verwaltungsnutzungen auf. Die Büroform ist im Wesentlichen als Großraumbüro zu charakterisieren. In der westlichen Spange sind ausgedehnte Laborflächen vorhanden. Der westliche Kopfbau dient als repräsentativer Eingangsbereich mit einem geschossübergreifenden Luftraum vom zweiten Obergeschoss bis zum vierten Obergeschoss. Hier sind außerdem Besprechungsräume, Kommunikationszonen und Lounges angeordnet. Die Büro- und Verwaltungsbereiche im dritten und vierten Obergeschoss werden jeweils als Nutzungseinheiten mit einer Fläche von ca. 1.900 m² ausgebildet und durch eine Kommunikationstreppe geschossübergreifend miteinander verbunden. In direktem funktionalen Zusammenhang mit den Verwaltungsbereichen sind außerdem Labor-Nutzungseinheiten vorhanden, die Flächen von bis zu 660 m² aufnehmen.

Die vertikale Erschließung des Gebäudes erfolgt über insgesamt 5 Treppen, von denen insgesamt 3 für die Anbindung der Büro- und Verwaltungsbereiche relevant sind. Die horizontale Erschließung außerhalb der Büroflächen erfolgt über allgemein zugängliche Flure. In dem Gebäude sind außerdem 4 Aufzugsanlagen vorhanden.

Die tragenden und aussteifenden Bauteile des Gebäudes sind als Stahlbetonkonstruktion errichtet. Die Fassaden sind anteilig als Stahlbetonaußenwände mit Wärmedämmung sowie als Vorhangfassaden ausgebildet. Vor der Fassade im dritten und vierten Obergeschoss sind in einem Abstand von ca. 0,30 m aus architektonischen Gründen Lamellen aus Aluminium angebracht. Das Dach verfügt neben der Tragschale aus Stahlbeton über eine aufliegende Dampfsperre, eine nichtbrennbare Dämmung und eine Folienabdichtung.

4.10.2 Baurechtliche Einordnung

Entsprechend § 2 Abs. 3 MBO ist das Gebäude in die Gebäudeklasse 5 einzustufen, da der Fußboden des höchstgelegenen Aufenthaltsraumes mehr als 13 m über der Geländeoberfläche liegt.

Bei dem Bauvorhaben handelt es sich darüber hinaus um eine bauliche Anlage, die entsprechend der Auflistung aus § 2 Abs. 4 MBO aufgrund ihrer Art und Nutzung als Sonderbau einzustufen ist. Es handelt sich um

- ein Gebäude mit mehr als 1.600 m² Fläche des Geschosses mit der größten Ausdehnung,
- ein Gebäude mit Räumen, die einzeln für eine Nutzung durch mehr als 100 Personen bestimmt sind,
- ein Gebäude mit Räumen, die einer Büro- oder Verwaltungsnutzung dienen und einzeln eine Grundfläche von mehr als 400 m² haben.

Der Industriebereich (Achsen 0 bis 14 analog zu Abb. 4.30) erstreckt sich über das Erdgeschoss des Gebäudes, in dessen Luftraum weitere Flächen angeordnet sind, die teilweise brandschutztechnisch abgetrennt sind sowie in Teilbereichen als Einbauten bewertet werden. Die Obergeschosse 1 und 2 bilden somit Zwischengeschosse. Als vollwertige Geschosse sind das dritte und das vierte Obergeschoss zu betrachten. Das Gebäude wird dementsprechend als dreigeschossiger Industriebau eingestuft. Unabhängig von der Industrienutzung im Erdgeschoss und der baurechtlichen Einstufung ist der Schwerpunkt dieses Beispiels jedoch die Büro- und Verwaltungsnutzung in den Obergeschossen und dem angrenzenden Kopfbau.

Eine Nutzung dieser Bereiche im Anwendungsbereich der MVStättVO liegt nicht vor.

Sowohl das dritte und vierte Obergeschoss als auch der Kopfbau weisen erhebliche Abweichungen von den Anforderungen der MBO auf. Hierzu zählen u. a. die Ausdehnung des Brandabschnitts, die Deckenöffnung für die interne Treppe sowie die Größe der Nutzungseinheiten in Verbindung mit dem Verzicht auf notwendige Flure. Aufgrund dieser Charakteristika ist das Gebäude in vielerlei Hinsicht mit Verkaufsstätten vergleichbar.

Aus diesem Grund wird die Brandschutzkonzeption der MVKVO auf die zu beurteilenden Bereiche adaptiert, um die baurechtlichen Schutzziele trotz der erheblichen Abweichungen zu erfüllen. Damit erfolgt die brandschutztechnische Beurteilung in Anlehnung an ein bauaufsichtlich eingeführtes Regelwerk, das zur Beurteilung geeignet ist. Aus dem Maßnahmenkatalog der MVKVO ergeben sich dabei dann die erforderlichen zusätzlichen Anforderungen, aber auch mögliche Erleichterungen entsprechend § 51 MBO. Das Gebäude wird formal jedoch nicht als Verkaufsstätte eingestuft.

4.10.3 Konzept

Die Zufahrt zum Gebäude erfolgt über 2 öffentliche Straßen. Der Lageplan kann Abb. 4.29 entnommen werden.

Da die Grundfläche insgesamt mehr als 5.000 m² beträgt, verfügt das Gebäude über eine für Feuerwehrfahrzeuge befahrbare Feuerwehrumfahrt. Diese wird im Südwesten von einer Fußgängerbrücke überspannt. Die Zugänglichkeit für die Feuerwehr ist über insgesamt 10 Zugänge sichergestellt. Die Erstinformationsstelle für die Feuerwehr befindet sich an der Südostseite des Gebäudes. Entlang der Feuerwehrumfahrt sind 4 Bewegungsflächen vorhanden, auf denen die Feuerwehr ihre Fahrzeuge in Stellung bringen kann. Da alle Rettungswege baulich sichergestellt werden, sind keine Aufstellflächen vorhanden.

Unter Berücksichtigung der Anforderungen an Industriebauten mit einer selbsttätigen Feuerlöschanlage ist eine Löschwasserversorgung von 96 m³/h über einen Zeitraum von mindestens einer Stunde erforderlich. Die Bereitstellung des erforderlichen Löschwasservolumenstroms erfolgt über eine Ringleitung mit Überflurhydranten. Zusätzlich stehen weitere Hydranten des öffentlichen Netzes zur Verfügung.

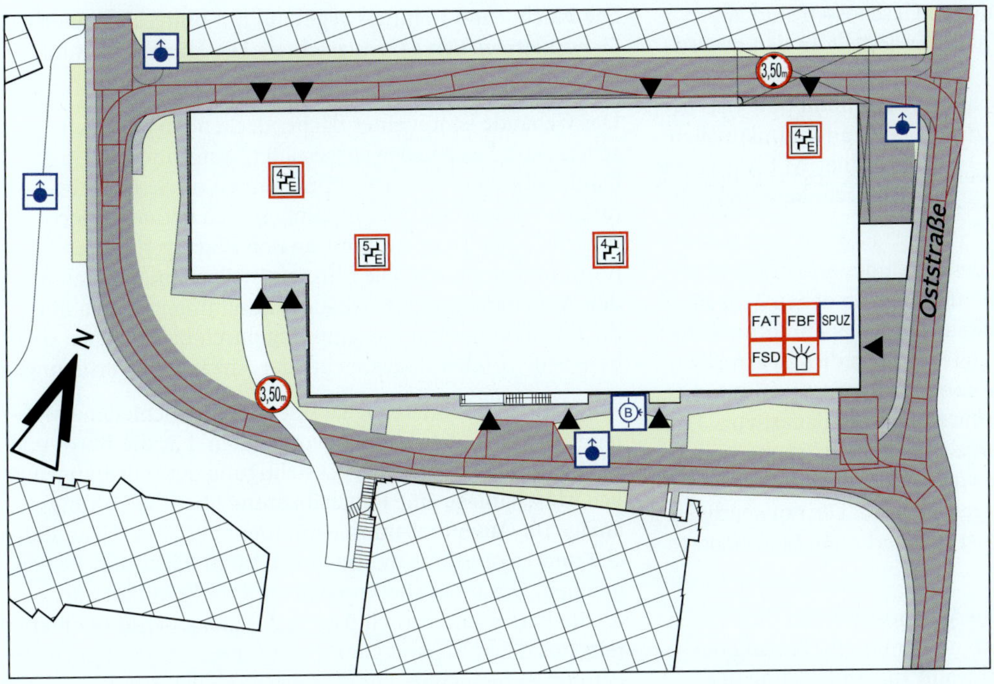

Abb. 4.29: Lageplan mit Flächen für die Feuerwehr und Löschwasserversorgung

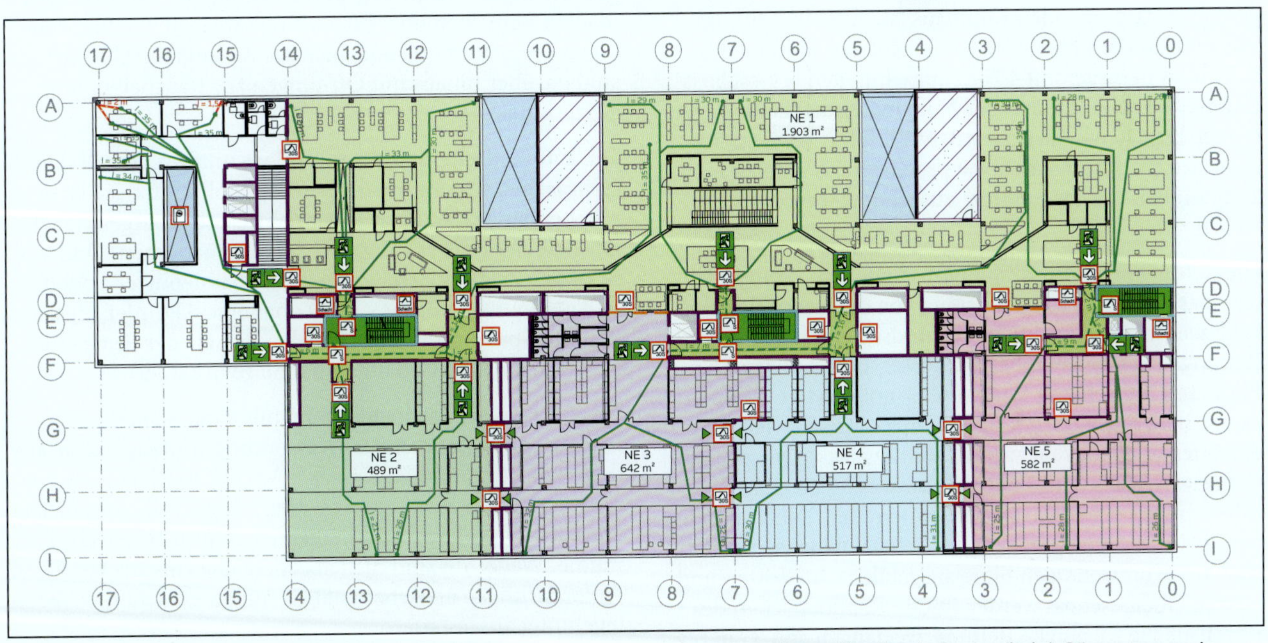

Abb. 4.30: Brandschutzvisualisierung viertes Obergeschoss – Kopfbau mit geschossübergreifendem Luftraum (links), Büronutzungseinheiten mit Verbindungstreppe (oben), Nutzungseinheiten mit Laborarbeitsplätzen (unten)

Bei dem Gebäude handelt es sich um ein freistehendes Gebäude, das allseitig einen Abstand von mindestens 2,50 m zur Grundstückgrenze bzw. 5 m zu angrenzenden Gebäuden aufweist. Gebäudeabschlusswände sind nicht erforderlich.

Um eine systematisch getrennte Beurteilung als Industriebau bzw. Bürogebäude zu ermöglichen, wird das Gebäude vom Erdgeschoss bis zum zweiten Obergeschoss entlang der Achse 14 durch eine Brandwand in 2 Brandabschnitte unterteilt. Für den Industriebereich erfolgt die Nachweisführung der zulässigen Brandabschnittsflächen mit dem Verfahren nach Abschnitt 6 MIndBauRL. Im dritten und vierten Obergeschoss bildet das Gebäude auf voller Länge einen Brandabschnitt mit einer Ausdehnung von 124 m × 52 m.

Das Gebäude besteht in seinen tragenden und aussteifenden Bauteilen aus einer massiven Stahlbetonkonstruktion, die das Anforderungsniveau feuerbeständig und nichtbrennbar erfüllt.

Auch die Geschossdecken sind grundsätzlich massiv in feuerbeständiger Bauart ausgeführt. Für die innerhalb der Büroflächen laufende Kommunikationstreppe ist eine Deckenöffnung zwischen dem dritten und vierten Obergeschoss vorhanden (siehe Abb. 4.30, Achsen 6–8/C).

Es sind Flachdächer aus Stahlbeton mit aufliegender, nichtbrennbarer Wärmedämmung und einer Dachabdichtung vorhanden. Die Dachaufbauten erfüllen die Anforderungen an harte Bedachungen.

Die Außenwände in den unteren Geschossen sind aus Stahlbeton als Sandwichfassade hergestellt. In den oberen Geschossen ist eine Pfosten-Riegel-/Vorhangfassade vorhanden, die im Wesentlichen aus Aluminium und Glas besteht. Vor der Fassade sind zusätzlich Aluminiumlamellen in einem Abstand von ca. 0,3 m angeordnet. Mit Ausnahme untergeordneter Bauteile werden nichtbrennbare Baustoffe verwendet.

Die vertikale Erschließung des Gebäudes erfolgt über insgesamt 5 notwendige Treppenräume, von denen 3 bis in die obersten Geschosse reichen. Alle Treppenräume verfügen über direkte Ausgänge ins Freie. Um dies zu erreichen, sind zum Teil sog. Treppenraumerweiterungen vorhanden. Die Wände der Treppenräume sind in der Bauart von Brandwänden errichtet. Vorgelagert zu den Treppenräumen sind notwendige Flure vorhanden, über die die horizontale Erschließung sichergestellt wird. Die notwendigen Flure sind schutzzielorientiert in feuerbeständiger Bauart ausgebildet.

Das dritte und das vierte Obergeschoss werden durch mehrere feuerbeständige Trennwände unterteilt. Entlang der Achse 14 verläuft eine Trennwand zur Abtrennung des geschossübergreifenden Kopfbaus (siehe Abb. 4.30). Im Weiteren werden die Laborflächen auf der Südseite des Gebäudes in insgesamt 4 Nutzungseinheiten je Geschoss unterteilt. Die Flächen dieser Nutzungseinheiten betragen ca. 490 bis 640 m². Zwischen den Achsen A bis E erstrecken sich die Büroflächen, die pro Geschoss als eine Nutzungseinheit mit ca. 1.900 m² ausgebildet werden (siehe Abb. 4.30).

Die Rettungswegkonzeption basiert auf dem Grundsatz, dass das Erdgeschoss unabhängig von den vertikalen Rettungswegen entfluchtet wird. Grundsätzlich führt der erste Rettungsweg aus den Obergeschossen über notwendige Flure und im weiteren Verlauf über notwendige Treppenräume ins Freie. Dies gilt in den Büro- und Verwaltungseinheiten auch für den zweiten Rettungsweg. Der zweite Rettungsweg aus dem Kopfbau sowie den Laborflächen führt teilweise über die angrenzenden (Teil-)Nutzungseinheiten. In diesen angrenzenden (Teil-)Nutzungseinheiten sind keine notwendigen Flure ausgebildet. Im dritten und vierten Obergeschoss werden in den Randbereichen des Kopfbaus die zulässigen Rettungsweglängen von 35 m bis zum Erreichen eines Treppenraums um bis zu 9 m überschritten. In Anlehnung an die MVKVO können im Verlauf der Rettungswege vorab feuerbeständig ausgebildete notwendige Flure erreicht werden. Die Entfernung, innerhalb der ein baulich gesicherter Bereich erreichbar ist, beträgt dann maximal 37 m. Die verbleibende Überschreitung ist unter Würdigung der Brandmelde- und Alarmierungsanlage sowie der Sprinkleranlage akzeptabel.

Alle Rettungswege haben eine lichte Durchgangsbreite von 1,20 m. Hierzu zählen die Treppen, die Türen im Verlauf der horizontalen Rettungswege aus den Nutzungseinheiten bis in die Treppenräume sowie die Treppenraumausgänge. Die Absicherung der gewählten Rettungswegbreiten basiert in diesem Praxisbeispiel auf einem leistungsbezogenen Nachweis mittels Räumungssimulation, der in den Kapiteln 4.10.4 und 4.10.5 detailliert erläutert wird.

Die Flucht- und Rettungswege sind mit hinterleuchteten Sicherheitszeichen gekennzeichnet. Die Hinterleuchtung ist an die Sicherheitsbeleuchtung angeschlossen.

Das Gebäude ist mit einer flächendeckenden automatischen Feuerlöschanlage ausgestattet. Aufgrund der Gebäudehöhe sind in den Treppenräumen trockene Steigleitungen vorhanden. Die Entnahmestellen befinden sich innerhalb der Treppenräume an den Zugängen zu den notwendigen Fluren. Die Einspeisestellen sind zentral in den Außenanlagen des Gebäudes zusammengeführt. Für die Entstehungsbrandbekämpfung durch Laien stehen tragbare Feuerlöscher in ausreichender Anzahl zur Verfügung.

Aufgrund des Sonderbaucharakters sind verschiedene Maßnahmen zur Rauchableitung vorgesehen. Für die Büro- und Laborflächen ist unter Berücksichtigung der selbsttätigen Feuerlöschanlage eine Rauchableitung über die Lüftungsanlage für Aufenthaltsräume mit mehr als 50 m² Grundfläche und Lagerräume mit mehr als 200 m² Grundfläche vorgesehen. Der westliche Kopfbau wird im Brandfall durch textile Rauchschutzabschlüsse in 2 Rauchabschnitte unterteilt, aus denen separat über die Lüftungsanlagen Rauch abgeführt werden kann. Die Bereitstellung der Zuluft erfolgt in allen Bereichen über die Lüftungsanlagen. Die notwendigen Treppenräume und auch die Aufzugfahrschächte sind darüber hinaus mit Öffnungen zur Rauchableitung ausgestattet.

Die automatische Brandmeldeanlage umfasst gemäß den technischen Regelwerken einen sog. Vollschutz. Sie ist direkt bei der zuständigen Feuerwehrleitstelle aufgeschaltet. Die primäre Brandkenngröße der automatischen Melder ist „Rauch“. Die Alarmierung der Gebäudenutzer erfolgt in Anlehnung an die MVKVO über eine Alarmierungsanlage mit Sprachdurchsage. Für den Einsatz der Feuerwehr ist weiterhin eine Gebäudefunkanlage installiert.

Das Gebäude ist flächendeckend mit einer Sicherheitsbeleuchtung ausgestattet. Der Ausstattungsumfang wurde aus dem Anforderungskatalog der MVKVO abgeleitet. Zu diesem zählen u. a. alle Rettungswege, Räume mit einer Fläche von mehr als 50 m², Sicherheitszeichen und Haustechnikräume. Weiterhin sind die Laborbereiche entsprechend den Anforderungen an Arbeitsstätten mit einer Sicherheitsbeleuchtung ausgestattet.

Alle sicherheitstechnischen Anlagen sind mit einer Sicherheitsstromversorgung entsprechend den technischen Regelwerken ausgeführt.

Der organisatorische Brandschutz umfasst für das Gebäude eine Brandschutzordnung in den Teilen A, B und C. Die besonderen Aufgaben hinsichtlich der Einhaltung des genehmigten Brandschutznachweises und der sich daraus ergebenden Anforderungen an den betrieblichen Brandschutz werden von einem Brandschutzbeauftragten überwacht. In allgemein zugänglichen Bereichen sind Flucht- und Rettungswegepläne angebracht. Aufgrund der Aufschaltung der Brandmeldeanlage sind Feuerwehrpläne vorhanden.

Das Gebäude fällt formal nicht in den Anwendungsbereich der MPrüfVO. Ungeachtet dessen werden die (sicherheits) technischen Anlagen von Prüfsachverständigen (wieder-

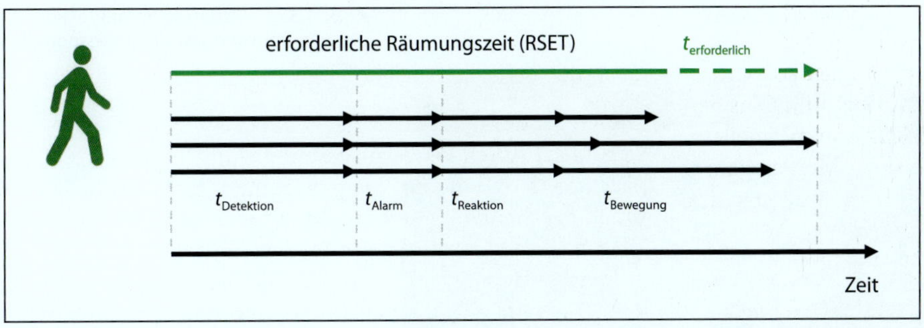

Abb. 4.31: Zeitschema Räumungssimulation

kehrend) auf ihre Wirksamkeit und Betriebssicherheit einschließlich des bestimmungsgemäßen Zusammenwirkens geprüft (Wirk-Prinzip-Prüfung).

4.10.4 Ausgewählte Problemstellungen

Eine besondere Problemstellung im Rahmen dieses Praxisbeispiels betrifft den Nachweis der Rettungswegbreiten. Bedingt durch die Adaption der Brandschutzkonzeption von Verkaufsstätten sind systematisch auch die Rettungswege entsprechend den in der MVKVO enthaltenen Dimensionierungsvorschriften zu planen. Dies bedeutet, dass in Anlehnung an § 14 Abs. 3 MVKVO je 100 m² Büro- und Verwaltungsfläche eine Ausgangsbreite von 30 cm zur Verfügung stehen muss. Außerdem beträgt die Mindestbreite für die vertikalen Rettungswege (notwendige Treppen) und die horizontalen Rettungswege (Ausgänge, notwendige Flure) 2 m im Lichten (§ 11 Abs. 2 und § 13 Abs. 3 MVKVO).

Davon abweichend sind die Hauptrettungswege (Ausgänge, notwendige Flure und notwendige Treppen) mit einer lichten Durchgangsbreite von 1,20 m dimensioniert, womit es eines Nachweises bedarf, dass die baurechtlichen Schutzziele auch mit dieser Planung erreicht werden.

4.10.5 Lösungswege

Als Lösungsansatz für die aufgezeigte Problemstellung dienen im vorliegenden Fall computergestützte Räumungssimulationen. Den methodischen Rahmen hierfür bilden die ingenieurtechnischen Verfahren nach DIN 18009-1 (vgl. Kapitel 3.14) sowie die in Deutschland etablierte „Richtlinie für Mikroskopische Entfluchtungsanalysen" (RiMEA; aktuelle Version 3.0.0 vom 10. März 2016).

Im ersten Schritt wird untersucht, welche Schutzziele der MBO von den oben beschriebenen baurechtlichen Abweichungen betroffen sind. Die für die Untersuchung der Gebäuderäumung relevanten Schutzziele sind die Rettung von Menschen und im weiteren Verlauf die Ermöglichung wirksamer Löscharbeiten, da die Rettungswege grundsätzlich auch als Angriffswege für die Feuerwehr vorgesehen sind.

Für die Beurteilung der genannten Schutzziele kann die Gebäuderäumung grundsätzlich in 2 verschiedene Phasen unterteilt werden. Während der sog. Selbstrettungsphase bringen sich die Gebäudenutzer eigenständig in Sicherheit, indem sie sich über die horizontalen und vertikalen Rettungswege in sichere Bereiche begeben (z. B. ins Freie). Die sog. Fremdrettungsphase ist ausschließlich für die Rettung hilfsbedürftiger Personen durch Einsatzkräfte vorgesehen.

Im darauf folgenden Schritt werden **funktionale Anforderungen** definiert, mit denen die Erreichung der eingangs genannten Schutzziele beschrieben werden kann:

- **Funktionale Anforderung 1:** Die Gebäudenutzer können das Gebäude im Gefahrenfall zügig verlassen und die Selbstrettungsphase muss beim Eintreffen der Feuerwehr weitestgehend abgeschlossen sein.
- **Funktionale Anforderung 2:** Im Verlauf der Selbstrettungsphase entstehen keine kritischen Staus.
- **Funktionale Anforderung 3:** Die Gebäudenutzer können gefährdete Bereiche (z. B. Nutzungseinheiten) zügig verlassen und gelangen verzögerungsfrei in die innenliegenden sicheren Bereiche (notwendige Flure und Treppenräume).

Aufgrund der Komplexität der zu erwartenden Personendynamik (ungleichmäßige bzw. variable Personenbelegungen, Vereinigung von Personenströmen, Staubildung usw.) ist eine argumentative Nachweisführung ungeeignet. Stattdessen wird ein leistungsbezogener Nachweis unter Verwendung eines mikroskopischen Räumungssimulationsprogramms durchgeführt.

Ein leistungsbezogener Nachweis erfordert die weiter gehende Konkretisierung der genannten funktionalen Anforderungen durch sog. **Leistungskriterien**. Diese messbaren Größen werden weiterhin mit Beurteilungswerten versehen:

- zur funktionalen Anforderung 1: erforderliche Räumungszeit $t_{erforderlich} < 11{,}5$ Minuten (vgl. AGBF-Empfehlungen 2015-11, 2015),
- zur funktionalen Anforderung 2: individuelle Gesamtstauzeit $t_{Stau,\ gesamt} < 3$ Minuten,
- zur funktionalen Anforderung 3: Personenzahl in einem Rückstau in die Nutzungseinheit $N_{Stau} = 0$.

Auf weitere Details zur Herleitung der Beurteilungswerte wird im vorliegenden Buch verzichtet.

Die Grundlage des beschriebenen Nachweiskonzeptes ist eine Betrachtung verschiedener Räumungsszenarien. Dabei wird die Räumung des Gebäudes über das in Abb. 4.31 dargestellte Zeitschema beschrieben. Hierin werden verschiedene Zeitkomponenten zur erforderlichen Räumungszeit $t_{erforderlich}$ zusammengeführt, die in der (englischsprachigen) Fachliteratur auch als „Required Safe Egress Time" (RSET) bezeichnet wird.

Die notwendigen Anfangs- und Randbedingungen für Räumungsszenarien können in 4 Kategorien unterteilt werden (vgl. ISO/TS 29761 „Fire safety engineering – Selection

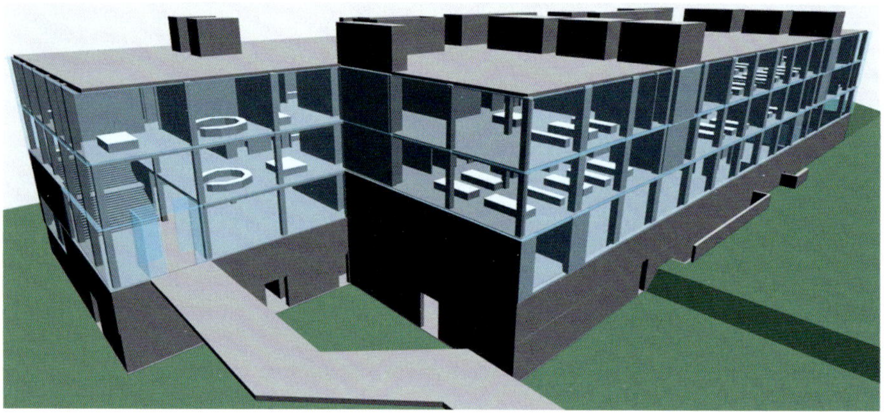

Abb. 4.32: Gebäude im mikroskopischen Räumungssimulationsmodell

of design occupant behavioural scenarios" [2015]; Seyfried et al., 2015):

- Räumungsanlass,
- Gebäude,
- Nutzung,
- Sicherheitsmaßnahmen.

Der dargelegte Dokumentationsumfang wird dabei in diesem Buch auf wesentliche Aspekte beschränkt.

Ausgangspunkt des Nachweises ist ein Räumungsanlass wie z. B. die Detektion eines Entstehungsbrandes durch die vorhandene automatische Brandmeldeanlage (Kategorie I Vollschutz, Kenngröße „Rauch"). Hierfür wird pauschal eine Detektionszeit $t_{\text{Detektion}}$ von 2 Minuten angenommen (vgl. Richtlinie VDI 6019 Blatt 1). Die räumliche und zeitliche Entwicklung des Gefahrenereignisses und die damit einhergehenden Auswirkungen auf das Rettungswegsystem (z. B. Verrauchen von Rettungswegen) werden nicht gesondert betrachtet.

Das Gebäude ist mit einer Alarmierungsanlage mit Sprachdurchsage ausgestattet. Bei Auslösen eines automatischen Brandmelders sowie auch eines Handfeuermelders wird über die Brandmeldeanlage die Alarmierungsanlage angesteuert. Eine gestaffelte Alarmierung oder eine Alarmverzögerung sind nicht vorgesehen ($t_{\text{Alarm}} = 0$).

Nach erfolgter Alarmierung beginnt die Reaktionszeit t_{Reaktion}. Mit dieser Größe soll die bestehende Unschärfe hinsichtlich des menschlichen Verhaltens nach dem Erhalt von Hinweisen zur Räumung berücksichtigt werden. Zusammenfassende Literaturstudien belegen, dass sich Gebäudenutzer bei einer Alarmierung nicht unmittelbar in einen sicheren Bereich begeben, sondern aus verschiedensten Gründen – z. B. Informationsbeschaffung, Gruppenbildung, Ankleiden, Beendigung Arbeitsvorgang, organisatorische Maßnahmen – verzögert reagieren (vgl. Kuligowski, 2016). Im vorliegenden Fall wird von geschultem Personal ausgegangen. Die Reaktionszeitverteilungen werden damit wie folgt variiert (entsprechend RiMEA, 2016):

- zügige Reaktion (erste Person nach 0 Sekunden, letzte Person nach 60 Sekunden),
- langsame Reaktion (erste Person nach 60 Sekunden, letzte Person nach 180 Sekunden).

Die Bewegungszeit t_{Bewegung} umfasst die Zeit, die ein Nutzer bzw. die gesamte Population für das selbstständige Verlassen des Gebäudes inkl. eventueller Stauungen benötigt. Das Ende der Räumung ist der Zeitpunkt, an dem die letzte Person einen sicheren Bereich außerhalb des Gebäudes erreicht hat.

Die Abbildung des Rettungswegsystems erfolgt bei dem verwendeten Räumungssimulationsmodell mithilfe von begehbaren Flächen, Rampen oder Treppen sowie durch Hindernisse. Alle 5 oberirdischen Geschosse des Gebäudes werden dabei betrachtet. Nebenräume wie beispielsweise Sanitär-oder Technikräume werden als nicht begehbare Bereiche definiert. Eine exemplarische Visualisierung des betrachteten Gebäudes kann Abb. 4.32 entnommen werden.

Aufgrund der beschriebenen Adaption der Brandschutzkonzeption von Verkaufsstätten werden bei der Abbildung des Rettungswegsystems folgende Variationen durchgeführt:

- Rettungswegbreite 1,20 m (Planung),
- Rettungswegbreite 1,60 m (Sensitivität),
- Rettungswegbreite 2,00 m (MVKVO).

Die Zuweisung einer Route vom Startort einer Person bis ins Freie erfolgt entsprechend dem kürzesten Weg zum nächstgelegenen Treppenraum bzw. Ausgang ins Freie. Die außenliegenden sicheren Bereiche werden auf den umliegenden Freiflächen des Gebäudes angenommen. Die notwendigen Flure und notwendigen Treppenräume stellen die innenliegenden sicheren Bereiche dar. Die Anordnung der innenliegenden sicheren Bereiche ist auszugsweise für das vierte Obergeschoss in Abb. 4.33 dargestellt.

Die angenommene Belegung des Gebäudes beläuft sich auf insgesamt 480 Personen. Um etwaige Nachverdichtungen zu ermöglichen, ist in dieser Belegung ein Sicherheitszuschlag von ca. 20 % enthalten.

Die zuvor aufgeführten Kategorien und die dort getroffenen Annahmen und Variationen werden in einem Ensemble maßgeblicher Szenarien zusammengeführt. Im vorliegenden Sondernachweis werden insgesamt 6 maßgebliche Räumungsszenarien betrachtet (vgl. Tabelle 4.1).

Ausgehend von den berechneten maßgeblichen Räumungsszenarien stellt ein Bemessungsräumungsszenario in Bezug

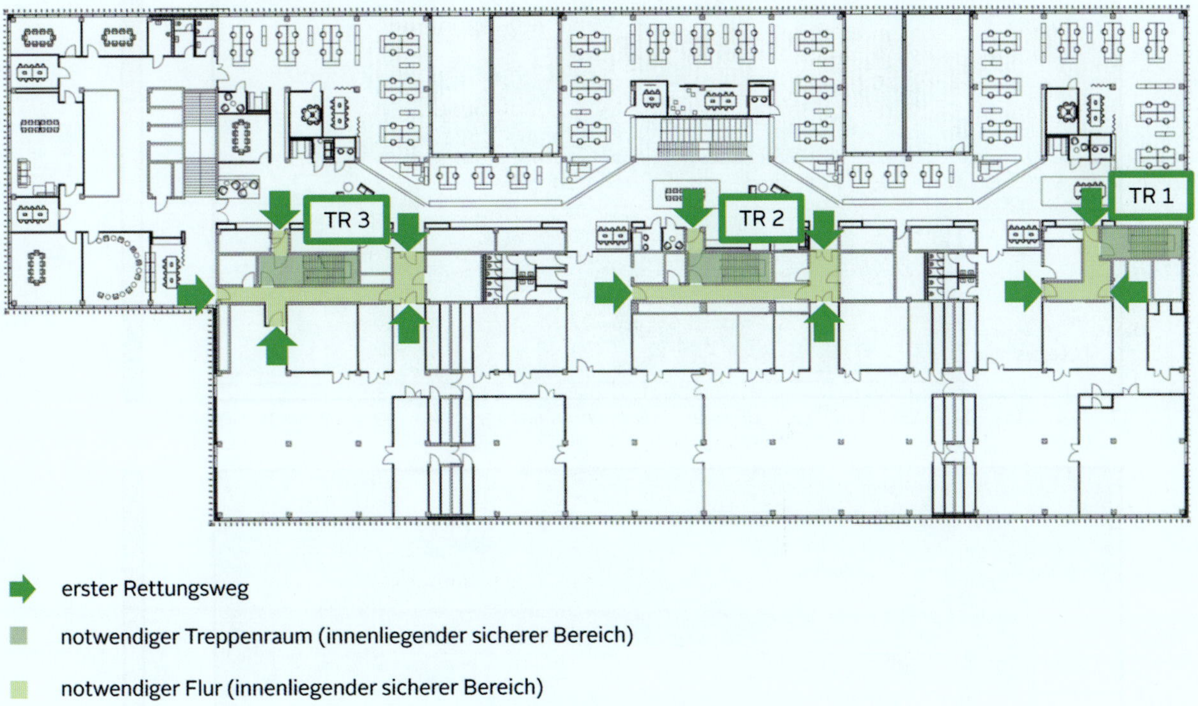

Abb. 4.33: Rettungswegsystem und Routenwahl, auszugsweise (viertes Obergeschoss)

Tabelle 4.1: Maßgebliche Räumungsszenarien

Szenario (ID)	Räumungsanlass	Gebäude	Nutzung	Sicherheitsmaßnahmen
N480_b120_zuegig	Brandentdeckung durch BMA Detektionszeit 120 s Alarmierungszeit 0 s	Rettungswegbreite 1,20 m (Planung)	zügige Reaktion 480 Personen	gut geschulte Brandschutzhelfer
N480_b120_A1 B2 M2			langsame Reaktion 480 Personen	
N480_b160_zuegig	Brandentdeckung durch BMA Detektionszeit 120 s Alarmierungszeit 0 s	Rettungswegbreite 1,60 m (Sensitivität)	zügige Reaktion 480 Personen	gut geschulte Brandschutzhelfer
N480_b160_A1 B2 M2			langsame Reaktion 480 Personen	
N480_b200_zuegig	Brandentdeckung durch BMA Detektionszeit 120 s Alarmierungszeit 0 s	Rettungswegbreite 2,00 m (MVKVO)	zügige Reaktion 480 Personen	gut geschulte Brandschutzhelfer
N480_b200_A1 B2 M2			langsame Reaktion 480 Personen	
BMA Brandmeldeanlage				

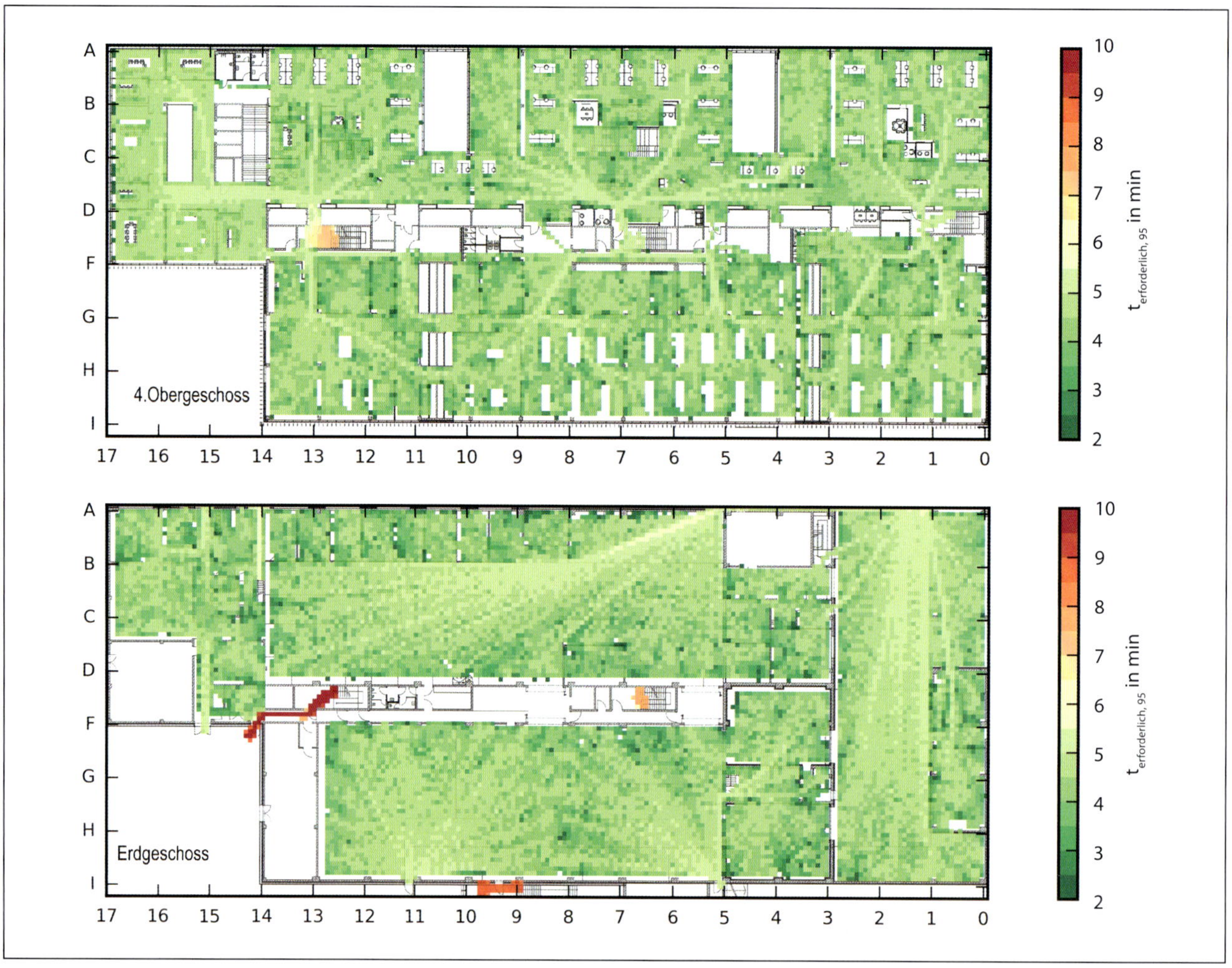

Abb. 4.34: RSET-Karten mit erforderlichen Räumungszeiten im vierten Obergeschoss (oben) und im Erdgeschoss (unten); Räumungsszenario „N480_b120_A1 B2 M2"

Tabelle 4.2: Bemessungsräumungsszenarien

Szenario (ID)	Rettungswegbreite in m	Reaktion	erforderliche Räumungszeit in min	individuelle Gesamtstauzeit in min
N480_b120_zuegig	1,20	zügig	9,5	**2,7**
N480_b120_A1 B2 M2	1,20	langsam	**10,3**	2,1
N480_b160_zuegig	1,60	zügig	9,0	2,7
N480_b160_A1 B2 M2	1,60	langsam	9,9	2,0
N480_b200_zuegig	2,00	zügig	8,5	2,2
N480_b200_A1 B2 M2	2,00	langsam	9,5	1,5

auf ein bestimmtes Leistungskriterium dasjenige Räumungsszenario dar, das zu den ungünstigsten Ergebnissen geführt hat.

Eine Übersicht der Berechnungsergebnisse inkl. der relevanten Variationen kann Tabelle 4.2 entnommen werden. Bezogen auf die erforderlichen Räumungszeiten und die individuellen Gesamtstauzeiten werden im vorliegenden Fall die Szenarien „N480_b120_zuegig" und „N480_b120_A1 B2 M2" als Bemessungsräumungsszenarien identifiziert.

Die beiden bemessungsrelevanten Räumungsszenarien hinsichtlich der erforderlichen Räumungszeit einerseits und der Staubildung andererseits werden nachfolgend detaillierter analysiert. Die geschossweise Auswertung der erforderlichen Räumungszeiten für das Szenario „N480_b120_A1 B2 M2" erfolgt mit sog. RSET-Karten (vgl. Schröder, 2017). Die Kartendarstellungen in Abb. 4.34 stellen für jede Stelle innerhalb eines Geschosses dar, wann diese zum letzten Mal von einer Person begangen wurde.

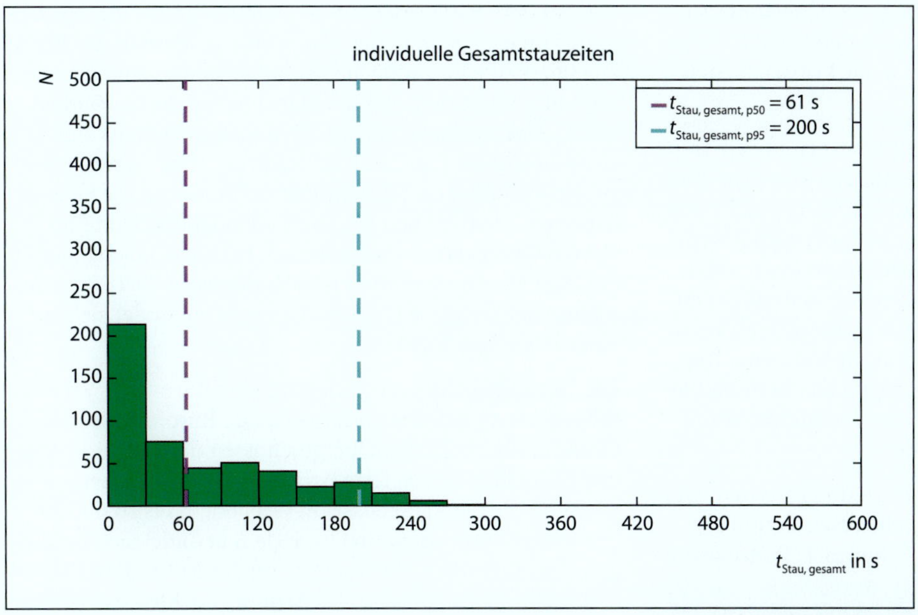

Abb. 4.35: Räumungsszenario „N480_b120_zuegig" – Verteilung Gesamtstauzeiten (N = Anzahl Nutzer)

Die Auswertungen zeigen, dass die Ausgänge ins Freie bzw. in die notwendigen Flure nach spätestens 6 bis 7 Minuten erreicht werden. Im vierten Obergeschoss sind im Bereich des Treppenraums in den Achsen 13/F bis zur achten Räumungsminute Stauungen erkennbar. Der Treppenraum in den Achsen 7/F ist weniger stark frequentiert und wird im Erdgeschoss bis zur achten Räumungsminute durchschritten, während die letzte Passage ins Freie (Achsen 9–10/I) nach ca. 9 Minuten erfolgt. Das Gesamtgebäude ist nach ca. 10 Minuten geräumt (8 Minuten nach Alarmierung).

Die Auswertung der Räumungszeiten zeigt, dass es im Zuge der Räumung zur Staubildung kommt. Auch für die Staubewertung wird als wesentliche Beurteilungsgröße die Zeit zugrunde gelegt. Hierfür wird die individuelle Gesamtstauzeit eines jeden Gebäudenutzers ermittelt. Ausgehend vom Geschwindigkeitsprofil einer einzelnen Person befindet sich diese immer dann im Stau, sobald die Geschwindigkeit unter eine angenommene Grenzgeschwindigkeit von 0,3 m/s abfällt.

Im Folgenden wird das Bemessungsräumungsszenario „N480_b120_zuegig" hinsichtlich der Staubildung untersucht. Dabei wird in Abb. 4.35 zunächst die Verteilung der Gesamtstauzeiten über alle Gebäudenutzer dargestellt. Dem Histogramm kann entnommen werden, wie viele Nutzer sich über welchen Zeitraum im Stau befunden haben.

Darüber hinaus wird das maximale Personenaufkommen zu jenem Zeitpunkt grafisch veranschaulicht, an dem alle Nutzer mit ihrer Fluchtbewegung begonnen und den Treppenraum erreicht haben (in Abb. 4.36 exemplarisch dargestellt am Treppenraum „TR 3" im vierten Obergeschoss [Achsen 13/F]). Hierüber kann die Anzahl der wartenden Personen abgeschätzt werden, deren Zugang in den Treppenraum verzögert wird.

Unter Annahme einer zügigen Reaktion wurde eine mittlere Gesamtstauzeit von ca. 1 Minute ermittelt. Das 90 %-Perzentil der individuellen Gesamtstauzeit beträgt ca. 2,7 Minuten. Die ermittelten individuellen Gesamtstauzeiten

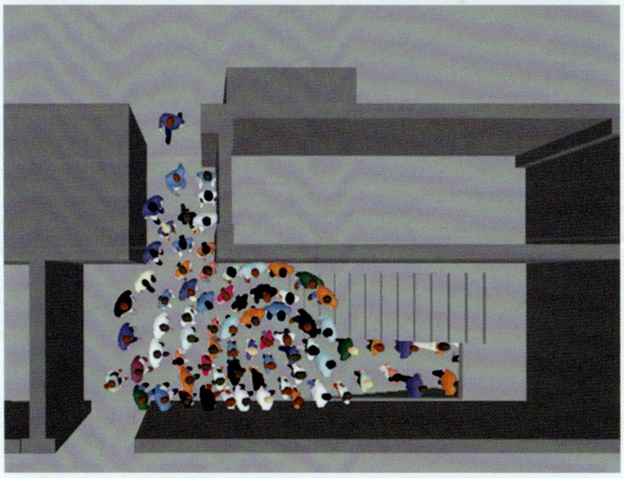

Abb. 4.36: Räumungsszenario „N480_b120_zuegig" – Personenaufkommen an Treppenraum „TR 3" ca. 1,5 Minuten nach erfolgter Alarmierung

liegen unterhalb der Ergebnisse, die bei Referenzuntersuchungen in baurechtskonformen Gebäuden wie z. B. Schulen ermittelt wurden. Es sind somit keine kritischen Stauungen zu erwarten.

Bedingt durch das hohe Personenaufkommen in den Treppenräumen bilden sich lokale Staus auf den Treppenpodesten bis in die vorgelagerten notwendigen Flure aus. In den Rückstaus in die notwendigen Flure befinden sich jeweils weniger als 10 Personen. Diese lokalen Staus lösen sich in weniger als 1 Minute wieder auf. Es erfolgt kein Rückstau in die Nutzungseinheit. Damit wird ein ausreichend verzögerungsfreier Abfluss in die notwendigen Flure und Treppenräume gewährleistet. In einem möglichen Brandfall innerhalb der Nutzungseinheit kann der Brandraum somit ausreichend schnell verlassen werden.

Sowohl mit Blick auf die zügige Selbstrettung aus dem Gesamtgebäude bzw. aus einem möglichen Brandraum als auch auf die Staubildung wird das Schutzziel „Rettung von Menschen" erreicht.

Unter Berücksichtigung der ermittelten erforderlichen Räumungszeit von 10,3 Minuten (entspricht 8,3 Minuten ab Alarmierung) kann davon ausgegangen werden, dass die Gebäuderäumung bei Ankunft der Feuerwehr abgeschlossen ist. Eine ungehinderte Zugänglichkeit für die Einsatzkräfte der Feuerwehr ist damit gewährleistet. Das Schutzziel „Ermöglichung wirksamer Löscharbeiten" wird erreicht.

Sowohl in Bezug auf die Rettung von Personen als auch auf die Ermöglichung wirksamer Löscharbeiten bestehen somit keine Bedenken gegen Rettungswege mit einer lichten Durchgangsbreite von 1,20 m. Trotz der eingangs beschriebenen Anlehnung an die MVKVO und der von diesem Regelwerk abweichenden Rettungswegdimensionierung können die baurechtlichen Schutzziele gleichwertig erreicht werden.

Das Sicherheitskonzept des Sondernachweises beruht im Wesentlichen auf der durchgeführten Berechnung eines Ensembles von 6 maßgeblichen Räumungsszenarien sowie einer umfangreichen Datenanalyse zur Identifikation der Bemessungsszenarien. Der Nachweis verfügt damit über eine ausreichende Robustheit. Die maßgeblichen Räumungsszenarien basieren auf Annahmen, die auf der sicheren Seite liegen. Eine Anwendung von zusätzlichen Sicherheitszuschlägen oder -beiwerten ist damit nicht erforderlich (vgl. SFPE Guide to Human Behavior in Fire, 2019).

4.11 Gebäudeklasse 5 mit Brand- und Räumungssimulation

4.11.1 Gebäudebeschreibung

Dieses Praxisbeispiel behandelt einen zusammenhängenden Bürocampus, der im Zuge der Neubebauung eines ehemaligen innerstädtischen Industriegeländes errichtet wird.

Der Gebäudekomplex besteht aus 3 separaten Gebäuden (Bauteilen) A, B und C, die über Brücken untereinander verbunden sind. Alle 3 Bauteile verfügen über ein Erdgeschoss und jeweils 4 Obergeschosse. Unterhalb aller 3 Bauteile wird eine durchgängige Tiefgarage mit 2 unterirdischen Geschossen angeordnet, in der auch Flächen für die Haustechnik verortet sind.

Der gesamte Baukörper hat im Untergeschoss eine Ausdehnung von ca. 200 m in der Länge und ca. 55 m in der Breite. Die überbaute Grundfläche der aufgehenden Bauteile beträgt insgesamt ca. 8.400 m^2. Dabei haben die Gebäude A und C Abmessungen von ca. 57 m × 50 m, woraus eine Grundfläche von ca. 2.850 m^2 resultiert. Das Gebäude B erstreckt sich über ca. 50,30 m × 50,30 m, womit die Grundfläche ca. 2.530 m^2 beträgt. Die Fußbodenoberkante im vierten Obergeschoss befindet sich bei allen 3 Gebäuden ca. 18 m über dem mittleren Geländeniveau. Der obere Abschluss der Gebäude (Atrium-Laternen) befindet sich auf einer Höhe von 26,90 m.

Die Gebäude nehmen vorwiegend eine Büro- und Verwaltungsnutzung auf. Die vorherrschende Büroform ist das Großraumbüro. In den Obergeschossen der Gebäude A und C sind bis zu 800 feste Arbeitsplätze vorhanden, während die Obergeschosse im Gebäude B bis zu 600 Arbeitsplätze aufnehmen. In Gebäude B befindet sich im Erdgeschoss außerdem eine Kantine. In der Mitte aller 3 Gebäude ist jeweils ein zentrales Atrium errichtet, das mit offenen Brüstungen an die Büro- und Verwaltungsbereiche anbindet. Die oberirdischen Geschosse jedes Gebäudes bilden somit einen zusammenhängenden Luftraum.

Die vertikale Erschließung erfolgt in allen 3 Gebäuden über insgesamt 10 notwendige Treppenräume. Je Gebäude sind außerdem 4 Aufzugsanlagen vorhanden.

Alle tragenden und aussteifenden Bauteile sowie die Geschossdecken bestehen aus Stahlbeton. Die Fassaden sind aus Natursteinplatten und Blechverkleidungen hergestellt. Darüber hinaus sind bodentiefe Verglasungen mit Lüftungsflügeln vorhanden. In den Außenwänden werden je Geschoss außerdem 2 Loggien ausgebildet. Die Dächer aller 3 Gebäude bestehen aus einer massiven Stahlbetondachdecke mit aufliegender Dämmung, Abdichtungsbahn und einer Dachbegrünung. Auf den Dächern sind neben Technikflächen begehbare Dachterrassen vorhanden, die mit mineralischen Plattenbelägen versehen sind. Ein Großteil der Dachflächen wird außerdem durch die überhöhten Glasdächer über den Atrien gebildet.

4.11.2 Baurechtliche Einordnung

Entsprechend § 2 Abs. 3 MBO ist der Gebäudekomplex in die Gebäudeklasse 5 einzuordnen, da der Fußboden des höchstgelegenen Aufenthaltsraumes mehr als 13 m über der Geländeoberfläche liegt.

Bei dem Gebäudekomplex handelt es sich darüber hinaus um eine bauliche Anlage, die entsprechend der Auflistung aus § 2 Abs. 4 MBO aufgrund ihrer Art und Nutzung als Sonderbau einzustufen sind. Es handelt sich um

- ein Gebäude mit mehr als 1.600 m^2 Fläche des Geschosses mit der größten Ausdehnung,
- ein Gebäude mit Räumen, die einzeln für eine Nutzung durch mehr als 100 Personen bestimmt sind,
- ein Gebäude mit Räumen, die einer Büro- oder Verwaltungsnutzung dienen und einzeln eine Grundfläche von mehr als 400 m^2 haben,
- eine Versammlungsstätte mit Versammlungsräumen, die insgesamt mehr als 200 Besucher fassen und gemeinsame Rettungswege haben.

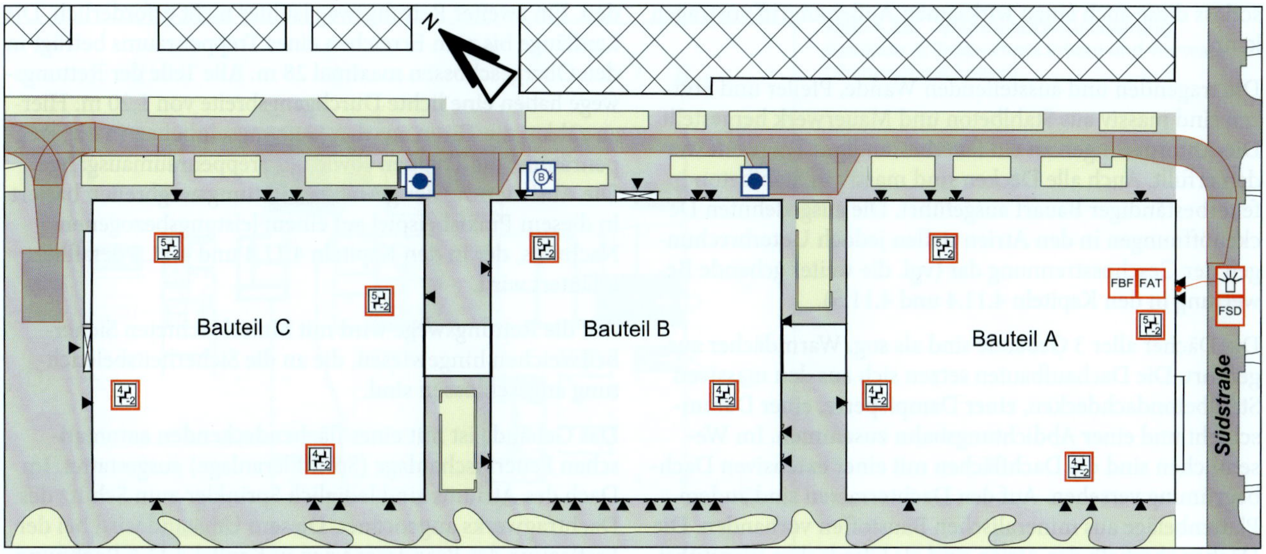

Abb. 4.37: Lageplan mit Flächen für die Feuerwehr und Löschwasserversorgung

Da die Kantine im Erdgeschoss von Gebäude B für insgesamt mehr als 200 Personen vorgesehen ist, wird die MVStättVO als Beurteilungsgrundlage herangezogen. Unter Berücksichtigung der angebundenen aufgehenden Bebauung handelt es sich um eine mehrgeschossige Versammlungsstätte, deren einziger Versammlungsraum jedoch im Erdgeschoss liegt.

Alle 3 Gebäude weisen erhebliche Abweichungen von den Anforderungen der MBO auf. Hierzu zählen u. a. die Ausdehnung des Brandabschnitts, die Deckenöffnung im Bereich des Atriums oder die Größe der Nutzungseinheiten in Verbindung mit dem Verzicht auf notwendige Flure.

Im Hinblick auf diese Abweichungstatbestände, aber auch wegen der hohen Nutzerzahlen ist der Gebäudekomplex in vielerlei Hinsicht mit Verkaufsstätten vergleichbar. In Abstimmung mit Genehmigungsinstanzen wird deshalb die Brandschutzkonzeption der MVKVO auf die zu beurteilenden Gebäude adaptiert, um die baurechtlichen Schutzziele trotz der erheblichen Abweichungen zu erfüllen.

Damit erfolgt die brandschutztechnische Beurteilung in Anlehnung an ein bauaufsichtlich eingeführtes Regelwerk, das zur Beurteilung geeignet ist. Aus dem Maßnahmenkatalog der MVKVO ergeben sich dabei dann die erforderlichen zusätzlichen Anforderungen, aber auch mögliche Erleichterungen entsprechend § 51 MBO. Die Gebäude werden formal jedoch nicht als Verkaufsstätten eingestuft.

4.11.3 Konzept

Die 3 Gebäude befinden sich in direkter Nachbarschaft auf einem Grundstück, das über öffentliche Straßen sowie über weitere Straßen auf dem Grundstück erreicht werden kann. Auf dem Grundstück sind entsprechende Feuerwehrzufahrten vorhanden, über die der Gebäudekomplex erreicht werden kann. Der Lageplan ist in Abb. 4.37 dargestellt.

Eine Fahrzeugaufstellung durch die Feuerwehr ist auf insgesamt 3 Bewegungsflächen möglich, die im Verlauf der Feuerwehrzufahrt angeordnet sind. Da alle Rettungswege baulich sichergestellt werden, sind keine Aufstellflächen erforderlich.

Die gemeinsame Erstinformationsstelle für die Feuerwehr befindet sich an der Südseite von Gebäude A. Die Zugänglichkeit für die Feuerwehr wird insbesondere über die Haupteingänge zu den Atrien sowie über die insgesamt 10 Treppenraumausgänge gewährleistet. Daneben befinden sich im Erdgeschoss weitere Zugänge.

Für die Gebäude ist insgesamt eine Löschwasserversorgung von 96 m³/h über einen Zeitraum von 2 Stunden erforderlich. Die erforderliche Löschwassermenge wird durch 2 Unterflurhydranten sichergestellt. Aufgrund der Entfernungen zur Wasserversorgung im öffentlichen Raum werden diese über einen Objektschutz mit einer eigenen Wasserbevorratung versorgt.

Der Gebäudekomplex ist in einem Abstand von mehr als 2,50 m zu Nachbargrenzen bzw. mehr als 5 m zu Gebäuden auf benachbarten Grundstücken errichtet. Gebäudeabschlusswände sind damit nicht erforderlich.

Jedes der 3 aufgehenden Gebäude bildet einen eigenen Brandabschnitt. Die maximale Ausdehnung der Brandabschnitte liegt bei den Gebäuden A und C vor und beträgt 55 m. Inklusive der Verbindungsbrücken beläuft sich die Brandabschnittsfläche bei beiden Gebäuden auf ca. 3.000 m². Die Brandabschnittsbildung basiert zum Großteil darauf, dass die Gebäude untereinander einen Abstand von mehr als 5 m aufweisen. Innere Brandwände sind somit nicht erforderlich.

Im Bereich der Brückenanschlüsse auf Höhe des ersten Obergeschosses wird auf die formal erforderlichen Brandwände inkl. Übereckausbildung verzichtet. Stattdessen werden beidseitig der Brücken feuerhemmende Öffnungsabschlüsse vorgesehen. Die Verbindungsbrücken werden darüber hinaus aus nichtrennbaren Baustoffen ausgeführt und in den Schutzumfang der automatischen Löschanlage einbezogen. In unmittelbarer Nähe zu den Brücken befinden sich außerdem Bewegungsflächen für die Feuerwehr,

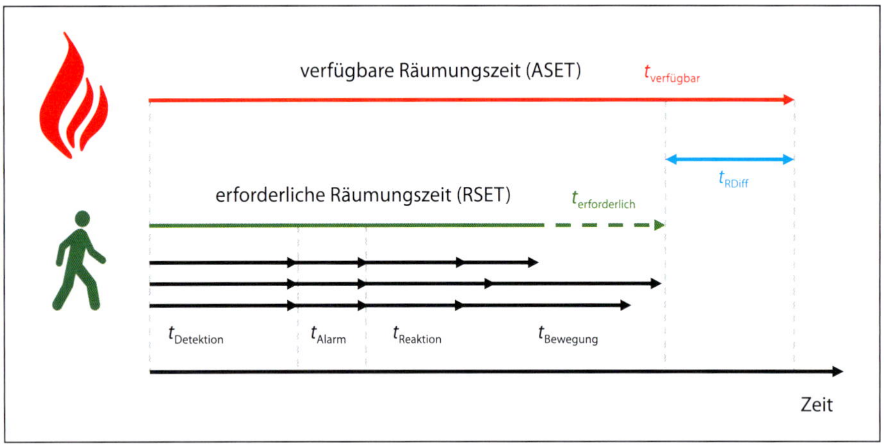

Abb. 4.39: Zeitschema Personensicherheit im Brandfall

katalog der MVKVO abgeleitet. Zum Umfang der Anlage zählen u. a.

- alle Rettungswege,
- die Verkehrswege in den Nutzungseinheiten,
- die Sicherheitszeichen,
- die Räume für haustechnische Anlagen.

Alle sicherheitstechnischen Anlagen sind mit einer Sicherheitsstromversorgung entsprechend den technischen Regelwerken ausgestattet.

Der organisatorische Brandschutz nimmt bei dem vorliegenden Praxisbeispiel eine wesentliche Rolle ein. Er umfasst für den Gebäudekomplex eine Brandschutzordnung in den Teilen A, B und C. Von besonderer Bedeutung ist im vorliegenden Fall die regelmäßige Unterweisung der Beschäftigten im Hinblick auf das situationsgerechte Verhalten im Brand- bzw. Räumungsfall. Die besonderen Aufgaben hinsichtlich der Einhaltung des genehmigten Brandschutznachweises und der sich daraus ergebenden Anforderungen an den betrieblichen Brandschutz werden von einem Brandschutzbeauftragten überwacht. In allgemein zugänglichen Bereichen sind Flucht- und Rettungspläne angebracht. Aufgrund der Aufschaltung der Brandmeldeanlage sind Feuerwehrpläne vorhanden.

Das Gebäude fällt formal nicht in den Anwendungsbereich der MPrüfVO. Dessen ungeachtet werden die (sicherheits) technischen Anlagen von Prüfsachverständigen (wiederkehrend) auf ihre Wirksamkeit und Betriebssicherheit einschließlich des bestimmungsgemäßen Zusammenwirkens geprüft (Wirk-Prinzip-Prüfung).

4.11.4 Ausgewählte Problemstellungen

Der architektonische Entwurf und das Nutzungskonzept der Gebäude erfordern die Begründung wesentlicher Abweichungen von der MBO. Inmitten der Gebäude sind jeweils geschossübergreifende Atrien vorhanden, die vollständig offen zu den anschließenden Nutzungen ausgeführt sind. Damit wird die nach § 31 Abs. 4 MBO geforderte Öffnungslosigkeit von Geschossdecken nicht erreicht. Zudem soll abweichend von § 36 Abs. 1 MBO in den Büroflächen innerhalb der Geschosse auf die Anordnung von notwendigen Fluren verzichtet werden.

Die aufgezeigten Abweichungen haben wesentliche Auswirkungen auf gleich mehrere Schutzziele. Im vorliegenden Praxisbeispiel liegt der Fokus jedoch primär auf dem Schutzziel „Rettung von Menschen". Um die Schlüssigkeit der Planung zu prüfen, wird ein Sondernachweis geführt, dass dieses baurechtliche Schutzziel erreicht wird.

4.11.5 Lösungswege

Ein geeigneter Lösungsweg ist die Nachweisführung mit ingenieurtechnischen Verfahren entsprechend den Ausführungen in Kapitel 3.14. Im vorliegenden Fall wird die Gebäuderäumung im Brandfall exemplarisch anhand von Gebäude A untersucht. Hierfür kommen sowohl Brand- als auch Räumungssimulationsberechnungen zum Einsatz.

Den methodischen Rahmen für den Sondernachweis bildet die sog. leistungsbezogene Nachweisführung entsprechend DIN 18009-1 in Verbindung mit weiteren Regelwerken und Leitfäden zur Personenstromsimulation und zur Bewertung der Personensicherheit im Brandfall (vgl. ISO/TS 29761; RiMEA; vfdb TB 04-01 „Leitfaden Ingenieurmethoden des Brandschutzes" [2020]).

Für die oben beschriebene Methodik wird das System wie folgt abgegrenzt: Das Gebäude A wird vom Erdgeschoss bis zum vierten Obergeschoss betrachtet. Die Untergeschosse der Gebäude (Garage) werden ausgenommen, da diese brandschutztechnisch abgetrennt sind und hier nur geringe Personenzahlen zu erwarten sind. Der Untersuchungszeitraum umfasst ein Zeitfenster von bis zu 20 Minuten nach Brandausbruch.

Entsprechend der Vorgehensweise der leistungsbezogenen Nachweisführung nach DIN 18009-1 sind zunächst sog. **funktionale Anforderungen** zu definieren, mit denen die Erreichung der zuvor festgelegten **Schutzziele** beschrieben werden kann. Funktionale Anforderungen werden im Weiteren durch messbare **Leistungskriterien** konkretisiert.

Mit Blick auf das eingangs erwähnte Schutzziel „Rettung von Personen" lautet die funktionale Anforderung, dass alle Nutzer das Gebäude im Brandfall sicher verlassen können. Die zentrale Beurteilungsgröße für derartige Untersuchungen ist die Zeit. Die wesentlichen Zeitkomponenten sind wie in Abb. 4.39 dargestellt die verfügbare Räumungszeit und die erforderliche Räumungszeit.

Die verfügbare Räumungszeit, die in der (englischsprachigen) Fachliteratur auch als „Available Safe Egress Time" (ASET) geläufig ist, wird aus den Ergebnissen der Brandsimulationsberechnungen abgeleitet. Diese Zeit beschreibt, bis wann bestimmte Teilbereiche eines Gebäudes im Brandfall noch gefahrlos passierbar sind.

Demgegenüber wird die erforderliche Räumungszeit mithilfe der Räumungssimulationsberechnungen bestimmt. Diese Größe ist im internationalen Sprachgebrauch auch als „Required Safe Egress Time" (RSET) bekannt. Sie stellt die Information bereit, ab wann bestimmte Teilbereiche eines Gebäudes geräumt sind.

Die Subtraktion beider Zeitgrößen ergibt die sog. Räumungszeitdifferenz. Dieses Maß erlaubt die Beantwortung der anfänglichen Fragestellung, ob alle Nutzer das Gebäude im Brandfall sicher verlassen können.

Die Ermittlung der verfügbaren Räumungszeiten erfolgt über die Leistungskriterien „optische Dichte" mit einem Beurteilungswert von 0,2 1/m und „Gastemperatur" mit einem Beurteilungswert von 50 °C.

Auf Grundlage einer qualitativen Risikoabwägung werden zunächst maßgebliche Brand- und Räumungsszenarien festgelegt und berechnet. Aus der Kombination der Brand- und Räumungsszenarien über den Abgleich von verfügbaren und erforderlichen Räumungszeiten können die Bemessungsszenarien anschließend aus den maßgeblichen Szenarien(kombinationen) ermittelt werden.

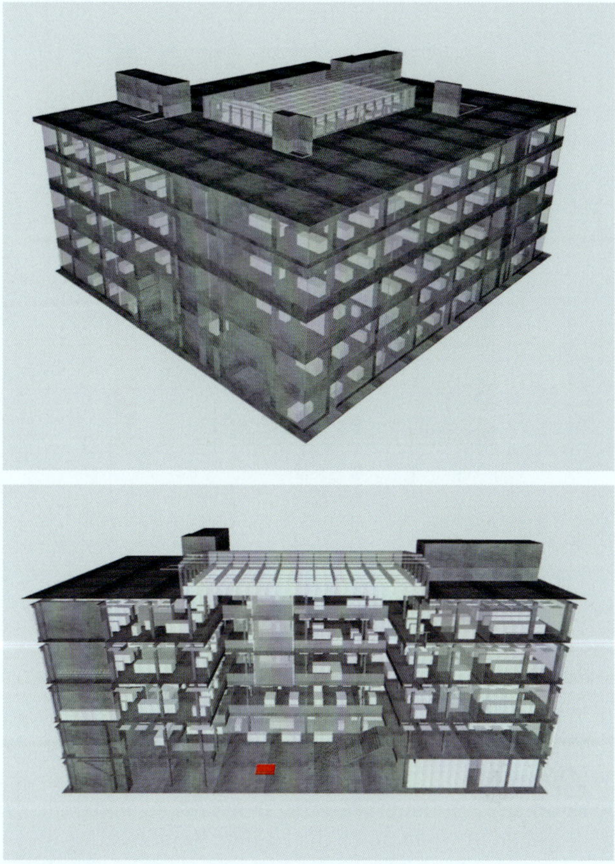

Abb. 4.40: 3-D-Modell Brandsimulation Gebäude A

Brandsimulation (verfügbare Räumungszeit)

Das untersuchte Gebäude A wird über alle 5 Geschosse als 3-D-Modell abgebildet. Hierbei werden sowohl der Baukörper an sich als auch alle relevanten Einrichtungen berücksichtigt (siehe Abb. 4.40).

Die Raumdiskretisierung des verwendeten Brandsimulationsmodells erfordert die dreidimensionale Abstraktion mittels eines strukturierten kartesischen Gitters, das in 12 Teilrechengebiete aufgeteilt wird. Die Gitterauflösung beträgt einheitlich 0,15 m. Die Gesamtgröße des Berechnungsgebietes beträgt ca. 22,5 Millionen Zellen. Die Berechnung der Brandszenarien erfolgt auf einem Rechencluster mit 96 Rechenkernen.

Weitere Annahmen für die Brandsimulation betreffen die vorgesehenen Maßnahmen des anlagentechnischen Brandschutzes: Aufgrund der Überwachung durch eine Brandmeldeanlage der Kategorie 1 „Vollschutz" entsprechend DIN VDE 0833-2 wird die Detektionszeit für einen Brand mit 2 Minuten veranschlagt (vgl. Richtlinie VDI 6019 Blatt 1). Bei Auslösung der Brandmeldeanlage erfolgt die Öffnung der Rauch- und Wärmeabzugsgeräte in der Atrium-Laterne. Außerdem werden im Erdgeschoss die Zuluftöffnungen freigegeben. Aufgrund der gemeinsamen Zuluftbereitstellung über das Atrium wird bei Brandszenarien innerhalb der Mietflächen außerdem die Aktivierung der Rauchableitung über die Lüftungsanlagen berücksichtigt.

Aus der Analyse der möglichen Brandgefahren gehen 2 relevante Brandverläufe hervor:

- Im gesamten Gebäude ist ein Brand von beliebigen Einrichtungsgegenständen, Möblierungen o. Ä. grundsätzlich denkbar. Dabei ist der Großteil der Nutzflächen mit Geschoss- bzw. Dachdecken überdeckt, sodass hier von einer wirksamen Sprinklerung ausgegangen werden kann. Ein relevanter Brandverlauf ist damit ein Brand von Einrichtungsgegenständen, der durch die Sprinkleranlage kontrolliert wird. Die Sprinklerauslösezeit beträgt entsprechend numerischen Voruntersuchungen ca. 5 Minuten. Die maximale Wärmefreisetzungsrate beträgt zu diesem Zeitpunkt ca. 1 Megawatt. Die Sprinklerwirkung wird über die explizite Anpassung des Brandverlaufes modelliert.
- Eine Sonderstellung nimmt das Atrium ein. Hier ist aufgrund der Raumhöhe kein wirksamer Sprinklerschutz gegeben. Unter Berücksichtigung der geplanten Ausstattungen wird hier eine brennende Sitzgruppe o. Ä. zugrunde gelegt. Der Brandverlauf wird einzig durch den Brandlastverzehr beeinflusst. Die maximale Wärmefreisetzungsrate von ca. 3 Megawatt wird nach ca. 4,5 Minuten erreicht. Die Wirkung der Sprinkler zum Schutz des Dachtragwerkes bleibt wegen des Abstands zum Brandherd im Erdgeschoss unberücksichtigt.

Als maßgeblicher Brennstoff wird für beide Brandverläufe Polyurethan angenommen.

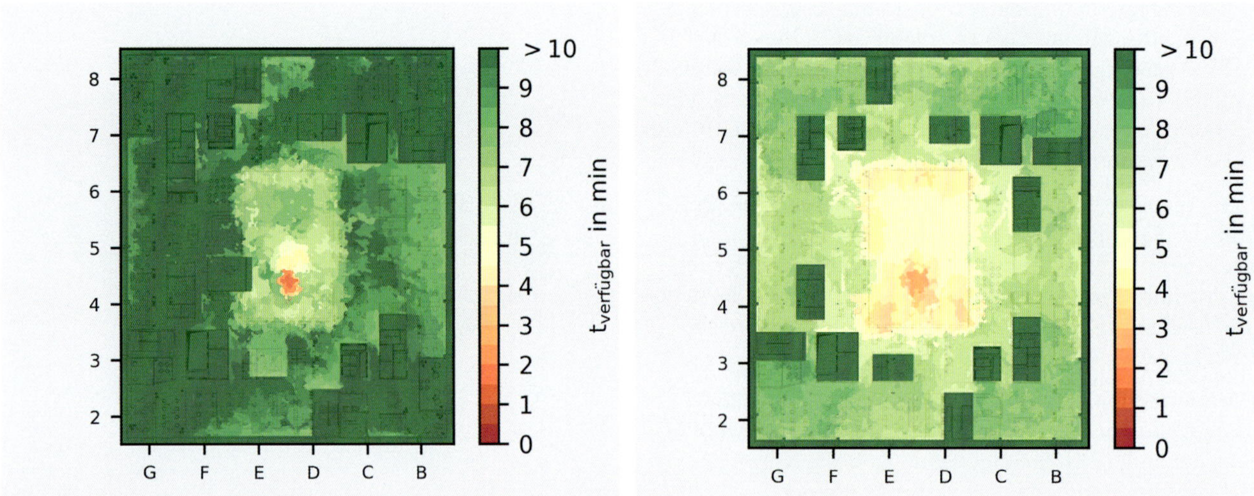

Abb. 4.41: ASET-Karten (Gebäude A) mit verfügbaren Räumungszeiten im zweiten Obergeschoss (links) und im vierten Obergeschoss (rechts); Brandszenario: nicht gesprinklerter Brand in der Atriummitte

Die Auswahl der Brandorte kann erheblichen Einfluss auf die Relevanz eines Brandszenarios haben. Im betrachteten Gebäude liegt dies vor allem begründet in der zu erwartenden Ausbildung des sog. Plumes, also der aufsteigenden Rauchgassäule über dem Brand.

Wie bereits ausgeführt, ist auf der Atriumfläche von keiner wirksamen Brandunterdrückung durch die Sprinkleranlage auszugehen. Bedingt durch die erhöhte Brandleistung und die Aufstiegshöhe ist in diesem Fall mit einem maximalen Plume-Massenstrom zu rechnen, den die Rauchabzugsanlage abführen muss. Bei einem Brand in den überdeckten Bereichen strömt der Rauch zunächst gegen die Decke und anschließend direkt in den geschossübergreifenden Luftraum. Durch Verwirbelungen an den Atriumkanten wird der Plume-Massenstrom erhöht und es kommt zu einer stärkeren Abkühlung der Rauchgase, was wiederum deren Auftrieb vermindert.

Die maßgeblichen Brandorte in Gebäude A sind damit die Atriummitte im Erdgeschoss sowie ein Mietbereich im ersten Obergeschoss. Im Erdgeschoss kann das Atrium nicht von einem überdeckten Brand gefährdet werden, da hier Glastrennwände zu den anschließenden Nutzungen vorhanden sind. Aufgrund der tendenziell absinkenden Plume-Massenströme und der steigenden Rauchgastemperaturen wird auf eine Betrachtung weiterer Brandorte oberhalb des ersten Obergeschosses verzichtet.

Im vorliegenden Fall wurden 5 maßgebliche Brandszenarien berechnet. Auf Grundlage des zeitlichen Verlaufs der berechneten Felddaten (hier: Gastemperatur und optische Dichte) und der eingangs beschriebenen Beurteilungswerte werden die verfügbaren Räumungszeiten ermittelt. Die Zeitgrößen werden wie in Abb. 4.41 auf den Gebäudegrundrissen mit sog. ASET-Karten dargestellt (vgl. Schröder, 2017). Die Ergebnisse zeigen erwartungsgemäß, dass sich die kritischsten Bedingungen im vierten Obergeschoss einstellen. Die verfügbaren Räumungszeiten in den Büroflächen betragen hier ca. 5 bis 6 Minuten ab Brandausbruch. Die verfügbaren Räumungszeiten in den darunterliegenden Geschossen werden zunehmend größer; es konnten hier größtenteils keine Überschreitungen der Beurteilungswerte innerhalb des Betrachtungszeitraumes festgestellt werden.

Räumungssimulation (erforderliche Räumungszeit)

Die leistungsbezogene Beurteilung der Gebäuderäumung stützt sich auf das in Abb. 4.39 dargestellte Zeitschema. Darin werden verschiedene Zeitkomponenten zur erforderlichen Räumungszeit (RSET) zusammengeführt ($t_{erforderlich}$).

Die erste Zeitkomponente der erforderlichen Räumungszeit ist die Detektionszeit $t_{Detektion}$. Sie repräsentiert den Zeitpunkt, bis zu dem ein Gefahrenereignis entdeckt wird. Dies kann entweder durch eine entsprechende technische Einrichtung (z. B. Brandmeldeanlage) oder durch die Wahrnehmung anwesender Personen erfolgen. Die Alarmierungszeit t_{Alarm} umfasst die Zeit, bis ein Alarm ausgelöst wird. Hierbei können sowohl automatische oder manuelle Systeme als auch eine mündliche Alarmierung der anwesenden Personen in Betracht gezogen werden. Nach erfolgter Alarmierung beginnt die Fluchtzeit t_{Flucht}, die sich aus der Reaktionszeit $t_{Reaktion}$ und der Bewegungszeit $t_{Bewegung}$ zusammensetzt. Mithilfe der Reaktionszeit soll die bestehende Unschärfe hinsichtlich des menschlichen Verhaltens nach Erhalt von Hinweisen zur Räumung berücksichtigt werden. Die Aufarbeitung zahlreicher empirischer Studien belegt, dass sich Personen bei einer Alarmierung nicht unmittelbar in einen sicheren Bereich bewegen, sondern verzögert reagieren – etwa in Abhängigkeit von organisatorischen Maßnahmen, Informationsbereitstellung, Gruppenbildung, Ankleiden, Beendigung des Arbeitsvorgangs usw. (vgl. Kuligowski, 2016). Die Bewegungszeit umfasst die Zeitspanne, die ein Nutzer für das selbstständige Verlassen der baulichen Anlage bzw. des Gebäudes inkl. eventueller Stauungen benötigt.

Die notwendigen Anfangs- und Randbedingungen für Räumungsszenarien können in 4 Kategorien unterteilt werden (vgl. ISO/TS 29761; Seyfried et al., 2015):

- Räumungsanlass,
- Gebäude,
- Nutzung,
- Sicherheitsmaßnahmen.

Der in diesem Buch dargelegte Dokumentationsumfang zur Herleitung der Räumungsszenarien wird auf grundlegende Aspekte beschränkt.

Abb. 4.42: 3-D-Modell Räumungssimulation (Gebäude A) mit einer Anfangsbelegung von 1.000 Personen

Als Räumungsanlass wird im vorliegenden Fall primär ein Brandereignis im Gebäude angenommen. Dies bildet zugleich die Schnittstelle zu den bereits vorgestellten Brandszenarien. Die Untersuchungen zu möglichen Auswirkungen eines Brandszenarios auf die zeitliche Begrenzung der Verfügbarkeit von Teilen des Rettungswegsystems erfolgt im weiteren Verlauf durch die Bildung der sog. Räumungszeitdifferenz (vgl. den folgenden Abschnitt „Räumungszeitdifferenz").

Das Gebäude wird mithilfe von begehbaren Flächen und Rampen/Treppen sowie mit Hindernissen modelliert (siehe Abb. 4.42). Entsprechend der vorgenommenen Systemabgrenzung werden alle 5 aufgehenden Geschosse betrachtet. Nebenräume wie beispielsweise Sanitär-oder Technikräume werden als nicht begehbare Bereiche definiert. Wie in Kapitel 4.11.4 ausgeführt, werden für die Gebäude große Teile der Brandschutzkonzeption von Verkaufsstätten adaptiert. Unter Berücksichtigung der konkreten Personenbelegung werden für Gebäude A weiter gehende Untersuchungen mit – im Vergleich zur MVKVO – reduzierten Rettungswegbreiten durchgeführt:

- Rettungswegbreite 1,20 m (Planung),
- Rettungswegbreite 1,60 m (Sensitivität),
- Rettungswegbreite 2,00 m (MVKVO).

Die Sensitivitätsanalyse zeigt, dass sich die Räumungszeiten bei einer Verringerung der Ausgangs- und Treppenbreiten von 2,00 auf 1,20 m nur geringfügig erhöhen. Grundlage der weiteren Betrachtungen zur Räumung im Brandfall sind daher Rettungswegbreiten von 1,20 m.

Die Gebäude sind darüber hinaus mit einer automatischen Brandmeldeanlage ausgestattet. Ebenso ist eine Sprachalarmierungsanlage vorhanden. Die Auslösung der Alarmierungsanlage erfolgt simultan zur Auslösung der Brandmeldeanlage. In Analogie zu den Brandszenarien wird eine Detektionszeit von 2 Minuten angenommen. Eine Alarmierungszeit entfällt.

Für die Gebäude ist ein Brandschutzbeauftragter bestellt. Zusätzlich werden Selbsthilfekräfte für den Brandschutz ausgebildet und in regelmäßigen Abständen fortgebildet.

Es ist eine Brandschutzordnung in den Teilen A bis C vorhanden, auf deren Grundlage die Mitarbeiter in regelmäßigen Abständen unterwiesen werden. Dies betrifft insbesondere auch das situationsgerechte Verhalten im Brandfall, die Lage und Bedienung der Feuerlöschgeräte, der Brandmelde- und Feuerlöscheinrichtungen sowie die Führung bzw. Zuweisung von Rettungswegen.

Die Ausführungen in den beiden vorangegangenen Absätzen stehen in unmittelbarem Zusammenhang mit dem Personenverhalten. Die damit verbundenen Unsicherheiten und Unwägbarkeiten versucht die sog. Reaktionszeit zu fassen. Einen wesentlichen Beitrag zur Erforschung dieser Größe hat David Anthony Purser mit seinen Arbeiten in den 1990er-Jahren geleistet. Die Ergebnisse dieser Arbeiten haben weltweit Eingang in Normen oder sonstige Richtlinien gefunden. In Deutschland sind hier pränormative Werke wie vfdb TB 04-01 „Leitfaden Ingenieurmethoden des Brandschutzes" oder die „Richtlinie für Mikroskopische Entfluchtungsanalysen" (RiMEA) zu nennen.

Im vorliegenden Fall wurde die Reaktionszeit gleich verteilt in einem Intervall zwischen 1 und 3 Minuten angenommen, was gemäß RiMEA einer langsamen Reaktion entspricht. Weitere Reaktionszeitverteilungen wurden u. a. für die Bewertung der Staubildung zugrunde gelegt.

Die Zuweisung einer Route vom Startort eines Fußgängers (Agenten) ins Freie erfolgt grundsätzlich entsprechend dem kürzesten Weg zum nächstgelegenen Treppenraum bzw. Ausgang ins Freie.

In Gebäude A sind in den Obergeschossen 800 feste Arbeitsplätze vorhanden. Im Erdgeschoss können sich bis zu 200 weitere Personen aufhalten. Die berücksichtigte Personenzahl beträgt im Gebäude A somit 1.000 Personen (siehe die exemplarische Visualisierung dieser Anfangsbelegung in Abb. 4.42).

Im vorliegenden Praxisbeispiel werden insgesamt 7 maßgebliche Räumungsszenarien berechnet. Da innerhalb eines jeden Räumungsszenarios die definierten Anfangs- und Randbedingungen stochastisch variiert werden müssen, werden je Szenario 50 Berechnungen durchgeführt und

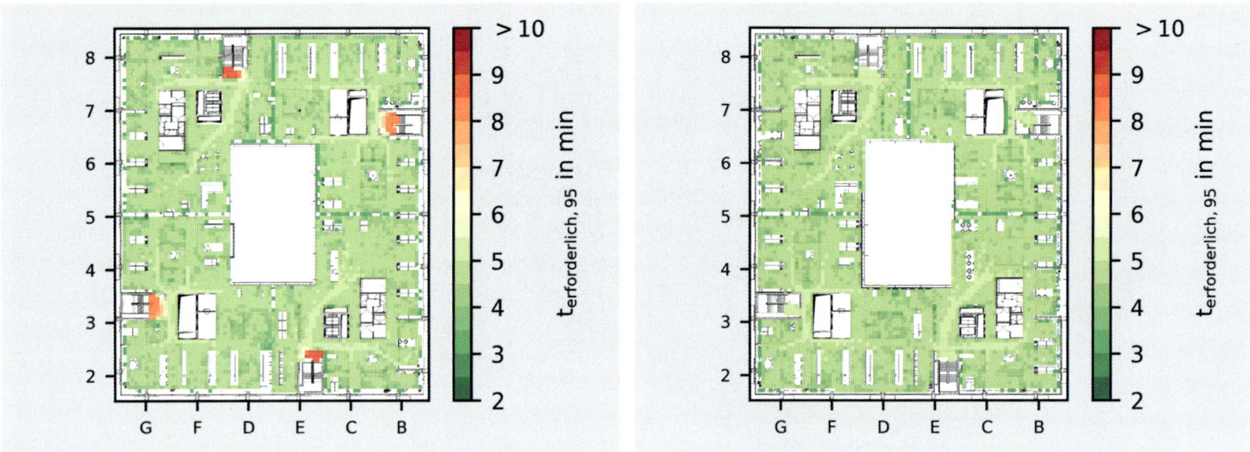

Abb. 4.43: RSET-Karten (Gebäude A) mit erforderlichen Räumungszeiten im zweiten Obergeschoss (links) und im vierten Obergeschoss (rechts); Räumungsszenario: 1.000 Personen mit langsamer Reaktion

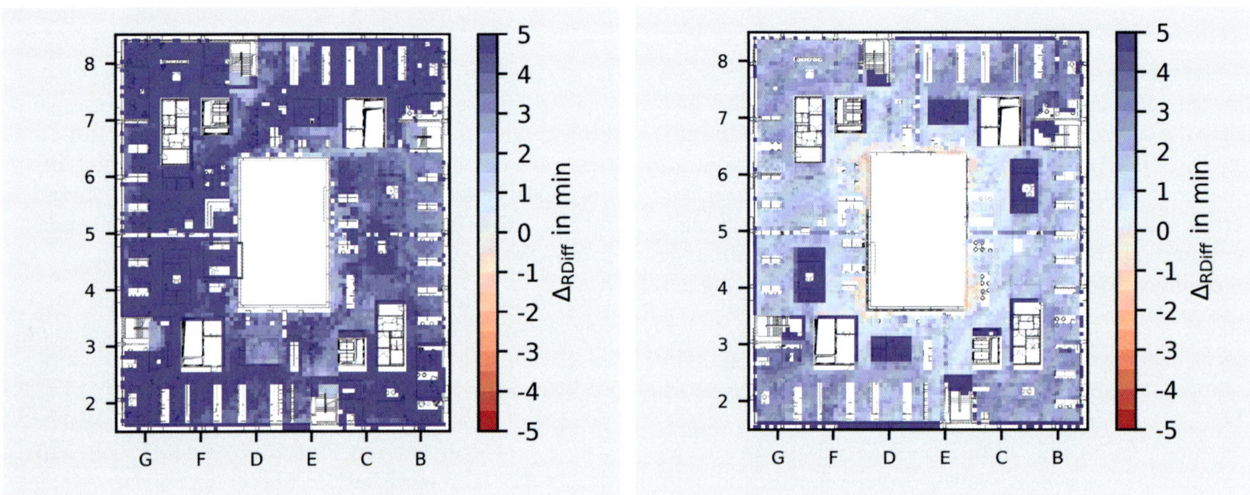

Abb. 4.44: Räumungszeitdifferenz zweites Obergeschoss (links) und viertes Obergeschoss (rechts) in Gebäude A; bemessungsrelevante Kombination aus nicht gesprinklertem Brand in der Atriummitte und 1.000 Personen mit langsamer Reaktion

analysiert. Dies ergibt in Summe 350 Simulationsberechnungen.

Die Datenbasis für die Analyse der betrachteten Räumungsszenarien sind die Bewegungspfade (sog. Trajektorien) aller Agenten im Berechnungsgebiet. Aus diesen Daten werden sog. RSET-Karten erzeugt (vgl. Schröder, 2017). Diese Karten stellen für jede Stelle innerhalb eines Geschosses dar, wann diese zum letzten Mal von einer Person begangen wurde, was der erforderlichen Räumungszeit bezogen auf einen bestimmten Ort entspricht. Abb. 4.43 stellt die erforderlichen Räumungszeiten für das zweite Obergeschoss und das vierte Obergeschoss (kritischste Brandauswirkungen) von Gebäude A dar.

In Gebäude A betragen die erforderlichen Räumungszeiten entlang der Atriumbrüstungen im vierten Obergeschoss ca. 4 bis 5 Minuten. Die Treppenräume werden nach spätestens 5 bis 6 Minuten erreicht, was der Räumungszeit des Geschosses entspricht. Die Treppenräume im zweiten Obergeschoss werden zuletzt nach ca. 8 Minuten durchschritten; das Gesamtgebäude ist ca. 9 bis 10 Minuten nach Brandausbruch geräumt.

Räumungszeitdifferenz

Um die Bemessungsszenarien für den Nachweis der sicheren Räumung im Brandfall zu ermitteln, werden die entwickelten Brand- und Räumungsszenarien abschließend zusammengeführt. Dies geschieht über den Abgleich der verfügbaren und erforderlichen Räumungszeiten und resultiert in der sog. Räumungszeitdifferenz. Hierbei werden ausschließlich Bereiche ausgewertet, die im Zuge der Räumungssimulation von Personen begangen wurden. Alle Bereiche mit positiven Differenzen können im Brandfall rechtzeitig verlassen werden, ehe die Beurteilungswerte der definierten Leistungskriterien (optische Dichte, Gastemperaturen) überschritten werden.

Aufgrund der Erkenntnisse bei der Auswertung der maßgeblichen Räumungsszenarien wird der Szenarienraum hierzu eingegrenzt. Die bemessungsrelevante Kombination in diesem Praxisbeispiel ist der nicht gesprinklerte Brand einer Sitzgruppe im Atrium in Verbindung mit einer langsamen Reaktion der anwesenden Gebäudenutzer. Das Ergebnis dieser Analyse ist in Abb. 4.44 exemplarisch für das zweite und vierte Obergeschoss von Gebäude A dargestellt.

Entlang der Atriumbrüstungen im vierten Obergeschoss beträgt die lokale Überschreitung der Räumungszeitdifferenz bis zu 1 Minute. Diese lokal begrenzten Überschreitungen resultieren im Wesentlichen aus der pauschalen Alarmierungszeit und der angenommenen langsamen Reaktion der Gebäudenutzer. Bei einem einsetzenden Raucheintrag in die vorgenannten Bereiche kann von einer deutlich frühzeitigeren Reaktion der Gebäudenutzer ausgegangen werden. Im weiteren Verlauf in Richtung der Treppenräume entwickelt sich die Räumungszeitdifferenz zunehmend in den positiven Bereich.

Unter Würdigung der auf der sicheren Seite liegenden Annahmen belegen die ermittelten Räumungszeitdifferenzen, dass eine rechtzeitige Räumung im Brandfall nachgewiesen werden kann. Das Schutzziel „Rettung von Menschen“ wird erreicht.

Besonders im Fall des nicht gesprinklerten Brandes im Atrium sind keine nennenswerten Sicherheitsreserven vorhanden. Eine über die vorhandene Ausstattung hinausgehende Nutzung des Atriums ist somit nicht ohne Weiteres möglich.

Das Sicherheitskonzept des Sondernachweises beruht auf den durchgeführten Voruntersuchungen von 5 Brandszenarien und 7 Räumungsszenarien sowie einer umfangreichen Datenanalyse. In beiden Betrachtungsbereichen (Brand, Räumung) wurden auf der sicheren Seite anliegende Annahmen getroffen. Eine Anwendung von zusätzlichen Sicherheitszuschlägen oder -beiwerten ist deshalb nicht erforderlich (vgl. übereinstimmend SFPE Guide to Human Behavior in Fire, 2019).

5 Anhang

5.1 Normen, Rechtsvorschriften und Literatur

Normen

DIN 1055-3:2006-03 Einwirkungen auf Tragwerke – Teil 3: Eigen- und Nutzlasten für Hochbauten [zurückgezogen]

DIN 4066:1997-07 Hinweisschilder für die Feuerwehr

DIN 4102 Brandverhalten von Baustoffen und Bauteilen [Normenreihe]

DIN 4102-1:1998-05 Brandverhalten von Baustoffen und Bauteilen – Teil 1: Baustoffe; Begriffe, Anforderungen und Prüfungen

DIN 4102-2:1977-09 Brandverhalten von Baustoffen und Bauteilen; Bauteile, Begriffe, Anforderungen und Prüfungen

DIN 4102-7:2018-11 Brandverhalten von Baustoffen und Bauteilen – Teil 7: Bedachungen – Anforderungen und Prüfungen

DIN 4102-17:2017-12 Brandverhalten von Baustoffen und Bauteilen – Teil 17: Schmelzpunkt von Mineralwolle-Dämmstoffen – Begriffe, Anforderungen und Prüfung

DIN 14090:2003-05 Flächen für die Feuerwehr auf Grundstücken

DIN 14095:2007-05 Feuerwehrpläne für bauliche Anlagen

DIN 14096:2014-05 Brandschutzordnung – Regeln für das Erstellen und das Aushängen

DIN 14230:2012-09 Unterirdische Löschwasserbehälter

DIN 14406-4:2009-09 Tragbare Feuerlöscher – Teil 4: Instandhaltung

DIN 14461-1:2016-10 Feuerlösch-Schlauchanschlusseinrichtungen – Teil 1: Wandhydrant mit formstabilem Schlauch

DIN 14461-2:2009-09 Feuerlösch-Schlauchanschlusseinrichtungen – Teil 2: Einspeiseeinrichtung und Entnahmeeinrichtung für Löschwasserleitungen „trocken“

DIN 14675-1:2020-01 Brandmeldeanlagen – Teil 1: Aufbau und Betrieb

DIN 14676-1:2018-12 Rauchwarnmelder für Wohnhäuser, Wohnungen und Räume mit wohnungsähnlicher Nutzung – Teil 1: Planung, Einbau, Betrieb und Instandhaltung

DIN 14925:1983-04 Feuerwehrwesen; Verschlußeinrichtung

DIN 18009-1:2016-09 Brandschutzingenieurwesen – Teil 1: Grundsätze und Regeln für die Anwendung

DIN 18040-1:2010-10 Barrierefreies Bauen – Planungsgrundlagen – Teil 1: Öffentlich zugängliche Gebäude

DIN 18065:2015-03 Gebäudetreppen – Begriffe, Messregeln, Hauptmaße

DIN 18516-1:2010-06 Außenwandbekleidungen, hinterlüftet – Teil 1: Anforderungen, Prüfgrundsätze

DIN EN 54 Brandmeldeanlagen [Normenreihe]

DIN EN 1838:2019-11 Angewandte Lichttechnik – Notbeleuchtung; Deutsche Fassung EN 1838:2013

DIN EN 1991-1-1:2010-12 Eurocode 1: Einwirkungen auf Tragwerke – Teil 1-1: Allgemeine Einwirkungen auf Tragwerke – Wichten, Eigengewicht und Nutzlasten im Hochbau; Deutsche Fassung EN 1991-1-1:2002 + AC:2009

DIN EN 1991-1-1/NA:2010-12 Nationaler Anhang – National festgelegte Parameter – Eurocode 1: Einwirkungen auf Tragwerke – Teil 1-1: Allgemeine Einwirkungen auf Tragwerke - Wichten, Eigengewicht und Nutzlasten im Hochbau

DIN EN 12825:2002-04 Doppelböden; Deutsche Fassung EN 12825:2001

DIN EN 12845:2016-04 Ortsfeste Brandbekämpfungsanlagen – Automatische Sprinkleranlagen – Planung, Installation und Instandhaltung; Deutsche Fassung EN 12845:2015 + AC:2016

DIN EN 13213:2001-12 Hohlböden; Deutsche Fassung EN 13213:2001

DIN EN 13501 Klassifizierung von Bauprodukten und Bauarten zu ihrem Brandverhalten [Normenreihe]

DIN EN 13501-1:2019-05 Klassifizierung von Bauprodukten und Bauarten zu ihrem Brandverhalten – Teil 1: Klassifizierung mit den Ergebnissen aus den Prüfungen zum Brandverhalten von Bauprodukten; Deutsche Fassung EN 13501-1:2018

DIN EN 13501-2:2016-12 Klassifizierung von Bauprodukten und Bauarten zu ihrem Brandverhalten – Teil 2: Klassifizierung mit den Ergebnissen aus den Feuerwiderstandsprüfungen, mit Ausnahme von Lüftungsanlagen; Deutsche Fassung EN 13501-2:2016

DIN EN 50172:2005-01;VDE 0108-100:2005-01 Sicherheitsbeleuchtungsanlagen; Deutsche Fassung EN 50172:2004

DIN EN 61936-1:2014-12;VDE 0101-1:2014-12 Starkstromanlagen mit Nennwechselspannungen über 1 kV – Teil 1: Allgemeine Bestimmungen (IEC 61936-1:2010, modifiziert + Cor.:2011 + A1:2014); Deutsche Fassung EN 61936-1:2010 + AC:2011 + AC:2013 + A1:2014

DIN EN 62305-2:2013-02;VDE 0185-305-2:2013-02 Blitzschutz – Teil 2: Risiko-Management (IEC 62305-2:2010, modifiziert); Deutsche Fassung EN 62305-2:2012

DIN EN 62305-3:2011-10;VDE 0185-305-3:2011-10 Blitzschutz – Teil 3: Schutz von baulichen Anlagen und Personen (IEC 62305-3:2010, modifiziert); Deutsche Fassung EN 62305-3:2011

DIN EN 62305-3:2016-04;VDE 0185-305-3:2016-04 – Entwurf – Blitzschutz – Teil 3: Schutz von baulichen Anlagen und Personen (IEC 81/476/CD:2015)

DIN ISO 23601:2010-12 Sicherheitskennzeichnung – Flucht- und Rettungspläne (ISO 23601:2009)

DIN VDE 0100 Errichten von Niederspannungsanlagen [Normenreihe]

DIN VDE V 0108-100-1:2018-12 Sicherheitsbeleuchtungsanlagen – Teil 100-1: Vorschläge für ergänzende Festlegungen zu EN 50172:2004

DIN VDE V 0826-2:2018-07 Überwachungsanlagen – Teil 2: Brandwarnanlagen (BWA) für Kindertagesstätten, Heime, Beherbergungsstätten und ähnliche Nutzungen – Projektierung, Aufbau und Betrieb

DIN VDE 0833 Gefahrenmeldeanlagen für Brand, Einbruch und Überfall [Normenreihe]

DIN VDE 0833-2:2017-10 Gefahrenmeldeanlagen für Brand, Einbruch und Überfall – Teil 2: Festlegungen für Brandmeldeanlagen

ISO/TS 29761:2015-12 Fire safety engineering – Selection of design occupant behavioural scenarios

Rechtsvorschriften und Literatur

AGBF-Empfehlungen 2014-5. Empfehlungen zur Risikoeinschätzung von Brandlasten in Rettungswegen. München: Arbeitsgemeinschaft der Leiter der Berufsfeuerwehren in der Bundesrepublik Deutschland (AGBF bund), Arbeitskreis Vorbeugender Brand- und Gefahrenschutz, 2014

AGBF-Empfehlungen 2014-6. Empfehlungen zu Anforderungen an interne Alarmierungsanlagen/-einrichtungen. München: Arbeitsgemeinschaft der Leiter der Berufsfeuerwehren in der Bundesrepublik Deutschland (AGBF bund), Arbeitskreis Vorbeugender Brand- und Gefahrenschutz, 2014

AGBF-Empfehlungen 2015-11. Qualitätskriterien für die Bedarfsplanung von Feuerwehren in Städten. Bonn: Arbeitsgemeinschaft der Leiter der Berufsfeuerwehren in der Bundesrepublik Deutschland (AGBF bund), 2015

AGBF-Empfehlungen 2018-3. Blitzschutz-Risikoanalyse. München: Fachausschuss Vorbeugender Brand- und Gefahrenschutz der deutschen Feuerwehren (FA VB/G), 2018

AGBF-Sitzungsergebnis Nr. 3/2000. Einsatzgrenzen von Drehleitern und tragbaren Leitern in Abhängigkeit der zu rettenden Personenzahl. München: Arbeitsgemeinschaft der Leiter der Berufsfeuerwehren in der Bundesrepublik Deutschland (AGBF bund), Arbeitskreis Vorbeugender Brand- und Gefahrenschutz, 2000

Anwander, D.: Arbeitsschutz und Brandschutz – Wie geht das zusammen? In: FeuerTrutz Magazin Nr. 6.2016, S. 6–9

ArbSchG: Gesetz über die Durchführung von Maßnahmen des Arbeitsschutzes zur Verbesserung der Sicherheit und des Gesundheitsschutzes der Beschäftigten bei der Arbeit (Arbeitsschutzgesetz – ArbSchG) vom 07.08.1996 (Bundesgesetzblatt I, S. 1246), zuletzt geändert durch Artikel 113 des Gesetzes vom 20.11.2019 (Bundesgesetzblatt I, S. 1626)

ArbStättV: Verordnung über Arbeitsstätten (Arbeitsstättenverordnung – ArbStättV) vom 12.08.2004 (Bundesgesetzblatt I, S. 2179), zuletzt geändert durch Artikel 5 Abs. 1 der Verordnung vom 18.10.2017 (Bundesgesetzblatt I, S. 3584)

ASR A1.2. Technische Regeln für Arbeitsstätten. Raumabmessungen und Bewegungsflächen. Ausgabe September 2013. Berlin: Bundesministerium für Arbeit und Soziales, Ausschuss für Arbeitsstätten, 2013, zuletzt geändert: Gemeinsames Ministerialblatt 2018, S. 471

ASR A1.7. Technische Regeln für Arbeitsstätten. Türen und Tore. Ausgabe November 2009. Berlin: Bundesministerium für Arbeit und Soziales, Ausschuss für Arbeitsstätten, 2009, zuletzt geändert: Gemeinsames Ministerialblatt 2018, S. 472

ASR A2.2. Technische Regeln für Arbeitsstätten. Maßnahmen gegen Brände. Ausgabe Mai 2018. Berlin: Bundesministerium für Arbeit und Soziales, Ausschuss für Arbeitsstätten, 2018

ASR A2.3. Technische Regeln für Arbeitsstätten. Fluchtwege und Notausgänge, Flucht- und Rettungsplan. Ausgabe August 2007. Berlin: Bundesministerium für Arbeit und Soziales, Ausschuss für Arbeitsstätten, 2007, zuletzt geändert: Gemeinsames Ministerialblatt 2017, S. 8

ASR A3.4/7. Technische Regeln für Arbeitsstätten. Sicherheitsbeleuchtung, optische Sicherheitsleitsysteme. Ausgabe Mai 2009. Berlin: Bundesministerium für Arbeit und Soziales, Ausschuss für Arbeitsstätten, 2009, zuletzt geändert: Gemeinsames Ministerialblatt 2017, S. 400

AutSchR: Richtlinie über automatische Schiebetüren in Rettungswegen (AutSchR). Fassung Dezember 1997 (Bekanntmachung des Ministeriums für Stadtentwicklung, Wohnen und Verkehr vom 05.01.1999)

Battran, Lutz; Mayr, Josef: Brandschutzatlas. Köln: FeuerTrutz Network GmbH, 2020

BauO NRW 2018: Bauordnung für das Land Nordrhein-Westfalen (Landesbauordnung 2018 – BauO NRW 2018), in Kraft getreten am 04.08.2018 und am 01.01.2019 (Gesetz- und Verordnungsblatt NRW 2018, S. 421), geändert durch Artikel 7 des Gesetzes vom 26.03.2019 (Gesetz- und Verordnungsblatt NRW, S. 193) und Artikel 13 des Gesetzes vom 14.04.2020 (Gesetz- und Verordnungsblatt NRW, S. 218b)

Bauprüfdienst 02/2009. Besondere Anforderungen an Kombibüros und Großraumbüros. Hamburg: Freie und Hansestadt Hamburg, Behörde für Stadtentwicklung und Umwelt – Amt für Bauordnung und Hochbau, 2009 [online]. Internet: https://www.hamburg.de/contentblob/1355636/f78ef0c44f3b9ae21e3bdb461de1b1bb/data/bpd-2-2009-buerogrossraeume.pdf [Zugriff: 29.06.2020]

Bauprüfdienst 05/2012. Brandschutztechnische Auslegungen (BTA). Version 2 vom 23.09.2014. Hamburg: Freie und Hansestadt Hamburg, Behörde für Stadtentwicklung und Umwelt – Amt für Bauordnung und Hochbau, 2014 [online]. Internet: https://www.hamburg.de/contentblob/152984/data/bpd-05-2012-brandschutztechnische-auslegungen.pdf [Zugriff: 29.06.2020]

BayBO – Häufig gestellte Fragen. München: Bayerisches Staatsministerium für Wohnen, Bau und Verkehr, 2017 [online]. Internet: https://www.stmb.bayern.de/assets/stmi/buw/baurechtundtechnik/baybo_h%C3%A4ufig_gestellte_fragen_17.pdf [Zugriff: 29.06.2020]

BGR 232. Berufsgenossenschaftliche Regel für Sicherheit und Gesundheit bei der Arbeit (BG-Regel 232) – Kraftbetätigte Fenster, Türen und Tore. Ausgabe April 1989 – aktualisierte Fassung 2003. Mainz: Berufsgenossenschaft Metall Süd (BGMS), 2003

DIBt-Richtlinien für Feststellanlagen. Fassung Oktober 1988. Berlin: Deutsches Institut für Bautechnik (DIBt), 1988

DVGW Arbeitsblatt W 405. Bereitstellung von Löschwasser durch die öffentliche Trinkwasserversorgung. Ausgabe Februar 2008. Bonn: Deutscher Verein des Gas- und Wasserfaches e. V. (DVGW), 2008

Eisele, J.; Staniek, B. (Hrsg.): Bürobau-Atlas – Grundlagen, Planung, Technologie, Arbeitsplatzqualitäten. München: Callwey, 2005

EltVTR: Richtlinie über elektrische Verriegelungssysteme von Türen in Rettungswegen (EltVTR). Fassung Dezember 1997 (Bekanntmachung des Ministeriums für Stadtentwicklung, Wohnen und Verkehr vom 05.01.1999)

Emmons, H.; Atreya, A.: The science of wood combustion. In: Proceedings of the Indian Academy of Sciences Section C: Engineering Sciences 5 (1982), Nr. 4, S. 259–268

Entscheidungshilfen der obersten Bauaufsicht (EHB). FAQ Nr. 27 (Stand: 04-2012). In: Zusammenfassung EHB bis 12/2016 vom 14.12.2016. Berlin: Senatsverwaltung für Stadtentwicklung und Wohnen, 2016

Famers, G.; Messerer, J.: „Rettung von Personen" und „wirksame Löscharbeiten" – bauordnungsrechtliche Schutzziele mit Blick auf die Entrauchung. Ein Grundsatzpapier der Fachkommission Bauaufsicht. Berlin: Fachkommission Bauaufsicht der Bauministerkonferenz, 2008 [online]. Internet: https://www.is-argebau.de/Dokumente/42311831.pdf [Zugriff: 29.06.2020]

GG: Grundgesetz für die Bundesrepublik Deutschland in der im Bundesgesetzblatt Teil III, Gliederungsnummer 100-1, veröffentlichten bereinigten Fassung, zuletzt geändert durch Artikel 1 des Gesetzes vom 15.11.2019 (Bundesgesetzblatt I, S. 1546)

[Grundlagendokument Nr. 2]: Mitteilung der Kommission über die Grundlagendokumente der Richtlinie des Rates 89/106/EWG (90/C 62/01). Grundlagendokument Nr. 2: Brandschutz (Amtsblatt der Europäischen Gemeinschaften Nr. C 62/1 vom 28.02.1994, S. 23–65)

Grütze, D.: Bau-Lexikon. München: Carl Hanser Verlag, 2007

Kleines Gerät, große Wirkung: bvfa-Statistik untermauert Effizienz von Löschanlagen. Presseinformation des Bundesverbandes Technischer Brandschutz e. V. (bvfa) vom 23.05.2017. Würzburg, bvfa, 2017

Klingsohr, K.: Kombi-Büro. Wie sicher sind die Beschäftigten im Brandfall? In: BRANDSchutz/Deutsche Feuerwehr-Zeitung 1991

Kommunikative Arbeitswelten – Connected Spaces. Ausgabe Oktober 2018. Düsseldorf: RKW Architektur +, 2018

Kraft, M.; Roszak, M.: Praxiswissen Brandschutz – Brandfallmatrix. Schneller Einstieg und kompaktes Wissen. Köln: FeuerTrutz Network, 2014

Kuligowski, E.: Human Behavior in Fire. In: Hurley, M. (Hrsg.): SFPE Handbook of Fire Protection Engineering. 5. Aufl. New York/Heidelberg: Springer, 2016, S. 2070–2114

Lippe, M.; Czepuck, K.; Esser, J.; Vogelsang, P.: Kommentar mit Anwendungsempfehlungen und Praxisbeispielen zur M-LüAR. 2. Aufl. Köln: FeuerTrutz Network, 2016

Lippe, M.; Czepuck, K.; Möller, F.; Reintsema, J.: Kommentar zur Muster-Leitungsanlagen-Richtlinie MLAR. Anwendungsempfehlungen und Praxisbeispiele zu MLAR, MSysBöR und EltBauVO. 5. Aufl. Köln: FeuerTrutz Network, 2018

Löbbert, A: Brandschutzplanung für Architekten und Ingenieure. Köln: FeuerTrutz Network, 2007

LöRüRL: Richtlinie zur Bemessung von Löschwasser-Rückhalteanlagen beim Lagern wassergefährdender Stoffe (LöRüRL). Fassung August 1992 (Fachkommission Bauaufsicht der Bauministerkonferenz)

Löschwasserversorgung aus Hydranten in öffentlichen Verkehrsflächen. Information der Arbeitsgemeinschaft der Leiter der Berufsfeuerwehren und des Deutschen Feuerwehrverbandes in Abstimmung mit dem DVGW Deutscher Verein des Gas- und Wasserfaches e. V. München: Fachausschuss Vorbeugender Brand- und Gefahrenschutz der deutschen Feuerwehren (FA VB/G), 2018

Mayr, J.; Wiese, J.: Brandschutz im Industriebau – Praxiskommentar. Auszug aus dem Brandschutzatlas. Köln: FeuerTrutz Network, 2016

MBauVorlV: Muster einer Verordnung über Bauvorlagen und bauaufsichtliche Anzeigen (Musterbauvorlagenverordnung – MBauVorlV). Fassung Februar 2007 (Fachkommission Bauaufsicht der Bauministerkonferenz)

MBeVO: Muster-Verordnung über den Bau und Betrieb von Beherbergungsstätten (Muster-Beherbergungsstättenverordnung – MBeVO). Fassung Dezember 2000, zuletzt geändert durch Beschluss der Fachkommission Bauaufsicht der Bauministerkonferenz vom Mai 2014

MBO: Musterbauordnung (MBO). Fassung November 2002, zuletzt geändert durch Beschluss der Bauministerkonferenz vom 22.02.2019

M-EltVTR: Muster-Richtlinien über elektrische Verriegelungssysteme von Türen in Rettungswegen (M-EltVTR). Fassung Dezember 1997 (Fachkommission Bauaufsicht der Bauministerkonferenz)

Merkblatt Flächen für die Feuerwehr auf Grundstücken. Stand: 05/2019. Berlin: Berliner Feuerwehr, 2019

M-GarVO: Muster einer Verordnung über den Bau und Betrieb von Garagen (Muster-Garagenverordnung – M-GarVO). Fassung Mai 1993, geändert durch Beschlüsse der Fachkommission Bauaufsicht der Bauministerkonferenz vom 19.09.1996, 18.09.1997 und 30.05.2008

M-HFHHolzR: Muster-Richtlinie über brandschutztechnische Anforderungen an hochfeuerhemmende Bauteile in Holzbauweise (M-HFHHolzR). Fassung Juli 2004 (Fachkommission Bauaufsicht der Bauministerkonferenz)

MHHR: Muster-Richtlinie über den Bau und Betrieb von Hochhäusern (Muster-Hochhaus-Richtlinie – MHHR). Fassung April 2008, zuletzt geändert durch Beschluss der Fachkommission Bauaufsicht der Bauministerkonferenz vom Februar 2012

[MHHR Erläuterungen]: Muster-Richtlinie über den Bau und Betrieb von Hochhäusern (Muster-Hochhaus-Richtlinie – MHHR). Erläuterungen. Fassung 18.04.2008 (Fachkommission Bauaufsicht der Bauministerkonferenz)

MIndBauRL: Muster-Richtlinie über den baulichen Brandschutz im Industriebau (Muster-Industriebau-Richtlinie – MIndBauRL). Stand: Mai 2019 (Fachkommission Bauaufsicht der Bauministerkonferenz)

[MIndBauRL Erläuterungen]: Muster-Richtlinie über den baulichen Brandschutz im Industriebau (Muster-Industriebau-Richtlinie – MIndBauRL). Erläuterungen. Stand: Juli 2014 (Fachkommission Bauaufsicht der Bauministerkonferenz, Projektgruppe Muster-Industriebau-Richtlinie)

MLAR: Muster-Richtlinie über brandschutztechnische Anforderung an Leitungsanlagen (Muster-Leitungsanlagen-Richtlinie – MLAR). Fassung 10.02.2015. Stand: 05.04.2016 (Fachkommission Bauaufsicht der Bauministerkonferenz, Arbeitskreis Technische Gebäudeausrüstung)

M-LüAR: Muster-Richtlinie über brandschutztechnische Anforderungen an Lüftungsanlagen (Muster-Lüftungsanlagen-Richtlinie – M-LüAR). Stand: 29.09.2005, zuletzt geändert durch Beschluss der Fachkommission Bauaufsicht der Bauministerkonferenz vom 11.12.2015

MPrüfVO: Muster-Verordnung über Prüfungen von technischen Anlagen nach Bauordnungsrecht (Muster-Prüfverordnung – MPrüfVO). Stand: März 2011 (Fachkommission Bauaufsicht der Bauministerkonferenz)

MRFlFw: Muster-Richtlinien über Flächen für die Feuerwehr. Fassung Februar 2007, zuletzt geändert durch Beschluss der Fachkommission Bauaufsicht der Bauministerkonferenz vom Oktober 2009

MSchulbauR: Muster-Richtlinie über bauaufsichtliche Anforderungen an Schulen (Muster-Schulbau-Richtlinie – MSchulbauR). Fassung April 2009 (Fachkommission Bauaufsicht der Bauministerkonferenz)

MSysBöR: Muster-Richtlinie über brandschutztechnische Anforderungen an Systemböden (Muster-Systembödenrichtlinie – MSysBöR). Fassung September 2005. Stand: 16.02.2006 (Fachkommission Bauaufsicht der Bauministerkonferenz)

Musteranforderungen für Objektfunk im BOS-Digitalfunk. Fachempfehlung des Fachausschusses Technik der deutschen Feuerwehren Nr. 1 vom 12.01.2012. Berlin: Deutscher Feuerwehrverband, 2012

MVKVO: Musterverordnung über den Bau und Betrieb von Verkaufsstätten (Muster-Verkaufsstättenverordnung – MVKVO). Fassung September 1995, zuletzt geändert durch Beschluss der Fachkommission Bauaufsicht der Bauministerkonferenz vom Juli 2014

MVStättVO: Musterverordnung über den Bau und Betrieb von Versammlungsstätten (Muster-Versammlungsstättenverordnung – MVStättVO). Fassung Juni 2005, zuletzt geändert durch Beschluss der Fachkommission Bauaufsicht der Bauministerkonferenz vom Juli 2014

[MVStättV Begründung und Erläuterung]: Begründung und Erläuterung zur Musterverordnung über den Bau und Betrieb von Versammlungsstätten (Muster-Versammlungsstättenverordnung – MVStättV). Fassung Juni 2005, zuletzt geändert im Februar 2010

MVV TB: Muster-Verwaltungsvorschrift Technische Baubestimmungen (MVV TB). Ausgabe 2019/1 (veröffentlicht am 15.01.2020). Berlin: Deutsches Institut für Bautechnik DIBt (Hrsg.), 2020

Niederschrift über die Dienstbesprechung mit den Bauaufsichtsbehörden im November und Dezember 2009. Düsseldorf: Ministerium für Bauen und Verkehr (MBV NRW), 2009

Pohl, K. D.: Allgemeiner und betrieblicher Brand- und Explosionsschutz. Vorlesung Gesamthochschule Wuppertal, Fachbereich Sicherheitstechnik. Wuppertal: Bergische Universität, 1997

Proulx, G.; Sime, J.: To Prevent „Panic" in an Underground Emergency: Why Not Tell People the Truth? In: Cox, G.; Langford, B. (Hrsg.): Fire Safety Science Proceedings of the third International Symposium. Edinburgh: IAFFS, 1991, S. 843–852

Rauchschutz-Druck-Anlagen (RDA) Anwenderleitfaden. Fassung 09.10.2018 (Stand: 13.06.2018). Lemgo u. a.: Arbeitskreis RDA, 2018 [online]. Internet: https://www.rda-arbeitskreis.de/anwenderleitfaden.html?file=files/rda-arbeitskreis/downloads/AK-RDA-Anwenderleitfaden-Fassung-Oktober-2018.pdf [Zugriff: 29.06.2020]

Richtlinie für Mikroskopische Entfluchtungsanalysen (RiMEA). Version 3.0.0. Duisburg: RiMEA e. V., 2016 [online]. Internet: https://rimeaweb.files.wordpress.com/2016/06/rimea_richtlinie_3-0-0_-_d-e.pdf [Zugriff: 29.06.2020]

RStO 01. Richtlinien für die Standardisierung des Oberbaus von Verkehrsflächen (RStO 01 [R 1]). Ausgabe 2001. Köln: Forschungsgesellschaft für Straßen- und Verkehrswesen (FGSV), 2001

Schittich, C. (Hrsg.): Best of Detail – Büro/Office. München: Institut für internationale Architektur-Dokumentation GmbH & Co. KG, 2013

Schröder, B.: Multivariate Methods for Life Safety Analysis in Case of Fire. Dissertation zur Erlangung eines Doktorgrades (Dr.-Ing.) an der Bergischen Universität Wuppertal (Fakultät für Architektur und Bauingenieurwesen [2016]). Jülich: Forschungszentrum Jülich GmbH, 2017 (Schriften des Forschungszentrums Jülich – IAS Series Band 34)

Seeger, H.: Die Entwicklung des Bürogebäudes in Deutschland. In: Das Bürohaus Heft 1 (1924), S. 1–44

Seyfried, A.; Schröder, B.; Jäger, G.; Kitzlinger, M.: Normierung von Personenstromsimulationen in DIN 18009-2. In:Zehfuß, J. (Hrsg.): Braunschweiger Brandschutz-Tage 2015 – Tagungsband. Braunschweig: Technische Universität Braunschweig, 2015, S. 123–142

SFPE Guide to Human Behavior in Fire. Hrsg.: Society of Fire Protection Engineers (SFPE). Cham: Springer International Publishing, 2019

TR-Gebäudefunk. Technische Richtlinie für BOS-Gebäudefunkanlagen. München: Arbeitsgemeinschaft der Leiter der Berufsfeuerwehren in der Bundesrepublik Deutschland (AGBF bund), Arbeitskreis Vorbeugender Brand- und Gefahrenschutz, 2010

VDI 6010 Blatt 2:2011-05. Sicherheitstechnische Einrichtungen – Ansteuerung von automatischen Brandschutzeinrichtungen. Düsseldorf: Verein Deutscher Ingenieure, 2011

VDI 6017:2015-08. Aufzüge – Steuerungen für den Brandfall. Düsseldorf: Verein Deutscher Ingenieure, 2015

VDI 6019 Blatt 1:2006-05. Ingenieurverfahren zur Bemessung der Rauchableitung aus Gebäuden – Brandverläufe, Überprüfung der Wirksamkeit. Düsseldorf: Verein Deutscher Ingenieure, 2006

VdS 2010:2015-04. Risikoorientierter Blitz- und Überspannungsschutz. Hrsg.: Gesamtverband der Deutschen Versicherungswirtschaft e. V. (GDV). Köln: VdS Schadenverhütung GmbH, 2015

VdS 2109:2018-01. VdS-Richtlinien für Sprühwasser-Löschanlagen – Planung und Einbau. Köln: VdS Schadenverhütung GmbH, 2018

VdS 2221:2007-06. Richtlinien für Entrauchungsanlagen in Treppenräumen (EAT) – Planung und Einbau. Köln: VdS Schadenverhütung GmbH, 2007

VdS CEA 4001:2018-01. VdS CEA-Richtlinien für Sprinkleranlagen – Planung und Einbau. Köln: VdS Schadenverhütung GmbH, 2018

vfdb TB 04-01:2020-03. Technischer Bericht – Leitfaden Ingenieurmethoden des Brandschutzes. 4. Aufl. Münster/Braunschweig: Vereinigung zur Förderung des Deutschen Brandschutzes e. V. (vfdb), 2020

VV BauO NRW: Verwaltungsvorschrift zur Landesbauordnung (VV BauO NRW). Runderlass des Ministeriums für Städtebau und Wohnen, Kultur und Sport vom 12.10.2000 – II A 3 – 100/85 (Ministerialblatt NRW Nr. 71 vom 23.11.2000, S. 1431–1512)

Wagner, E.: Glasschäden. Oberflächenbeschädigungen – Glasbrüche in Theorie und Praxis. 4. Aufl. Stuttgart: Fraunhofer IRB Verlag, 2012

Werft, W.: Drehleitereinsatz. Landsberg am Lech: ecomed Sicherheit, 2017

5.2 Zeichenerklärung

Baulicher Brandschutz

- = Brandwand
- = Bauart Brandwand
- = feuerbeständige Wand
- = feuerbeständige Decke
- = feuerhemmende Wand
- = feuerhemmende Verglasung
- = feuerbeständige Verglasung
- = rauchdichte Wand
- DS = Tür dichtschließend
- DSS = Tür dicht- und selbstschließend
- S = Tür rauchdicht und selbstschließend
- 30 = Tür feuerhemmend und selbstschließend
- 30S = Tür feuerhemmend, rauchdicht und selbstschließend
- 30 = Schiebetor feuerhemmend und selbstschließend
- 30S = Schiebetor feuerhemmend, rauchdicht und selbstschließend
- 30 = Tor feuerhemmend und selbstschließend
- 30S = Tor feuerhemmend, rauchdicht und selbstschließend
- S = Tor rauchdicht und selbstschließend
- 30 = Feuerschutzvorhang feuerhemmend selbstschließend
- S = Rauchschutzvorhang, rauchdicht und selbstschließend
- Schacht = Abschluss feuerbeständig und selbstschließend mit Eignung Schacht

Hinweis: Die angegebenen Zahlenwerte stellen die Feuerwiderstandsdauer dar und gelten für andere, gängige Klassifizierungen sinngemäß.

Rettungswege

- = notwendiger Treppenraum
- = notwendiger Flur
- = Treppenraumvorraum
- = Fluchtweglänge
- = Notausgang
- = 2. Rettungsweg
- = Notausstieg
- = Rettungsausstieg
- NE 1 xxx m² = Nutzungseinheit

Abwehrender Brandschutz

- = befahrbare Flächen
- = Feuerwehrflächen
- = nicht befahrbare Flächen
- X,XXm = Durchfahrtshöhe
- = Gebäudeeingang
- = Blitzleuchte
- FSE = Freischaltelement
- FSD = Feuerwehrschlüsseldepot
- FAT = Feuerwehranzeigetableau
- FBF = Feuerwehr - Bedienfeld
- = Anleiterstelle
- = Anleiterstelle Drehleiter
- = Feuerwehraufzug
- G G = Treppe, erreichbare Geschosse
- = Feuerwehraufzugsvorraum
- = Zaun

Feuerlöscheinrichtungen

- = Überflurhydrant
- = Unterflurhydrant
- xx m³ = Löschwasserbehälter unterirdisch
- B = Löschwassereinspeiseeinrichtung B-Anschluss
- C = Schlauchanschlussventil trocken C-Anschluss
- = Wandhydrant
- SPZ = Sprinklerzentrale
- SPUZ = Sprinklerunterzentrale

5.3 Stichwortverzeichnis